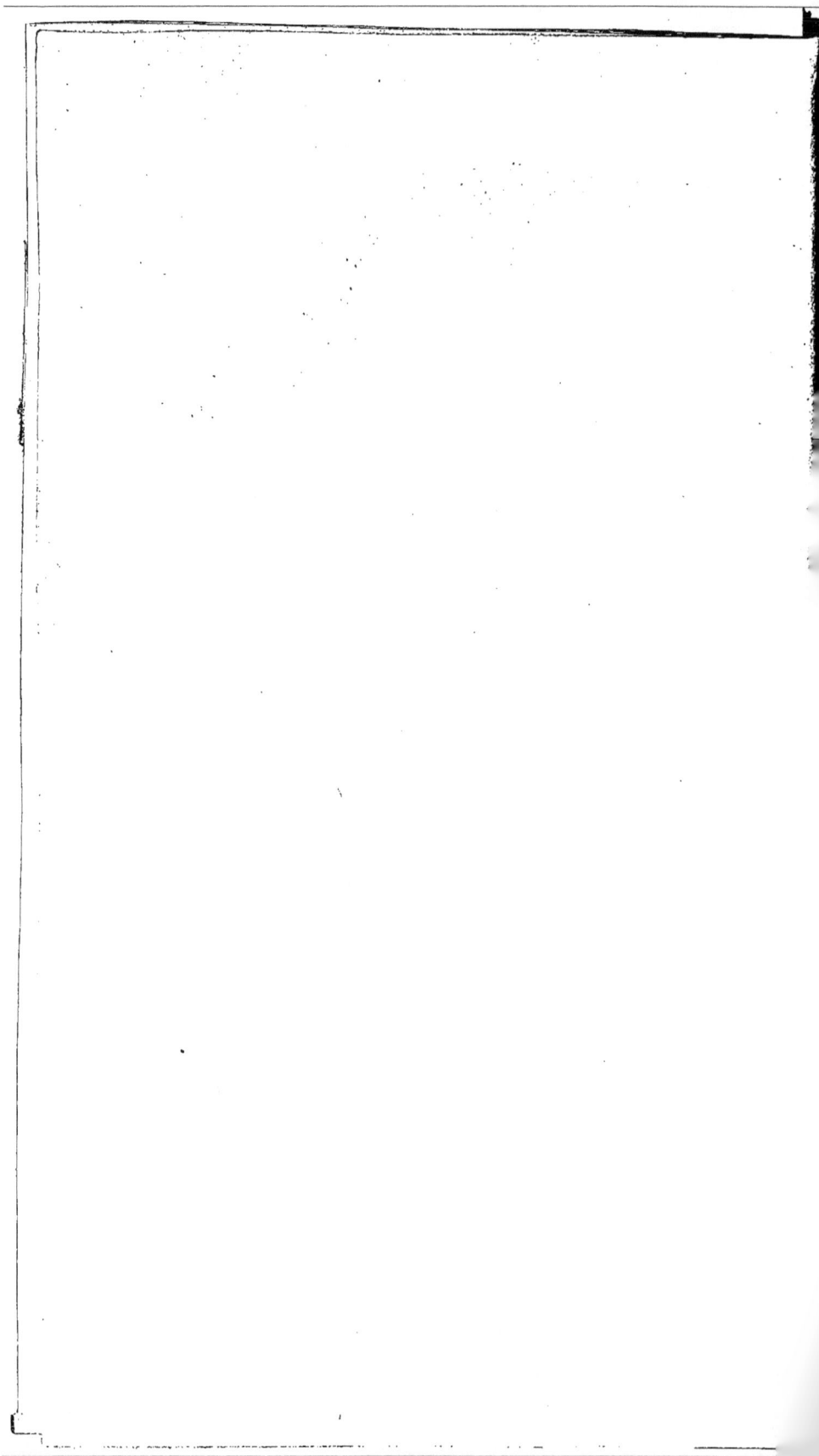

COURS
DE MÉCANIQUE

À L'USAGE

DES ÉCOLES D'ARTS ET MÉTIERS

ET DE L'ENSEIGNEMENT SPÉCIAL DES LYCÉES

PAR

M. Pascal DULOS,

Professeur de Mécanique à l'École nationale des Arts et Métiers et à l'École des Sciences
et des Lettres d'Angers.

CINQUIÈME PARTIE.

PARIS,

GAUTHIER-VILLARS, IMPRIMEUR-LIBRAIRE

DE L'ÉCOLE POLYTECHNIQUE, DU BUREAU DES LONGITUDES,

SUCCESSEUR DE MALLET-BACHELIER,

Quai des Augustins, 55.

1883

COURS

DE MÉCANIQUE.

PARIS. — IMPRIMERIE DE GAUTHIER-VILLARS,
Quai des Augustins. 55.

COURS

DE MÉCANIQUE

A L'USAGE

DES ÉCOLES D'ARTS ET MÉTIERS

ET DE L'ENSEIGNEMENT SPÉCIAL DES LYCÉES,

PAR

M. Pascal DULOS,

Professeur de Mécanique à l'École nationale des Arts et Métiers et à l'École des Sciences
et des Lettres d'Angers.

CINQUIÈME PARTIE.

PARIS,

GAUTHIER-VILLARS, IMPRIMEUR-LIBRAIRE

DE L'ÉCOLE POLYTECHNIQUE, DU BUREAU DES LONGITUDES,

SUCCESSEUR DE MALLET-BACHELIER,

Quai des Augustins, 55.

1883

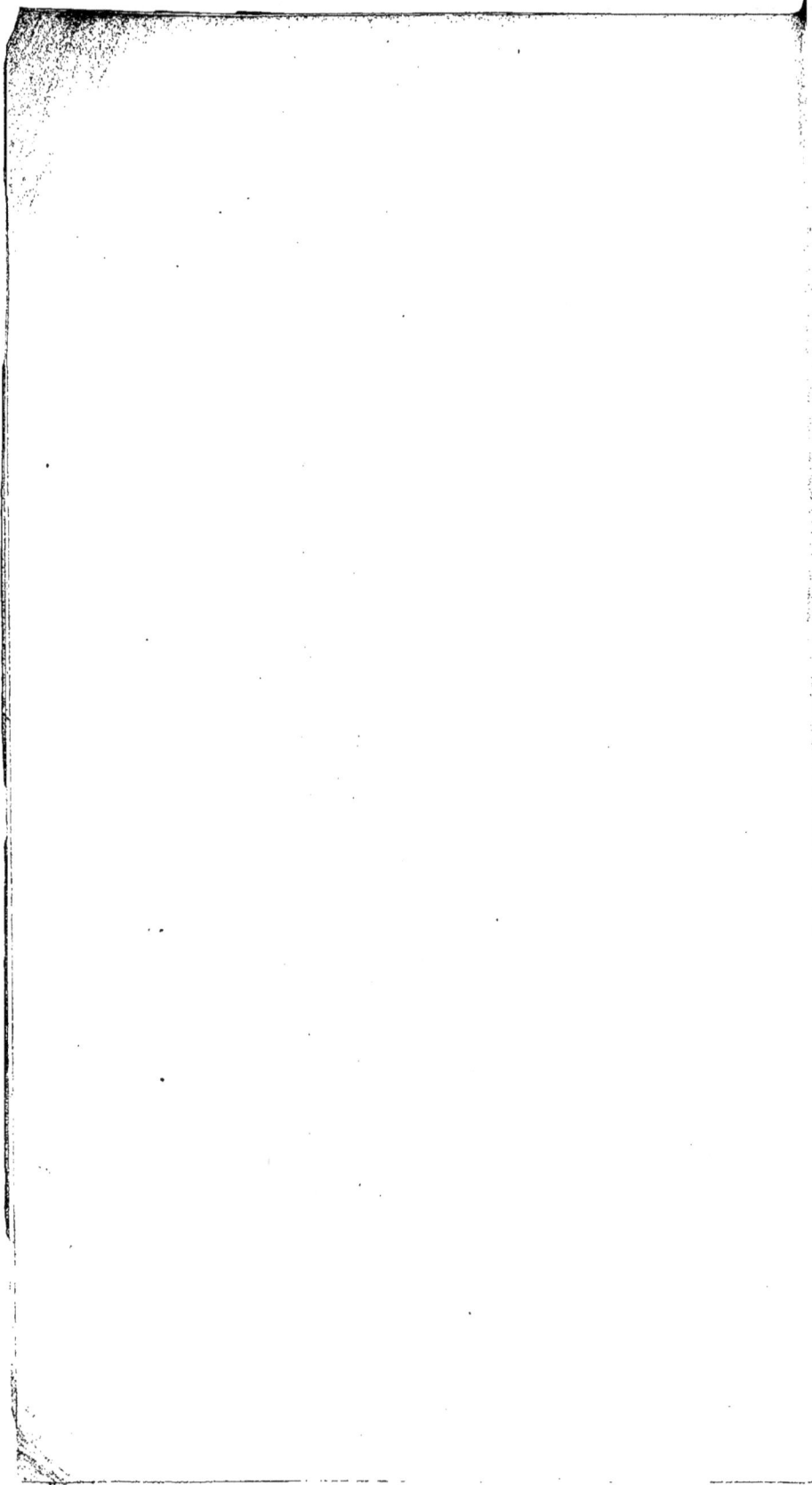

COURS
DE MÉCANIQUE.

CINQUIÈME PARTIE.

CHAPITRE PREMIER.

1. *Distribution de la vapeur dans les cylindres.* — La distribution de la vapeur dans les cylindres se fait généralement au moyen d'organes nommés *tiroirs*. Cette opération mécanique est de la plus haute importance pour assurer le fonctionnement régulier de la machine ; elle a pour objet d'amener la vapeur de la chaudière alternativement sur chaque face du piston et de la diriger, dès qu'elle a produit son action, soit dans l'atmosphère, si la machine est sans condensation, soit dans le condenseur, si la machine est pourvue d'un appareil de ce genre.

L'introduction et l'émission de la vapeur s'effectuent par deux conduits aboutissant chacun à l'une des extrémités du cylindre. Ainsi, quand on se propose d'établir une distribution, la question se réduit à faire communiquer alternativement ces canaux de circulation avec le tuyau de prise de vapeur et l'orifice d'échappement, soit avec le condenseur, soit avec l'air extérieur, selon le système de la machine.

Les pièces mobiles qui servent à produire ce double phénomène ont reçu des constructeurs le nom générique d'*organes*

Méc. D. — V. 1

intérieurs de la distribution; ils consistent en tiroirs, en soupapes ou en robinets, ce qui a donné lieu à la classification suivante des différents modes de distribution de la vapeur :

1º Distributions à tiroirs;

2º Distributions à soupapes ;

3º Distributions à robinets.

Ces dispositifs sont commandés par des communicateurs qui reçoivent le mouvement de la machine elle-même et dont l'ensemble constitue ce que l'on appelle les *organes* extérieurs de la distribution. Ordinairement cette transmission automatique s'opère par des excentriques ou par des leviers oscillants.

Dans l'état actuel de la construction des machines à vapeur, la distribution par tiroir est la plus usitée et la seule qui puisse donner lieu à des développements théoriques; aussi nous occuperons-nous de l'étude de ce système, à l'exclusion des autres, dont l'emploi est aujourd'hui à peu près abandonné.

Le plus simple des organes de distribution est le *tiroir à coquille,* ainsi nommé en raison de sa structure particulière. C'est une plaque ordinairement en fonte, creusée intérieurement en forme de coquille et symétrique par rapport au plan passant par son centre de gravité (*fig.* 1). La coquille *aa'* est

Fig. 1.

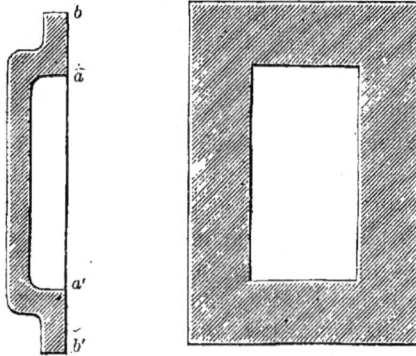

suivie de deux parties planes *ab*, *a' b'*, parfaitement dressées, que l'on appelle *bandes de recouvrement.* En vertu du mouvement rectiligne imprimé au tiroir, ces bandes sont assujetties à glisser sur deux plaques bien polies, nommées *plaques de friction* ou *glaces,* faisant partie intégrante de la surface extérieure du cylindre. Dans une distribution à tiroir, les lumières d'admission de la vapeur sont toujours pratiquées sur les glaces.

On distingue deux sortes de distributions par tiroirs :

1° Les distributions avec un seul tiroir;

2° Les distributions avec deux tiroirs.

Les tiroirs sont généralement établis de manière que la vapeur ne s'introduise dans le cylindre que pendant une fraction plus ou moins considérable de la course du piston. Dès que la lumière d'admission de la vapeur est masquée par la bande de recouvrement du tiroir, la vapeur introduite agit par expansion, ou par détente, selon l'expression consacrée.

A part de rares exceptions, les tiroirs sont mis en mouvement par des excentriques circulaires. Dans les distributions à un seul tiroir, on n'emploie qu'un excentrique si le mouvement de rotation de l'arbre de couche doit toujours s'accomplir dans le même sens, tandis qu'on a recours à deux excentriques pour les machines à changement de marche. Ce dernier cas se présente surtout dans les locomotives, les machines marines et les machines d'extraction.

Les distributions de cette nature ont reçu des constructeurs le nom de *distributions à renversement.* Nous verrons plus loin comment il est possible de résoudre ce problème de Mécanique pratique au moyen de la coulisse de Stephenson.

Pour les distributions à deux tiroirs, on emploie deux ou trois excentriques; le nombre est limité à deux dans les machines fixes, dont le mouvement de rotation s'effectue toujours dans le même sens; alors chacun d'eux commande l'un des tiroirs. Lorsque la machine est à changement de marche et qu'on est ainsi contraint d'adopter une distribution à renversement, on peut employer trois excentriques, les deux premiers servant à opérer la distribution proprement dite, dans un sens ou dans l'autre, et le troisième ayant pour fonction de faire mouvoir le tiroir de détente.

La recherche de l'effet utile produit par la vapeur aqueuse (t. IV) a mis en évidence tous les avantages de la détente, au double point de vue du travail et de l'économie du combustible. Des expériences exécutées avec soin sur différentes machines ont pleinement confirmé ces conclusions théoriques ; aussi l'emploi de la détente prend-il chaque jour une extension de plus en plus grande. A côté de ces avantages, se présente l'inconvénient qui peut résulter de la variation de la force élastique de la vapeur pendant toute la durée de la détente ; mais comme, par l'accroissement du poids du volant et par l'action d'un régulateur convenablement établi, on peut donner à la machine la régularité de marche que comportent la nature et la qualité des produits que l'on veut obtenir, on comprend l'importance du rôle que joue la détente dans le fonctionnement des machines à vapeur qu'emploie l'industrie.

La question étant ainsi présentée, on peut encore, entre les différentes distributions en usage, adopter les distinctions suivantes :

1º Les distributions à pleine vapeur, sans aucune détente ;

2º Les distributions à détente fixe ;

3º Les distributions à détente variable.

Dans les distributions du premier genre, la vapeur agit sur la surface du piston pendant toute la durée de la course, ou, en d'autres termes, la chaudière et le cylindre sont en communication permanente.

Dans les distributions du deuxième genre, la fermeture des lumières d'admission de la vapeur au moyen des recouvrements du tiroir se produit toujours quand le piston est parvenu au même point de sa course, tandis que dans les distributions à détente variable l'introduction de la vapeur dans le cylindre est supprimée à volonté en un point quelconque de cette course. Dans ces dernières distributions, on peut encore distinguer deux cas, selon que le changement de la détente exige l'arrêt de la machine ou qu'il puisse être opéré pendant la marche.

Pour conserver à la détente tous ses avantages, les ingénieurs ont dû chercher dans la construction même des machines le meilleur moyen d'opérer l'introduction de la vapeur, soit pour une détente fixe, soit pour une détente variable.

Depuis plusieurs années, les distributions à détente variable ont été principalement l'objet des études des ingénieurs, et cela s'explique si l'on suit avec attention la marche du travail

dans les ateliers de fabrication; on voit, en effet, que le chômage de quelques machines-outils pendant plusieurs jours, la
mise en train d'un plus grand nombre à certaines époques et
même à certains instants de la journée, exigent l'emploi d'un
moteur de force variable. Or, une détente fixe produit toujours un travail invariablement le même, à moins que, dans
la chaudière, on ne fasse varier la force élastique de la vapeur, ce qui, d'ailleurs, produirait une économie insignifiante
de combustible pendant le temps d'arrêt de quelques-unes des
machines affectées à la fabrication. On comprend donc toute
l'utilité des distributions à détente variable dans les conditions de marche que nous venons d'indiquer.

Généralement, on opère une détente fixe au moyen d'un
seul tiroir. Quant aux détentes variables, elles s'obtiennent
au moyen de deux tiroirs ou d'un tiroir et d'une plaque superposés, l'un des tiroirs servant à la distribution de la vapeur
dans le cylindre et l'autre ou la plaque ayant pour objet
d'opérer la détente par la fermeture des orifices d'admission.

En résumé, dans une détente quelconque, fixe ou variable,
le problème à résoudre consiste à trouver le meilleur moyen
d'introduire la vapeur dans le cylindre pendant une partie de
la course du piston et d'arrêter l'admission pendant l'autre
partie.

Une distribution à simple tiroir peut être *normale* ou à recouvrement extérieur.

Elle est dite *normale* quand la longueur de la bande de recouvrement est égale à la hauteur de la lumière d'admission
(*fig.* 2).

Elle est employée dans le seul cas où la vapeur ne doit pas
se détendre dans le cylindre, ce qui a rarement lieu.

Dans une distribution par tiroir à recouvrement extérieur,
la longueur de la bande est plus grande que la hauteur de la
lumière d'admission. Elle est adoptée pour produire une détente fixe, et le rebord est d'autant plus grand que la détente
doit être plus prolongée (*fig.* 3).

La distribution normale est ainsi nommée parce que l'excentrique qui commande le tiroir est calé sur l'arbre de couche
à angle droit avec la manivelle.

Il est bien facile d'expliquer dans ce cas les positions rela-

tives de l'excentrique et de la manivelle ; car si cet angle était
égal à zéro, pour un tour de l'arbre de couche, par l'action de
l'excentrique, le tiroir ne descendrait et ne monterait alternativement qu'une seule fois, ce qui ne saurait exister, puisque,

Fig. 2.   Fig. 3.

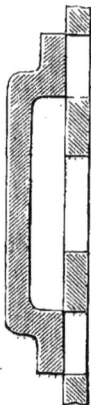

à chaque révolution de la manivelle correspondent deux pulsations du piston et que, pendant chacune d'elles, le tiroir doit
successivement découvrir et recouvrir la lumière d'admission
de la vapeur.

La distance du centre de l'excentrique à l'axe de l'arbre sur
lequel il est calé se nomme *rayon d'excentricité.*

L'excentrique est entouré d'un *collier* ou *bague*, fixé d'une
manière invariable à une barre dont l'autre extrémité se relie
directement à la tige du tiroir ou agit sur elle par l'intermédiaire d'un levier coudé. On voit donc, sans qu'il soit néces-
saire de recourir à aucun calcul, que pour une rotation donnée de l'arbre, et par suite de l'excentrique, le déplacement
du tiroir a exactement lieu comme s'il recevait le mouvement
d'une manivelle calée sur l'arbre et dont la longueur serait
égale au rayon d'excentricité.

D'après ce qui a été dit sur les deux mouvements du tiroir
en sens contraire par course simple du piston pour ouvrir et

fermer successivement l'orifice, il est évident que, dans une distribution normale, le rayon d'excentricité doit être égal à la hauteur de cet orifice, qui, elle-même, comme nous l'avons dit plus haut, est égale à la longueur de la bande de recouvrement du tiroir.

Pour fixer les idées, décrivons deux circonférences concentriques dont les rayons OA, O a sont respectivement égaux à la longueur de la manivelle et à l'excentricité (*fig.* 4). Le bou-

Fig. 4.

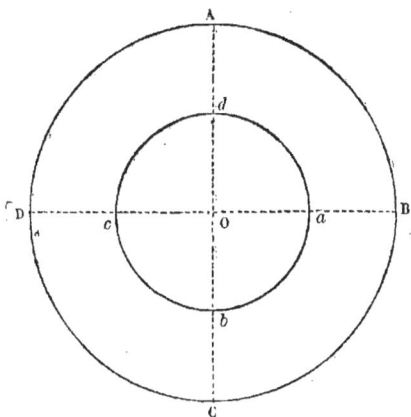

ton de la manivelle étant en A, au point mort supérieur, et le centre de l'excentrique en *a*, puisque ces deux organes de transmission ont sur l'arbre de couche des positions relatives invariables, il est évident que, lorsque le bouton de la manivelle sera venu en B, le centre de l'excentrique, ayant subi le même déplacement angulaire, sera venu en *b*. Par conséquent, dans son mouvement de translation, le tiroir sera éloigné de sa position première d'une quantité représentée par O *b*, ou, en d'autres termes, l'orifice d'admission sera complètement découvert, puisque l'excentricité est égale à la hauteur de cet orifice. Quand le bouton de la manivelle sera parvenu en C, le piston aura accompli une course simple et le centre de l'excentrique occupera la position *c*. Il est évident que, pendant cette seconde partie du mouvement de l'excen-

trique, le tiroir se sera élevé d'une quantité encore égale à
l'excentricité, et, par suite, l'orifice d'admission sera complètement fermé. Comme les mêmes choses auraient lieu pendant
la seconde demi-révolution de la manivelle, nous pouvons
conclure, d'une manière générale, que, dans une distribution
par tiroir sans aucune détente, l'orifice d'admission sera successivement découvert et fermé à chaque course simple du
piston, si la manivelle et l'excentrique sont calés à angle
droit.

Considérons maintenant le cas d'une distribution à détente
fixe. D'après ce qui a été dit plus haut, la détente s'opère au
moyen du recouvrement extérieur, lequel est égal à la différence entre la longueur totale de la bande du tiroir et la hauteur de la lumière d'admission.

Comme dans le cas précédent, décrivons deux circonférences concentriques ayant respectivement pour rayons la
longueur de la manivelle et l'excentricité (*fig.* 5).

Fig. 5.

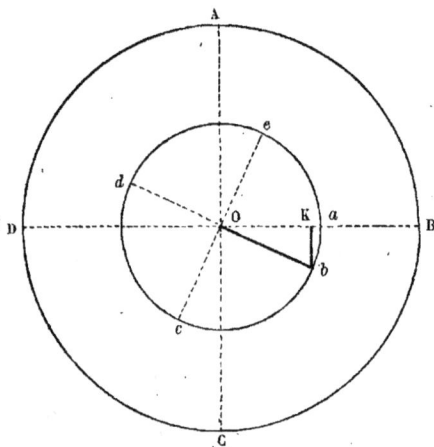

Quand le bouton de la manivelle est au point mort supérieur A, le piston sera sur le point de commencer sa course
descendante, et, pour qu'il n'y ait pas de retard dans l'admission de la vapeur, il faut qu'à cet instant l'arête supérieure *m*

de la bande de recouvrement se trouve à hauteur de l'arête supérieure p de l'orifice (*fig.* 6), de manière qu'un déplacement élémentaire du tiroir permette à la vapeur motrice de s'introduire immédiatement dans le cylindre.

Fig. 6.

On dit que le tiroir est dans sa position moyenne, comme l'indique la *fig.* 6, lorsque les parties des bandes de recouvrement du tiroir qui dépassent les bords extérieurs des lumières d'admission sont égales, ou, en d'autres termes, quand le tiroir recouvre également les deux lumières d'admission et que son milieu coïncide avec celui de l'orifice d'échappement. Ce point a reçu le nom de *centre d'oscillation*. Il est évident que, pour cette position du tiroir, toute communication cesse d'exister entre la chaudière, le cylindre et le tuyau d'échappement.

Pour que la lumière d'admission pq puisse, à chaque course simple du piston, être complètement démasquée par la bande de recouvrement du tiroir, il faut que l'arête supérieure m de la bande vienne se placer en regard de l'arête inférieure q de la lumière, en vertu du mouvement de l'excentrique; par suite, la valeur minima de l'excentricité Oa sera égale à la hauteur totale mq de la bande de recouvrement.

Le tiroir étant construit, il est facile de trouver l'angle de calage de l'excentrique et de la manivelle, de manière qu'il n'y ait pas de retard dans l'admission de la vapeur. Ainsi que nous l'avons indiqué plus haut, pour satisfaire à cette condition, il est absolument indispensable que, pour la course descendante du piston, le bouton de la manivelle étant au point mort supérieur A, l'arête m du tiroir soit à hauteur de l'arête p de l'orifice et que, le bouton de la manivelle étant au point mort inférieur C, quand le piston va commencer sa course ascendante, l'arête s de la bande inférieure de recouvrement soit en regard de l'arête r de l'orifice inférieur. L'angle de calage de la manivelle et de l'excentrique ne peut être droit, car les positions A et C du bouton de la manivelle correspondraient toujours à la position moyenne du tiroir, et, au moindre mouvement de l'excentrique la bande ne découvrirait pas les lumières d'admission pour livrer passage à la vapeur motrice. Il faut donc, pour qu'il n'y ait point de retard dans l'admission, que le tiroir soit descendu au moins d'une quantité égale au recouvrement extérieur quand le bouton de la manivelle est au point mort supérieur A et se soit déplacé en sens inverse de la même quantité, à partir de sa position moyenne, lorsque, le bouton de la manivelle étant au point mort inférieur C, le piston va commencer sa course ascendante. Il suit de là que l'excentrique aura dû tourner avant l'admission au moins d'un angle ayant pour sinus la longueur du recouvrement extérieur. Ainsi, pour cette position, le rayon d'excentricité sera Ob, et de telle sorte que l'on aura $Kb = mp$. L'angle aOb se nomme l'*angle d'avance* ou l'*avance angulaire*.

La *fig*. 5 indique suffisamment que, dans une machine à connexion directe et à détente fixe, l'angle de calage de la manivelle et de l'excentrique est un angle obtus formé d'un angle droit augmenté de l'angle d'avance.

Dans les machines à balancier, le piston étant au bas de sa course, quand le bouton de la manivelle est au point mort supérieur, il s'ensuit que l'angle de calage est aigu et égal à un angle droit diminué de l'avance angulaire.

Pour assurer l'introduction de la vapeur dans le cylindre, les constructeurs calent l'excentrique de manière que la lumière soit un peu découverte au moment où le piston doit commencer sa course dans un sens ou dans l'autre, ce qui constitue ce que l'on appelle l'*avance linéaire*, l'*avance extérieure* ou bien encore l'*avance à l'introduction*. On y parvient facilement en calant l'excentrique de manière que le sinus bK de l'avance angulaire soit un peu plus grand que le recouvrement extérieur mp.

Il résulte de cette disposition que l'échappement de la vapeur commence un peu avant que le piston soit à fond de course; la quantité dont l'orifice d'échappement est déjà ouvert à l'origine de la course du piston se nomme l'*avance à l'échappement* ou l'*avance intérieure*.

La machine étant verticale, ainsi que l'indique le sens de la *fig.* 6, par suite de l'avance à l'admission, le piston accomplissant sa course descendante, la lumière inférieure nr est fermée avant la fin de cette course; la vapeur qui reste entre le piston et le fond du cylindre, cessant de s'échapper dans le condenseur ou dans l'atmosphère, selon la nature de la machine, est de plus en plus comprimée sur une partie de la course, ce qui détermine une période de *contre-pression*. Nous reviendrons plus loin sur ces différentes phases de l'introduction, dont l'étude est de la plus haute importance pour la réglementation des machines.

L'avance à l'admission crée sous le piston un matelas élastique très favorable à la conservation des organes de la machine, en atténuant les chocs inhérents au changement de sens du mouvement du piston quand la manivelle est parvenue aux points morts. Elle offre, en outre, ce précieux avantage de réduire notablement la perte de pression, au moment où la vapeur commence à affluer dans le cylindre.

Généralement, dans les tiroirs à coquille, les bandes par lesquelles le contact a lieu avec la glace présentent non seulement des recouvrements extérieurs, mais encore des saillies intérieures telles que ab, cd (*fig.* 7), qu'on appelle *recouvrements intérieurs*, et dont la longueur est beaucoup moindre que celle des premiers, ce qui, d'ailleurs, rend la hauteur de la coquille moindre que la plus courte distance des orifices d'admission.

Nous établirons plus loin que les grandeurs des recouvrements extérieur et intérieur et leur rapport à la hauteur des orifices jouent un rôle très important dans l'étude d'une distribution à détente fixe ; car, en leur donnant des dimensions convenables, on a tous les éléments nécessaires pour supprimer l'admission de la vapeur en un point donné de la course.

Fig. 7.

Pour que la distribution de la vapeur dans les cylindres se fasse dans de bonnes conditions, il faut que les orifices de circulation aient une grande section pour éviter les étranglements, qui toujours occasionnent des pertes de travail relativement grandes.

Quand la vapeur s'introduit dans le cylindre, tant que la lumière d'admission n'est pas complètement démasquée, il se produit un phénomène que l'on désigne sous le nom de *laminage* ou d'*étirage*.

Dans les machines à connexion directe horizontale, la boîte de distribution est tantôt placée au-dessus ou au-dessous du cylindre, tantôt à la partie latérale.

Si l'on adopte la première disposition, la direction du mouvement du tiroir est oblique à celle du mouvement du piston (*fig.* 8), tandis que dans le second cas les mouvements sont parallèles. Mais, quelle que soit la disposition du tiroir, toutes choses étant égales, il n'y a pas à s'en préoccuper dans l'étude que nous allons entreprendre, attendu que, dans les

Fig. 8.

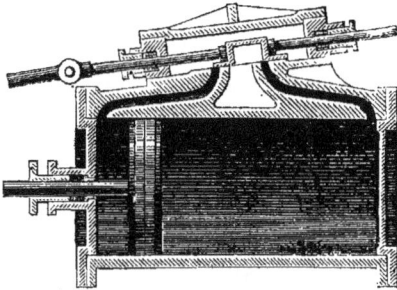

deux cas, la distribution et l'échappement se font absolument de la même manière.

Les considérations qui précèdent ont dû nous faire pressentir que le mouvement imprimé au tiroir par l'excentrique s'opère suivant une loi déterminée, et que la position du tiroir, à chaque instant, peut être complètement fixée par les positions correspondantes qu'occupent au même moment la manivelle et le piston.

2. *Courbes de réglementation ou de régulation.* — La réglementation des tiroirs de distribution est une opération qui a pour objet de coordonner les mouvements des tiroirs avec ceux des pistons et d'en proportionner convenablement les dimensions par rapport à celles des lumières d'admission et d'échappement, de manière à assurer l'introduction de la vapeur dans le cylindre jusqu'à un point donné de la course du piston.

Les courbes dites de *réglementation* ou de *régulation* peuvent servir à étudier la marche comparative du tiroir et du piston, de manière que, pour une position quelconque du piston, on puisse reconnaître immédiatement la position correspondante du tiroir, et par suite la quantité dont les orifices d'admission sont découverts; en d'autres termes, ces courbes ont pour objet de se rendre exactement compte de toutes les

circonstances que présentent l'admission et l'échappement de
la vapeur.

Pour opérer cette re présentation graphique, on a recours au
système d'axes à coordonnées rectangulaires, en prenant pour
abscisses les chemins parcourus par le piston et pour ordonnées les écarts du tiroir à partir de sa position. En faisant
passer une courbe continue par les points ainsi obtenus pour
différentes positions du bouton de la manivelle, on aura la loi
du mouvement du tiroir par rapport à celui du piston.

Ce mode de représentation est aujourd'hui remplacé par le
diagramme polaire de M. Zeuner, dont le tracé est moins
long et beaucoup plus précis. Cependant, comme il est encore
employé par quelques ingénieurs-mécaniciens, nous l'appli-
querons aux machines à détente les plus usuelles. La courbe
elliptique obtenue par la construction que nous avons som-
mairement indiquée s'appelle aussi *diagramme orthogonal*
de Fauveau, du nom du célèbre ingénieur de la marine à qui
l'idée première appartient.

3. *Distribution normale par tiroir à coquille.* — Décrivons
deux circonférences concentriques ayant pour rayons respectifs la longueur OA$_3$ de la manivelle et l'excentricité Oa
(*fig.* 9). L'angle de calage étant égal à 90°, lorsque le bouton de
la manivelle occupera la position A$_3$, le rayon d'excentricité
occupera la position Oa. Puisque l'angle de calage est constant, il est évident que, pendant le mouvement de rotation, les
déplacements angulaires de la manivelle et de l'excentricité
seront égaux. Divisons, à partir du point C, la circonférence
de la manivelle en douze parties égales, et, à partir du point a,
la circonférence de l'excentrique en un même nombre de parties égales. Quand le bouton de la manivelle passe de la position A$_3$ à la position A$_4$, si nous supposons la longueur de la
bielle infinie, le chemin parcouru par le piston sera la projection A$_3e$ sur la manivelle au point mort de l'arc décrit par le
bouton. Or, comme l'arc CA$_1$ est égal à l'arc A$_3$A$_4$, au lieu de
considérer la projection Ae, on peut prendre la projection CK
de l'arc CA$_1$ sur le diamètre horizontal, qui est égale à la première. De même, pendant le déplacement considéré de la
manivelle, le point a de l'excentrique décrit un arc aa_1 sem-

blable à l'arc A_3A_4, et par suite le bord extérieur du tiroir vient se placer à une distance de sa position première mesurée par le sinus de l'angle décrit. Donc, si par le point a_1 nous menons une parallèle à CB, qui représente la course totale du piston, le point de rencontre de cette parallèle avec l'ordonnée du point K sera un point de la courbe de régulation. Le bouton de la manivelle ayant décrit A_3A_5 et l'excentricité l'arc aa_2,

Fig. 9.

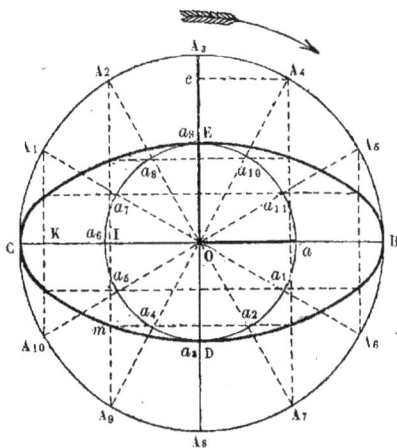

le chemin parcouru par le piston sera la projection Cl de l'arc $CA_2 = $ arc A_3A_5, et l'écart du tiroir aura pour valeur le sinus de l'arc aa_2. Ainsi, en menant l'ordonnée du point l et une parallèle à CB par le point a_2, on aura un deuxième point de la courbe de régulation.

Si, par les mêmes constructions, on détermine une série complète de points analogues et qu'on les relie par un trait continu, on obtient une courbe fermée de forme elliptique que l'on appelle *ellipse du tiroir*.

Au moment où le piston va commencer sa course descendante, le bord extérieur du tiroir coïncide avec l'arête extérieure de l'orifice d'admission. Les ordonnées de la courbe de régulation croissant de plus en plus à partir du point C jusqu'au point D de l'ellipse qui correspond à la demi-course du piston, on voit que, pendant ce temps, l'orifice d'admission se découvre graduellement jusqu'à ce qu'il soit complètement démasqué, et, comme le recouvrement est égal à la hauteur de l'orifice, il s'ensuit que, du côté de l'échappement, la lumière inférieure se découvre de la même quantité. A partir du point D les ordonnées de l'ellipse décroissant, la bande de recouvrement du tiroir ferme de plus en plus l'orifice d'admission, jusqu'à ce qu'il soit complètement couvert, ce qui a lieu à la fin de la course du piston, c'est-à-dire quand le tiroir est revenu à sa position moyenne, représentée par l'axe CB de l'ellipse.

D'après la définition que nous avons donnée des courbes de régulation, il nous sera facile de trouver, à un instant quelconque de la course du piston, l'ouverture des lumières du côté de l'admission et du côté de l'échappement.

A cet effet, proposons-nous de résoudre la question quand le piston a accompli le quart de sa course. Prenons, à partir du point origine C, une longueur Cl, égale au quart de la course totale du piston, représentée par CB; l'ordonnée lm sera l'écart du tiroir, c'est-à-dire la quantité dont la lumière supérieure est ouverte du côté de l'admission, et, puisque les deux bandes du tiroir participent au même mouvement de transport, la même ordonnée représentera aussi l'ouverture à l'échappement.

Depuis longtemps on a renoncé aux distributions normales par tiroirs, attendu, d'une part, que, la lumière d'admission commençant à s'ouvrir à l'origine de la course du piston, la vapeur éprouve une résistance considérable à son passage par un orifice trop étroit, et, de plus, parce que, la lumière d'échappement commençant aussi à s'ouvrir au moment où le piston se met en marche, il se produit une contre-pression qui diminue notablement l'effet utile de la machine.

4. *Représentation d'une distribution à détente fixe par tiroir à recouvrement extérieur, la bielle étant infinie.* — Nous prendrons pour exemple la distribution à recouvrement extérieur d'une locomotive construite, il y a quelques années, par MM. Cail et Cie, pour le chemin de fer du Nord.

La hauteur intérieure de la coquille est égale à la plus courte distance des lumières d'admission diminuée d'un recouvrement total intérieur égal à 2^{mm} pour empêcher toute communication entre les deux parties du cylindre séparées par le piston, dans le cas où les bords des lumières viendraient à s'user par le passage continuel de la vapeur. De plus, la hauteur de ces lumières, parallèlement à l'axe du cylindre, est de 40^{mm}, et la longueur totale de la bande est égale à 65^{mm}, ce qui donne un recouvrement extérieur de 24^{mm}, abstraction faite du recouvrement de 1^{mm} pour chaque bande du tiroir; l'angle d'avance est de $30°$, et le rayon d'excentricité est de 58^{mm}, de sorte que, lorsque le piston est parvenu à fond de course, l'écart du tiroir, à partir de sa position moyenne, étant égal à la moitié de l'excentricité $\frac{58}{2}$ ou 29^{mm}, puisque $\sin 30° = \frac{1}{2}$, l'avance linéaire du tiroir sera $29 - 24 = 5^{mm}$, c'est-à-dire que la lumière sera découverte sur cette hauteur au moment où le piston commencera sa course, soit dans un sens, soit dans l'autre.

Du point O comme centre, milieu de la droite AA_8 (*fig.* 10), qui représente à la fois la position moyenne du tiroir et la course du piston, décrivons deux circonférences ayant pour rayons respectifs la longueur de la manivelle et l'excentricité. Le bouton de la manivelle étant au point mort supérieur, si nous faisons avec l'horizontale AA_8 un angle $A_8 O a$ égal à $30°$, nous aurons l'angle d'avance et, par suite, la position Oa du rayon d'excentricité au moment où le piston va commencer sa course descendante, de même que le sinus de cet angle représentera l'écart linéaire du tiroir à partir de sa position linéaire.

Menons deux tangentes verticales à la circonférence de rayon OA, et sur le côté gauche plaçons les lumières d'admission O, O', et l'orifice d'échappement O''. A partir du point A divisons en seize parties égales la circonférence de la manivelle, et à partir du point a en un même nombre de parties celle décrite par le centre de l'excentrique pendant le mouvement de rotation de l'arbre de couche.

Quand le bouton de la manivelle passe du point mort A_4 au point A_5, dans l'hypothèse de la bielle infinie que nous avons admise, le déplacement du piston est égal à la projection $A_4 K$ de l'arc décrit sur le diamètre du point A_4. En même temps le

centre de l'excentrique passe de a en a_1, et le tiroir se trouve
distant de sa position moyenne d'une quantité égale à la perpendiculaire abaissée du point a_1 sur l'horizontale AA_8, c'est-
à-dire de toute la longueur du sinus de l'angle d'avance augmenté de l'angle de rotation. Si nous portons sur la ligne

Fig. 10.

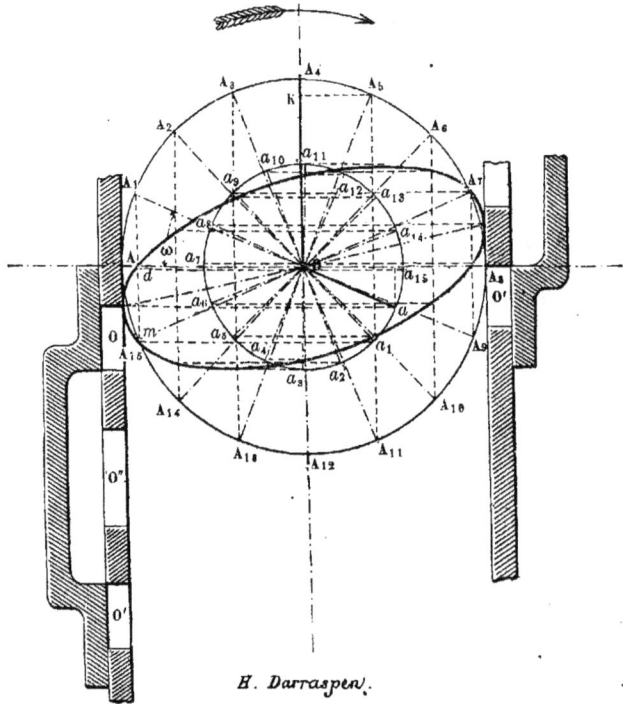

H. Darraspen.

moyenne du tiroir, à partir du point origine **A**, le chemin **AK**
parcouru par le piston en élevant à l'extrémité de la longueur
qui le représente une perpendiculaire égale au sinus de l'angle
précité, on obtiendra un point m de la courbe de réglementation. Au lieu de prendre une longueur égale au sinus de l'angle
sur la perpendiculaire à AA_8, il est plus commode de mener
par le point a_1 une horizontale limitée au point m où elle rencontre l'ordonnée, ainsi qu'on le voit sur l'épure.

Pareillement, si nous prenons encore pour abscisse le déplacement du piston, quand la manivelle occupe la position A_6, et pour ordonnée la perpendiculaire abaissée du point a_2 sur la ligne de repère AA_8, nous aurons un deuxième point de la courbe cherchée. En reliant par une ligne continue tous les points obtenus de la même manière, on aura la courbe dite de *régulation* qui sert à étudier toutes les phases de la distribution de la vapeur dans le cylindre.

Si l'on veut, par exemple, trouver de quelle quantité les lumières sont découvertes quand le piston est parvenu au tiers, au quart, au cinquième, etc., de sa course, il faudra porter sur la ligne AA_8, qui correspond à la position moyenne du tiroir, la partie de la course du piston que l'on a en vue; puis, en menant à l'extrémité du chemin parcouru une perpendiculaire à AA_8 jusqu'à la rencontre de la courbe, on aura l'écart du bord extérieur de la bande de recouvrement. Par conséquent, les parallèles menées par les divers points de la courbe à la ligne de repère AA_8 étant prolongées jusqu'à la rencontre de l'orifice O laisseront au-dessus d'elles les différentes parties de la hauteur de l'orifice qui auront été successivement découvertes pendant la course descendante.

En réalité, la bielle, dans les positions qu'elle occupe successivement, ne conserve pas le parallélisme, et, pour procéder avec exactitude dans le tracé de l'épure, il faut tenir compte de l'angle variable qu'elle forme avec sa direction quand le bouton de la manivelle est à l'un des points morts. Aussi nous renvoyons au paragraphe suivant l'étude complète des circonstances particulières de l'admission de la vapeur, en conservant à la bielle la longueur qui lui a été donnée, d'après la constitution organique de la machine.

Il est facile de démontrer que, dans le cas hypothétique de la bielle infinie, la courbe de régulation est une ellipse que nous avons désignée plus haut sous la dénomination d'*ellipse du tiroir*.

A cet effet, appelons

R le rayon OA, lequel est égal à la longueur de la manivelle ;
r l'excentricité égale à la longueur totale de la bande ;
α l'avance angulaire de l'excentrique ;

ω l'angle de rotation du bouton de la manivelle à partir de l'un des points morts.

Admettons de plus que le centre O de la circonférence de rayon R soit l'origine des coordonnées.

Quand le bouton de la manivelle décrit un arc égal à AA_1, en partant du point mort, le déplacement du piston est Ad, et par suite les coordonnées du point m de la courbe seront respectivement $od = x$ et $md = y$.

Du triangle rectangle $A_1 dO$ on déduit

$$(1) \qquad x = R\cos\omega,$$

et, puisque dm est le sinus de $\alpha + \omega$, on aura aussi

$$(2) \qquad y = r\sin(\alpha + \omega),$$

et, en développant,

$$(3) \qquad y = r(\sin\alpha\cos\omega + \sin\omega\cos\alpha).$$

Éliminons l'angle ω entre les deux équations (1) et (3).

De la première on déduit

$$\cos\omega = \frac{x}{R}.$$

Remplaçant $\cos\omega$ par sa valeur dans l'équation (3), il viendra

$$y = x\left(\sin\alpha\,\frac{x}{R} + \sin\omega\cos\alpha\right),$$

ou

$$\frac{y}{r} = \sin\alpha\,\frac{x}{R} + \sin\omega\cos\alpha.$$

Substituant à $\sin\omega$ sa valeur $\sqrt{1 - \cos^2\omega} = \sqrt{1 - \dfrac{x^2}{R^2}}$, nous aurons

$$\frac{y}{r} = \sin\alpha\,\frac{x}{R} + \cos\alpha\sqrt{1 - \frac{x^2}{R^2}},$$

d'où

$$\frac{y}{r} - \sin\alpha\,\frac{x}{R} = \cos\alpha\sqrt{1 - \frac{x^2}{R^2}}$$

et

$$\left(\frac{y}{r} - \sin\alpha\,\frac{x}{R}\right)^2 = \cos^2\alpha\left(1 - \frac{x^2}{R^2}\right).$$

Développant le carré du binôme qui forme le premier membre de l'équation, nous aurons

$$\frac{y^2}{r^2} + \sin^2\alpha\,\frac{x^2}{R^2} - \frac{2\,xy}{R\,r}\sin\alpha = \cos^2\alpha\left(1 - \frac{x^2}{R^2}\right),$$

$$\frac{y^2}{r^2} + \sin^2\alpha\,\frac{x^2}{R^2} - \frac{2\,xy}{R\,r}\sin\alpha = \cos^2\alpha + \cos^2\alpha\,\frac{x^2}{R^2},$$

$$\frac{y^2}{r_2} + \sin^2\alpha\,\frac{x^2}{R^2} - \frac{2\,xy}{R\,r}\sin\alpha - \cos^2\alpha + \cos^2\alpha\,\frac{x^2}{R^2} = 0.$$

Mettant en évidence le facteur $\dfrac{x^2}{R^2}$ commun à deux termes

$$\frac{y^2}{r^2} + \frac{x^2}{R^2}(\sin^2\alpha + \cos^2\alpha) - \cos^2\alpha - \frac{2\,xy}{R\,r}\sin\alpha = 0.$$

Or $\sin^2\alpha + \cos^2\alpha = 1$; donc

$$\frac{y^2}{r^2} + \frac{x^2}{R^2} - \cos^2\alpha - \frac{2\,xy}{R\,r}\sin\alpha = 0.$$

Faisant disparaître les dénominateurs, on aura

$$R^2 y^2 - 2R\,r\,xy\,\sin\alpha + r^2 x^2 - R^2 r^2 \cos^2\alpha = 0.$$

Cette équation, ainsi qu'on le démontre dans les Traités de Géométrie analytique, est celle d'une ellipse rapportée à son centre, mais dont les axes des coordonnées ne coïncident pas avec les axes des courbes.

Si l'angle $\alpha = 0$, on revient au cas d'une distribution normale, et l'équation prend la forme ordinairement employée

$$R^2 y^2 + r^2 x^2 - R^2 r^2 = 0$$

ou

$$R^2 y^2 + r^2 x^2 = R^2 r^2$$

5. *Représentation d'une distribution à détente fixe par tiroir à recouvrement extérieur en tenant compte des obliquités de la bielle.* — Comme dans le cas précédent, décrivons deux circonférences : la première de rayon OA égal à la longueur de la manivelle, et la seconde de rayon *oa* égal à l'excentricité (*fig.* 11). Menons deux tangentes verticales à la circonférence de rayon OA, et sur le côté gauche plaçons les deux orifices

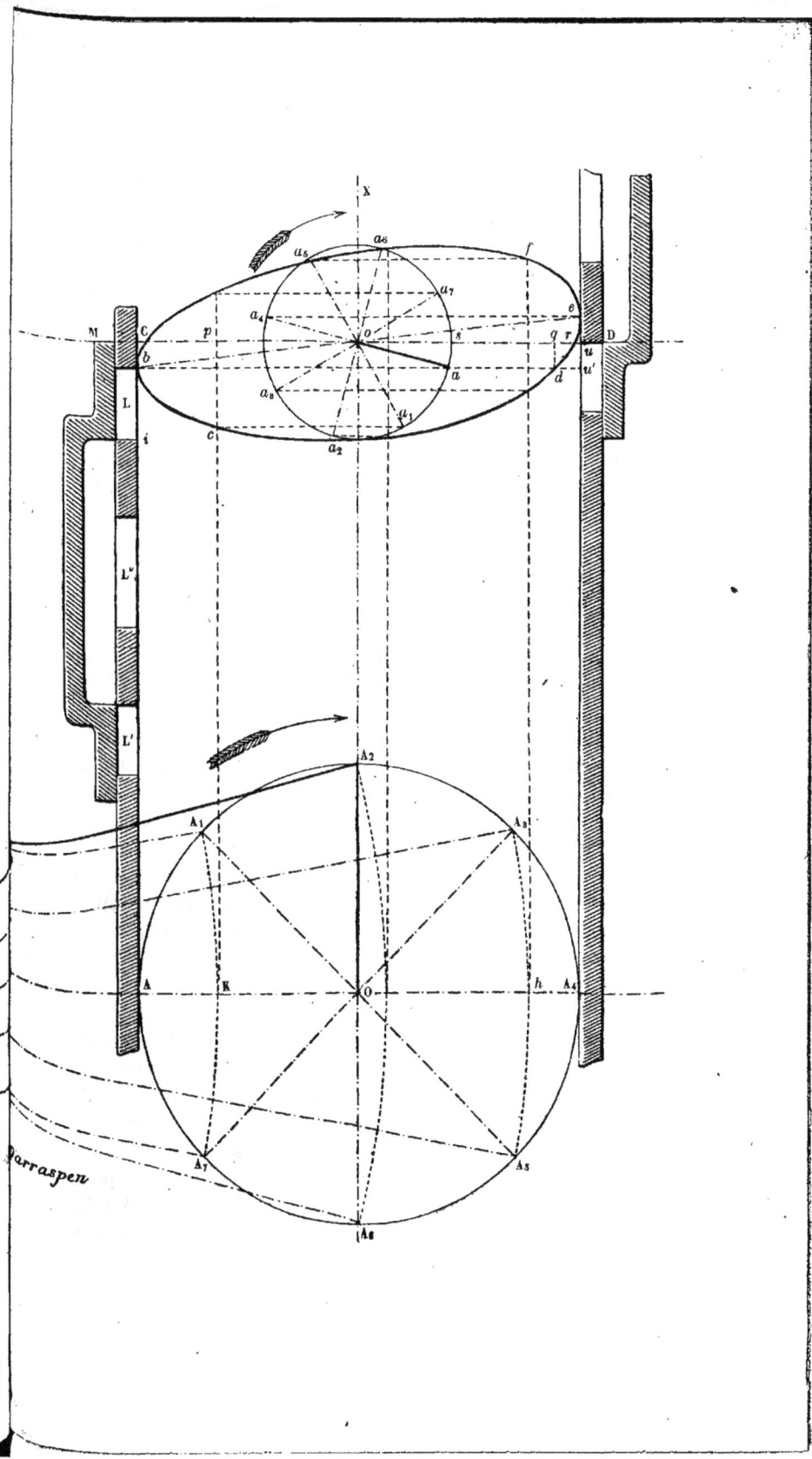

Darraspen

d'admission L, L′ et celui d'échappement L″. Le tiroir étant
placé dans sa position moyenne, représentée par l'horizontale CD, faisons un angle *soa* égal à l'avance angulaire de l'excentrique, de manière qu'il n'y ait pas de retard dans l'admission de la vapeur. Ainsi l'angle de calage de la manivelle et de
l'excentrique sera X*oa*. Soit AB la longueur de la bielle, que
pour la facilité du tracé de l'épure nous disposerons horizon-
talement, ce qui n'apporte aucun changement à l'état de la
question, bien que la machine soit supposée verticale. Divisons en un même nombre de parties égales les circonférences
de la manivelle et de l'excentrique à partir des deux points A
et *a*. Comme dans les cas précédents, pour tracer la courbe de
réglementation, nous prendrons pour abscisses les déplacements successifs du piston et pour ordonnées les écarts
linéaires du tiroir à partir de sa position moyenne CD.

Au moment où le piston va commencer sa course descendante, le bord supérieur M de la bande étant venu à hauteur
de l'orifice L, en vertu de l'avance angulaire, il s'ensuit que le
point *b* sera l'origine de la courbe de réglementation. Pour
trouver le point de la courbe qui correspond au point A_1 du
bouton de la manivelle ou du point A_3, ce qui est absolument
la même chose, en supposant toutefois, dans ce dernier cas, la
bielle disposée verticalement, du point A_1 comme centre, avec
un rayon égal à la longueur AB de la bielle, décrivons un arc
qui coupe en *m* sa direction quand le bouton de la manivelle
est au point mort; la distance B*m* de ce point au point B
représentera le chemin parcouru par le piston pour un déplacement angulaire de la manivelle mesuré par l'arc AA_1. Si du
point *m* on décrit encore un arc de rayon égal à la longueur
de la bielle, on aura AK = B*m*, et par suite, en menant par le
point K une verticale, sa rencontre avec l'horizontale du
point a_1 donnera un point *c* de la courbe de réglementation,
puisque la distance *cp* de ce point à la position moyenne du
tiroir CD est égale au sinus de l'angle total formé par l'angle
d'avance du tiroir augmenté de l'angle de rotation. En opérant
de la même manière pour d'autres positions du bouton de la
manivelle, on obtiendra le lieu de tous les points ayant pour
coordonnées rectangulaires, par rapport aux deux axes CD, OX,
les chemins parcourus par le piston et les écarts du tiroir à

partir de sa position moyenne. La courbe fermée qui relie tous ces points n'est pas une ellipse comme dans les cas précédents, mais une courbe analogue qui a reçu le nom de *courbe de régulation en œuf*.

Pour nous rendre compte des différentes phases de l'admission et de l'échappement de la vapeur, plaçons à droite l'orifice inférieur et la bande de recouvrement, qui lui correspond de manière que le bord supérieur de cette bande soit dans le prolongement de la ligne moyenne du tiroir.

Lorsque le piston commencera sa course descendante, le tiroir découvrira immédiatement la lumière d'admission L, ou plutôt l'aura découverte sur une hauteur de quelques millimètres, ce que l'épure ne permet pas de voir, parce qu'elle à été exécutée à une échelle très réduite. Tant que les ordonnées de la courbe croissent, la bande de recouvrement démasque de plus en plus la lumière d'admission L, laquelle sera complètement ouverte dès que le bord supérieur M sera à hauteur de l'arête inférieure i de la lumière; mais quand les ordonnées de la courbe décroissent, le tiroir étant animé d'un mouvement rétrograde recouvre graduellement cette lumière en remontant. Elle sera complètement fermée lorsque le bord M de la bande sera revenu dans le prolongement du bord b de la lumière L; de sorte que, si nous menons par le point b une horizontale, les coordonnées cq, dq du point d de la courbe feront connaître les positions relatives du piston et du tiroir. Comme la bande inférieure de recouvrement participe au mouvement de transport de la bande supérieure, l'horizontale bd, prolongée jusqu'au point u', laissera au-dessus d'elle la partie uu' de la lumière inférieure qui est découverte du côté de l'échappement. A ce moment, le piston n'a accompli qu'une partie de sa course représentée par cq, comme l'indique l'épure, et puisque toute communication entre la lumière d'admission et la chaudière est alors supprimée, la détente de la vapeur commencera. Le tiroir et le piston continuant leur marche, on voit que le tiroir, pendant son mouvement ascensionnel, ferme de plus en plus l'orifice inférieur; ce dernier sera complètement recouvert par la bande lorsque le bord intérieur D de l'orifice inférieur sera parvenu à hauteur du point u, et alors le tiroir sera revenu à sa position moyenne. Depuis l'origine de la détente le piston a parcouru le chemin *qr,* mais il lui reste encore à parcourir le chemin *ru* pour arriver à fond de course. Comme le tiroir continue à s'élever, l'orifice inférieur ne cesse pas d'être fermé, tandis que la bande démasque la lumière L du côté de l'échappement. Il en résulte donc que la vapeur qui agit comme contre-pression sur la face opposée du piston est de plus en plus comprimée, tandis que la vapeur motrice, pendant la dernière partie de la course, communique avec le condenseur ou avec l'air extérieur, suivant la nature de la machine. Après l'accomplissement de ce double phénomène, le piston a fait une course simple et le bord extérieur du tiroir est au-dessus de la ligne moyenne CD d'une quantité *ue*, de telle sorte que, au moment où le piston va commencer sa course ascendante, la bande inférieure est sur le point de démasquer la lumière L' d'admission ou plutôt l'a déjà démasquée de quelques millimètres, selon la valeur donnée à l'avance linéaire du tiroir.

De ces considérations géométriques sur les mouvements du piston et du tiroir, nous pouvons conclure qu'une distribution par tiroir à recouvrement extérieur présente trois périodes distinctes qu'il importe de bien caractériser :

Première période. — Elle correspond à la partie *cq* ou *bd* de la course du piston. La vapeur motrice agit à pleine pression sur l'une des faces du piston ; la vapeur qui produit la contre-pression sur la face opposée s'est en partie échappée dans le condenseur ou à l'air libre.

Deuxième période. — Elle se rapporte au chemin *qr* parcouru par le piston. La vapeur motrice agit par détente et celle qui presse la face opposée du piston communique toujours avec le tuyau d'échappement.

Troisième période. — Pour compléter sa course, le piston parcourt le chemin représenté par *ru*. La vapeur motrice communique avec l'échappement et continue à se détendre dans le cylindre, tandis que la vapeur qui donne lieu à la contre-pression, étant de plus en plus comprimée, produit un travail résistant relativement considérable.

Pendant les deux premières périodes, la vapeur, en vertu de sa tension, développe un travail moteur bien supérieur au travail résistant ; mais, pendant la troisième période, il arrive un moment où le travail résistant peut être plus grand que le travail moteur.

Il est néanmoins bien facile de comprendre tous les avantages de la détente et de l'avance à l'échappement de la vapeur motrice ; car si, dans la troisième période, qui, d'ailleurs, correspond à une fraction très petite de la course du piston, le travail résistant peut être égal au travail moteur, et même lui devenir supérieur, dès que le piston, parvenu à fond de course, accomplira sa marche en sens opposé, la vapeur préexistante, qui, en le prenant à revers, constitue la contre-pression, se sera déjà en grande partie rendue dans le condenseur. Par suite, pendant la période de compression, cette vapeur, loin d'avoir une force élastique égale à celle de la vapeur motrice qui se détend, n'aura souvent qu'une pression deux ou trois fois plus faible.

Pour terminer cette discussion, nous ajouterons que si, sur une étendue de chemin très petite, le travail résistant acquiert une valeur assez considérable, cet accroissement est largement compensé par la diminution du travail moteur au moment où la manivelle sera au point mort, c'est-à-dire dans la position où elle éprouve le plus de peine à se mouvoir d'un mouvement circulaire continu.

6. *Emploi de la sinusoïde comme courbe de réglementation.* — Les courbes obtenues en Cinématique pour établir graphiquement la relation qui existe entre le mouvement rectiligne du piston et le mouvement de rotation de la manivelle peuvent servir à étudier toutes les phases de l'admission et de l'échappement de la vapeur. La courbe de régulation proprement dite est à coordonnées rectangulaires, les abscisses ayant pour valeurs les développements des arcs décrits par le bouton de la manivelle et les ordonnées étant égales aux sinus des angles correspondants décrits par l'excentricité. Ce mode de génération appartient à la courbe appelée aujourd'hui *sinusoïde,* que du temps de Pascal et de Wallis on désignait sous le nom de *ligne des sinus.* Bien qu'elle ne soit pas fermée, elle peut remplacer avec avantage la courbe de forme elliptique précédemment étudiée.

Pour le tracé de cette nouvelle courbe, nous prendrons

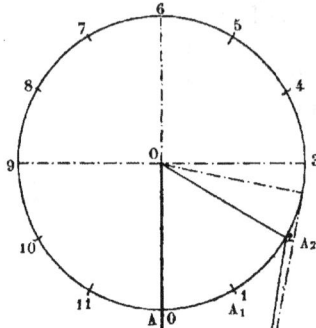

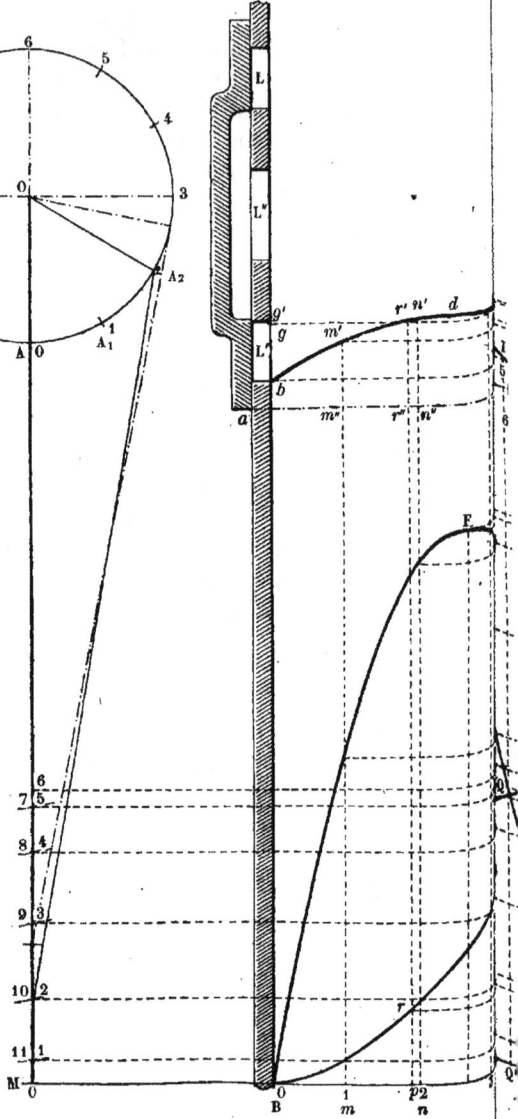

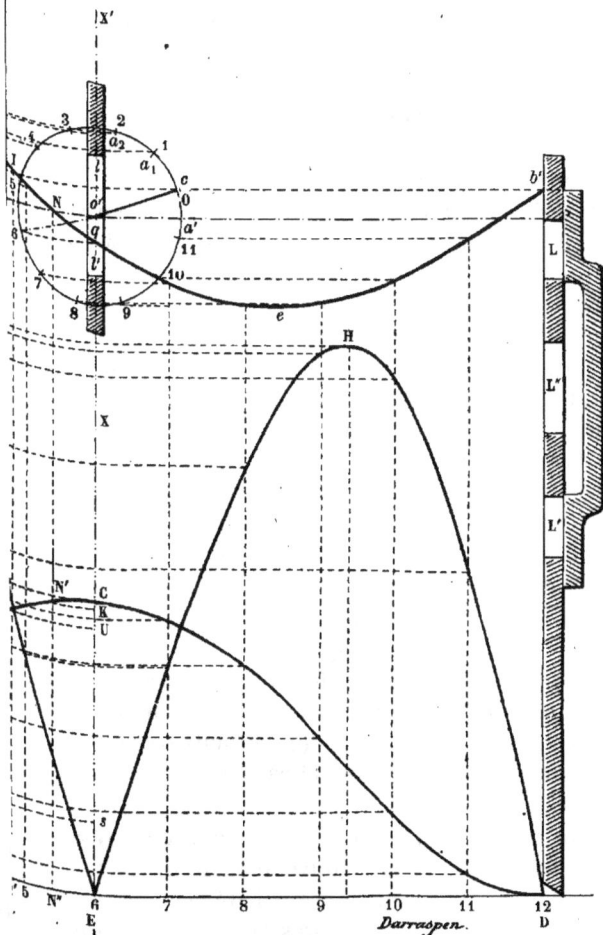

Darraspen.

pour exemple une machine à connexion directe et à détente fixe, construite, il y a quelques années, dans les ateliers de l'École d'Angers.

Soient OA la longueur de la manivelle et AM celle de la bielle (*fig.* 12). Le bouton de la manivelle étant au point mort inférieur, construisons avec ces deux données la courbe figurative BCD de la loi du mouvement du piston et de la manivelle, les abscisses étant représentées par les développements des arcs décrits par le bouton et les ordonnées par les déplacements successifs du piston.

Plaçons sur le côté gauche, à l'une des extrémités du développement, les lumières d'admission L, L′ et l'orifice L″ qui sert à conduire la vapeur dans le condenseur, dès qu'elle' a produit son action sur la surface du piston.

Par le bord extérieur a de la bande inférieure de recouvrement, menons une horizontale qui représente la position moyenne du tiroir et du point $o′$ comme centre où cette horizontale rencontre la verticale XX′, décrivons une circonférence de rayon égal à l'excentricité, c'est-à-dire à la longueur totale de la bande de recouvrement diminuée du recouvrement intérieur, lequel, à l'échelle réduite de l'épure, peut être considéré comme nul. Pour qu'il n'y ait pas de retard dans l'admission, il faut, comme nous l'avons dit plus haut, que l'avance linéaire du tiroir soit au moins égale au recouvrement extérieur ab. Donc, si par le point b nous menons une horizontale jusqu'à la rencontre au point c de la circonférence de l'excentrique, la droite $o′c$ sera la position de l'excentricité au moment où le piston va commencer sa course ascendante, et l'angle $co′a$ mesurera l'avance angulaire de l'excentrique. A partir du point c, divisons la circonférence de l'excentrique en douze parties égales, comme nous l'avons fait pour la circonférence de la manivelle, afin que pour ces deux organes de rotation on puisse facilement reconnaître des déplacements angulaires égaux.

Occupons-nous maintenant du tracé de la courbe de régulation. Lorsque le bouton de la manivelle passe de la position A à la position A_1, le rayon d'excentricité vient occuper la position $o′a_1$; par conséquent, d'après la description organique de la courbe que nous avons donnée plus haut, si par

l'extrémité m du développement Bm de l'axe AA₁, décrit par
le bouton, on mène une verticale, et par le point a_1 de l'excentrique une horizontale, le point de rencontre m' de ces
deux lignes sera un point de la courbe, puisque l'abscisse est
égale à l'arc décrit par le bouton et que l'ordonnée $m'm''$,
c'est-à-dire l'écart du tiroir à partir de sa position moyenne,
a pour valeur le sinus de la somme des angles d'avance et de
rotation. Pareillement, pour avoir un point de la courbe quand
le bouton occupe la position A₂, nous menons une verticale
par le point n du développement de l'arc A₁A₂ jusqu'à sa rencontre en n' de l'horizontale partant du point a_2 de l'excentrique. On procédera exactement de la même manière pour
obtenir les points de la courbe qui correspondent aux autres
positions de la manivelle, et, en faisant passer une ligne continue par tous ces points, nous aurons la sinusoïde pouvant
servir de courbe de réglementation, ainsi que nous allons l'indiquer par des considérations purement géométriques.

Pour que la même courbe puisse convenir à l'étude des circonstances que présente l'admission de la vapeur pendant la
course descendante du piston, plaçons sur le côté de droite de
l'épure l'orifice supérieur L au-dessous de l'horizontale du
point a. Quand la vapeur s'introduit dans le cylindre par l'un
des orifices, celle qui a déjà produit son action s'échappe par
l'autre, et c'est ainsi que ces deux orifices, selon le sens de la
course du piston, communiquent alternativement avec le condenseur par l'intérieur de la coquille du tiroir. Si donc, sur
l'horizontale du point a correspondant à la position moyenne
du tiroir, nous plaçons les deux lumières l, l' au-dessus et au-
dessous du centre o' de la circonférence de l'excentrique, il est
évident que, pendant la course ascendante du piston, la lumière l remplira la même fonction.

Cette disposition étant donnée à l'épure, la discussion géométrique devient très simple.

Pour fixer les idées, proposons-nous de trouver la position
du tiroir, et par suite de quelle quantité la lumière L′ est découverte quand le piston a parcouru le quart de sa course ascendante. A cet effet, à partir du point E du développement
de la circonférence de la manivelle, portons sur la verticale XX′ une longueur Es égale au quart de la course, et par

le point s menons une horizontale jusqu'à la rencontre au point r de la courbe qui représente la loi du mouvement de la manivelle et du piston. La verticale du point r, limitée à la courbe de réglementation, fera connaître l'ordonnée $r'r''$, c'est-à-dire l'écart linéaire du tiroir par rapport à sa position moyenne. L'horizontale du point r' rencontre la lumière d'admission en un point g tel que sa distance gb au bord supérieur représente la hauteur sur laquelle l'orifice est découvert, et la distance gg' au bord supérieur le chemin que doit encore parcourir le tiroir pour que le même orifice soit complètement démasqué. Comme la même horizontale, prolongée suffisamment, rencontre la verticale XX' en un point situé au-dessus du point o', on voit que l'orifice supérieur est entièrement découvert du côté de l'échappement avant que le piston ait parcouru le quart de sa course.

La première partie de la courbe bdq sert à se rendre compte de la distribution de la vapeur pendant la course ascendante du piston, et la seconde partie qeb' se rapporte à la course descendante ; mais, dans ce dernier cas, le point E est l'origine des déplacements du piston, c'est-à-dire que les chemins parcourus doivent être portés de haut en bas sur CE et à partir du point C. Pour éviter toute confusion, nous ajouterons encore que, l'orifice L placé sur le côté droit de l'épure servant à l'introduction de la vapeur pendant la descente du piston, l'orifice l', placé au-dessous du point o', sera affecté à l'échappement de la vapeur préexistante dans la partie opposée du cylindre.

Les avantages de la sinusoïde, employée comme courbe de réglementation, seront mieux compris si nous l'appliquons aux trois périodes d'une distribution par tiroir à recouvrement ainsi qu'à la recherche des fractions correspondantes de la course du piston.

Quand le piston commence à monter, la vapeur s'introduit à la partie inférieure du cylindre, tandis que celle dont l'action a produit la pulsation précédente se rend au condenseur. Les ordonnées de la courbe montrent que la lumière d'abord se découvre, puis se recouvre graduellement. Pendant cette période la vapeur agit à pleine pression ; elle commencera à se détendre dès que l'orifice d'admission sera entièrement fermé par la bande de recouvrement, ce qui aura lieu au moment où l'arête inférieure a du tiroir sera parvenue à hauteur du bord inférieur b de l'orifice L'. Si par le point b on mène une horizontale jusqu'à la rencontre en I de la courbe de réglementation, ce point correspondra à la fin de la première période, c'est-à-dire à l'origine de la détente. La verticale du point I rencontre la courbe qui représente la loi du mouvement de la manivelle en un point Q tel que l'ordonnée QQ' est le chemin parcouru par le piston pendant la première période. Si l'on projette le point Q sur l'axe EX, la droite EU représentera également le déplacement du piston, et il est facile, comme nous l'avons indiqué plus haut, de reconnaître au moyen de l'épure que l'orifice l ne cesse pas de communiquer avec le condenseur par l'intérieur du tiroir. L'échappement de la vapeur sera supprimé lorsque l'orifice supérieur sera entièrement masqué par la bande de recouvrement, ce qui correspond à la position moyenne du tiroir. L'horizontale du point a rencontre la courbe du tiroir en un point N qui correspond à la fin de la détente de la vapeur, et la verticale du point N donne un point N' de la courbe de la manivelle, dont l'ordonnée N'N'' est le chemin parcouru par le piston pendant les deux premières périodes de la distribution de la vapeur. La projection K du point N' sur l'axe EX détermine le déplacement UK du piston correspondant à la deuxième période. Enfin, il est visible que la droite KC sera la fraction de la course du piston qui se rapporte à la troisième période.

7. *Courbe représentant la loi des vitesses du piston.* — La courbe figurative de la loi du mouvement relatif de la manivelle et du piston permet de trouver facilement la position du bouton correspondant à un déplacement quelconque de ce piston. Si, par exemple, nous voulons déterminer cette position quand le piston a parcouru le quart de sa course ascendante, portons, à partir du point E de l'axe (*fig.* 12), une longueur Es égale à cette fraction de la course totale. L'horizontale du point s rencontre la courbe en un point r tel que l'abscisse Bp sera le développement de l'arc décrit par le bouton de la manivelle à partir du point mort inférieur. Ainsi, en portant Bp sur la circonférence de la manivelle, on aura la position du

bouton qui correspond au quart de la course ascendante du piston.

Au moyen de la même courbe, on peut aussi trouver la vitesse du piston à un instant quelconque du mouvement et par suite établir la loi géométrique des vitesses du piston par rapport au mouvement de rotation de la manivelle. La courbe qui la représente est à coordonnées rectangulaires. Comme pour le tracé de la sinusoïde du tiroir, on prend pour abscisses les arcs décrits par le bouton de la manivelle et pour ordonnées les vitesses correspondantes du piston.

Par l'action régulatrice du volant, le mouvement devenant à peu près uniforme, il s'ensuit que des longueurs égales prises sur l'axe des abscisses pourront servir à représenter des temps égaux.

Soit ABD (*fig*. 13) la courbe figurative des mouvements

Fig. 13.

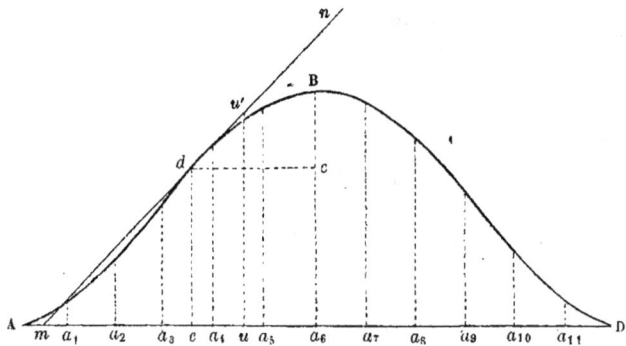

relatifs du piston et de la manivelle. Proposons-nous de trouver la vitesse du piston quand il aura parcouru une partie de sa courbe représentée par ca_6. Par le point c menons l'abscisse cd et l'ordonnée de qui représentera aussi le déplacement considéré du piston. Comme son mouvement rectiligne est varié, si à l'instant où il aura parcouru le chemin ed on supprime la cause de la variation, on obtiendra un mouvement uniforme dont la loi sera représentée par la tangente mn menée au point d de la courbe, et la vitesse du piston aura pour valeur à l'échelle adoptée le rapport $\dfrac{de}{me}$ de l'ordonnée à l'abscisse, qui n'est autre chose que la tangente trigonométrique de l'angle que forme la droite mn avec l'axe des abscisses.

La ·valeur de ce rapport peut être obtenue d'une manière bien simple. A cet effet, appelons R la longueur de la manivelle, et n le nombre de tours par chaque minute. Le chemin parcouru par le centre du bouton sera $2\pi R n$ par minute, et par seconde $\dfrac{2\pi R n}{6o} = \dfrac{\pi R n}{3o}$. D'après ce qui a été dit plus haut sur la nature du mouvement de la manivelle, la valeur $\dfrac{\pi R n}{3o}$ pourra donc représenter l'unité de temps, c'est-à-dire une seconde. A partir du point m, portons sur l'axe des abscisses une longueur $mu = \dfrac{\pi R n}{3o}$; la perpendiculaire uu' à cet axe prolongée jusqu'à la rencontre de la tangente représentera la vitesse du piston au moment où il a parcouru la partie ca_6 de la course totale $B a_6$. En effet, les deux triangles semblables mde, muu' donnent la relation suivante :

$$\frac{uu'}{mu} = \frac{de}{me} \quad \text{ou} \quad uu' = \frac{de}{me},$$

puisque mu représente l'unité de temps. Or nous avons vu précédemment que le rapport $\dfrac{de}{me}$ est l'expression de la vitesse V du piston, d'où $uu' = V$.

D'après cela la courbe de la loi des vitesses est bien facile à construire. Il suffira, par la méthode que nous venons d'indiquer, de chercher les vitesses du piston qui correspondent à différentes positions du bouton de la manivelle. En menant aux points de division du développement de la circonférence des perpendiculaires égales aux longueurs trouvées qui expriment les différentes vitesses du piston, la ligne continue qui reliera les extrémités de ces perpendiculaires sera la courbe figurative de la loi des vitesses.

Les deux méthodes que nous venons d'indiquer sont, il est aisé de le comprendre, très défectueuses, et par cela même peuvent conduire à des résultats fort inexacts ; car la nature de la courbe étant inconnue, bien que le tracé soit parfaitement défini, la direction de la tangente laisse toujours quelque incertitude. On peut trouver plus rigoureusement la vitesse du piston à un instant quelconque par des considérations basées sur le théorème de Chasles, dont nous allons rappeler l'énoncé pour l'intelligence de ce qui va suivre.

Lorsqu'une figure plane de forme et de grandeur invariables, quoique arbitraires, éprouve un déplacement quelconque, infiniment petit, sans quitter ce plan, elle tendra à tourner sans glisser, autour d'un certain point fixe nommé centre instantané de rotation, *qu'on obtiendra par la rencontre des normales aux éléments courbes que décrivent deux quelconques des points de la figure* (¹).

Ce théorème général est de la plus haute importance, parce qu'il permet de trouver immédiatement la vitesse d'un point quelconque de la figure lié invariablement à une droite, en se servant de la vitesse possédée par l'une des extrémités de cette droite.

Soient OA la longueur de la manivelle et Aa celle de la bielle, la machine étant supposée à connexion directe (*fig.* 14). Admettons qu'au moment où l'on considère le mouvement de transport du piston il ait déjà accompli la fraction ac de sa course ascendante. Si du point c comme centre, avec un rayon égal à la longueur de la bielle, on décrit un arc de cercle qui coupe la circonférence de la manivelle au point K, on aura la nouvelle position de la bielle qui correspond au déplacement ac du piston. Présentement, supposons que le bouton de la manivelle décrive l'axe élémentaire KK′ tandis que le piston, à partir du point c de sa course, se déplace d'une quantité très petite, cc'. En vertu du principe des vitesses virtuelles, pendant la durée de ces deux mouvements élémentaires, le travail de la puissance sera égal à celui de la résistance. Dans le

---

(¹) Dans les Cahiers lithographiés de l'École d'Application de Metz, p. 54, Poncelet s'exprime ainsi : *Ce théorème, qui nous avait été communiqué dès* 1829, *par M. Bobillier, savant professeur aux Écoles d'Arts et Métiers, a été publié par M. Chasles, autre géomètre distingué, dans le* Bulletin des Sciences mathématiques *de Férussac*. De nos jours, quelques savants en attribuent la priorité à l'illustre Euler.

cas dont il est question, la puissance est l'effort intégral exercé sur la surface du piston, et la résistance n'est autre chose que la réaction opposée par la manivelle au mouvement de rotation autour de son axe. Appelant P l'effort déve-

Fig. 14.

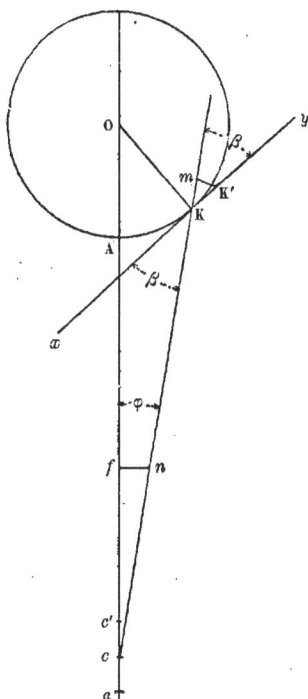

loppé sur le piston par la vapeur, D le diamètre du cylindre et n la pression en atmosphères, on aura

$$P = \frac{D^2}{1,273} \times 10334\,n.$$

Comme cet effort a pour direction le chemin parcouru par le piston, le travail élémentaire de la puissance aura pour valeur $P \times cc'$. Portons sur la direction Aa de la bielle, quand la manivelle est au point mort inférieur, une longueur cf égale à

$\dfrac{D^2}{1,273} \times 10334n$. Cet effort peut être décomposé en deux autres, l'un fn de direction horizontale que détruit la résistance des glissières, le second cn ayant pour direction la bielle motrice dans sa nouvelle position cK. Si nous désignons par φ l'angle formé par cK avec cA, du triangle rectangle fcn on déduira

$$fc = cn \cos\varphi,$$

d'où .

$$cn = \frac{fc}{\cos\varphi} = \frac{P}{\cos\varphi},$$

et, en remplaçant P par sa valeur,

$$cn = \frac{D^2}{\cos\varphi} \times \frac{10334n}{1,273}.$$

Cet effort peut être transporté sur le bouton de la manivelle au point K. Or, puisque l'action est toujours égale et contraire à la réaction, l'effort nc représentera également la résistance. Le chemin parcouru KK$'$ par le bouton étant oblique à la direction de la bielle, pour avoir le travail de la résistance, il suffira de multiplier l'intensité de cette force par la projection mK du chemin parcouru sur sa direction. Il aura donc pour valeur

$$nc \times m\text{K} = \frac{P}{\cos\varphi}\, m\text{K}.$$

Les deux points K, K$'$ étant très voisins, à la limite l'arc KK$'$ se confondra avec la tangente xy du point K qui appartient à la circonférence de rayon OA décrite par le bouton de la manivelle. Désignons par β l'angle de la tangente xy et de la bielle motrice Kc, on déduira du triangle rectangle élémentaire mKK$'$.

$$m\text{K} = \text{KK}' \cos\beta$$

et, en remplaçant mK par cette valeur dans l'expression du travail résistant, on aura

$$\frac{P}{\cos\varphi}\, m\text{K} = \frac{P}{\cos\varphi} \text{KK}' \cos\beta = \frac{P\cos\beta}{\cos\varphi}\, \text{KK}'.$$

En vertu du principe des travaux élémentaires, le travail de la puissance étant égal à celui de la résistance, l'équation d'équilibre dynamique sera représentée par

$$P \times cc' = \frac{P \cos \beta}{\cos \varphi} KK',$$

ou, en divisant par P les deux membres,

$$cc' = \frac{\cos \beta}{\cos \varphi} KK'.$$

Désignons par V la vitesse du piston et par V_1 celle du bouton de la manivelle. Le mouvement pouvant être considéré comme uniforme pendant le temps élémentaire t qui correspond aux déplacements très petits cc' et KK', nous aurons

$$cc' = Vt, \quad KK' = V_1 t;$$

divisant membre à membre,

$$\frac{cc'}{KK'} = \frac{Vt}{V_1 t} = \frac{V}{V_1},$$

d'où l'on déduit

$$V = V_1 \frac{cc'}{KK'}.$$

Remplaçant V_1 par sa valeur $\frac{\pi R n}{30}$ en fonction du nombre de révolutions de la manivelle en une minute et cc' par $\frac{\cos \beta}{\cos \varphi} KK'$, il viendra

$$V = \frac{\pi R n}{30} \frac{\cos \beta}{\cos \varphi} \frac{cc'}{KK'}$$

ou

$$V = \frac{\pi R n}{30} \frac{\cos \beta}{\cos \varphi}.$$

Maintenant la question se réduit à construire cette expression algébrique, c'est-à-dire à trouver la longueur de la droite qui, à l'échelle de l'épure, représente la vitesse V du piston au moment où il a parcouru la partie ac de sa course totale. D'abord remarquons que $\frac{\pi R n}{30} \cos \beta$ représente l'un des côtés de l'angle droit d'un triangle rectangle dont l'hypoténuse est $\dfrac{\pi R n}{30}$ et β l'angle adjacent. Si donc sur la tangente xy au point K (*fig.* 15), on prend à l'échelle adoptée une longueur

Fig. 15.

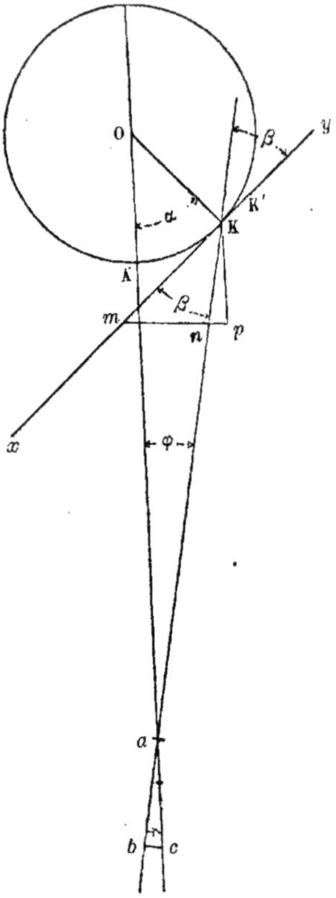

$Km = \dfrac{\pi R n}{30}$, la projection Kn de Km sur la direction Ka de la bielle représentera $\dfrac{\pi R n}{30} \cos\beta$; car du triangle rectangle Kmp on déduit

$$Kn = Km \cos\beta = \frac{\pi R n}{30} \cos\beta.$$

Dans l'expression de V, remplaçant $\dfrac{\pi R n}{3o} \cos \beta$ par $K n$, on aura

$$V = \frac{K n}{\cos \varphi} \quad \text{et} \quad K n = V \cos \varphi,$$

ce qui nous apprend que $\dfrac{K n}{\cos \varphi}$ est l'hypoténuse d'un triangle rectangle dont $K n$ est l'un des côtés de l'angle droit, et φ l'angle aigu adjacent à ce côté. Si donc à partir du point a, sur la direction de la bielle suffisamment prolongée, on porte une longueur $ab = K n$, la perpendiculaire menée au point b à $K b$ détermine sur la verticale du point mort A la grandeur linéaire ac de la vitesse V du piston après le déplacement considéré. En effet, du triangle rectangle abc on déduit la relation

$$ab = ac \cos \varphi \quad \text{et} \quad ac = \frac{ab}{\cos \varphi} = \frac{K n}{\cos \varphi}.$$

Remplaçant $K n$ par sa valeur trouvée plus haut en fonction de l'angle β, il viendra

$$V = \frac{\pi R n}{3o} \frac{\cos \beta}{\cos \varphi}.$$

On peut aussi trouver la longueur de la droite qui représente la valeur de V en prolongeant mn jusqu'à la rencontre au point p de la verticale du point K; car, les deux triangles abc, $K np$ étant égaux, on aura

$$K p = ac = V.$$

En opérant ainsi pour toutes les positions de la manivelle à partir du point mort inférieur A, on obtiendra les vitesses qui se rapportent aux positions correspondantes du piston. En portant sur les ordonnées des points de division du développement de la circonférence de la manivelle des longueurs égales aux vitesses obtenues par le tracé, et en reliant les extrémités par une courbe continue, on obtient deux courbes (*fig.* 12), la première BFE pour la course ascendante, et l'autre EHD pour la course descendante.

L'épure a été tracée à l'échelle de o^m,1 pour 1^m; la longueur de la manivelle est égale à o^m,20 et celle de la bielle à 1^m, le nombre de révolutions de l'arbre de couche étant de 35 par minute.

D'après cela, la vitesse du bouton de la manivelle qui représente l'unité de temps aura pour valeur

$$V_1 = \frac{\pi R n}{30} = \frac{3,14159 \times 0,20 \times 35}{30} = 0^m,73.$$

Pour étudier les variations de la vitesse du piston, reprenons la formule générale

$$V = \frac{\pi R n}{30} \frac{\cos \beta}{\cos \varphi},$$

dans laquelle β et φ représentent deux angles variables selon les positions relatives de la manivelle et de la bielle. On voit immédiatement que, $\frac{\pi R n}{30}$ étant une constante, la valeur de V est en raison directe de $\cos \beta$ et en raison inverse de $\cos \varphi$. Comme dans l'expression de la vitesse V il existe deux variables dépendantes β et φ, on comprend que le maximum de V correspond au maximum de $\cos \beta$ ou au minimum de l'angle β, puisque le cosinus d'un angle croît à mesure que cet angle décroît. Or le maximum de $\cos \beta = 1$ et dans ce cas l'angle β sont égaux à zéro, et par suite la direction de la bielle se confond avec la tangente *xy*, ce qui signifie que la manivelle et la bielle sont à angle droit. De même la vitesse minima V du piston répond au maximum de $\cos \varphi$, ce qui donne encore $\cos \varphi = 1$ ou angle $\varphi = 0$, ce qui a lieu lorsque la bielle est verticale, c'est-à-dire quand le bouton de la manivelle est parvenu à l'un des points morts. En résumé, par pulsation du piston, il existe deux *minima* de la vitesse V qui correspondent aux points morts, et un *maximum*, lequel se rapporte à la position rectangulaire de la manivelle par rapport à la bielle motrice.

Avec les données qui ont servi au tracé de l'épure, il est facile de trouver les valeurs *maxima* et *minima* de la vitesse V, ainsi que les positions correspondantes de la bielle et de la manivelle.

Puisque, pour la vitesse maxima, on a $\cos \beta = 1$ ou angle

$\beta = o$, la formule devient

$$V = \frac{\pi R n}{3o \cos\varphi}.$$

Dans ce cas particulier, le triangle aOK étant rectangle (*fig.* 15), on a

$$\overline{Oa}^2 = OK^2 + \overline{aK}$$

ou

$$\overline{Oa}^2 = R^2 + \overline{aK}^2.$$

Remarquons que la longueur de la bielle étant égale à cinq fois celle de la manivelle, puisque $\frac{1}{o,2o} = 5$, on pourra, dans la relation précédente, remplacer aK par 5R. On aura ainsi

$$\overline{Oa}^2 = R^2 + 25R^2 = 26R^2,$$

d'où

$$Oa = R\sqrt{26}.$$

Du même triangle rectangle on déduit aussi

$$aK = Oa \cos\varphi$$

ou

$$5R = R\sqrt{26} \times \cos\varphi,$$
$$5 = \sqrt{26} \times \cos\varphi$$

et

$$\cos\varphi = \frac{5}{\sqrt{26}} = \frac{5}{5,o99}.$$

Remplaçant $\cos\varphi$ par cette valeur dans l'équation de la vitesse, nous aurons

$$V = \frac{\pi R n \times 5,o99}{3o \times 5} = \frac{o,73 \times 5,o99}{5},$$
$$V = o^m,744.$$

Pour la vitesse minima qui correspond à l'un des points morts de la manivelle, comme nous l'avons établi plus haut, l'angle φ étant égal à zéro, et, de plus, l'angle β ayant pour valeur 90°, puisque la tangente xy devient perpendiculaire à la direction de la bielle, on aura $\cos\varphi = 1$ et $\cos\beta$ ou $\cos 90° = o$.

Introduisant ces valeurs dans la formule générale, il viendra

$$V = \frac{\pi R n}{30} \times \frac{0}{1} = 0.$$

Ainsi la vitesse du piston est nulle quand le bouton de la manivelle est aux points morts, ce que, d'ailleurs, il était facile de voir *a priori*.

Pour trouver l'angle de rotation de la manivelle, et par suite la position qu'elle occupe quand la vitesse du piston est maxima, rappelons que dans ce cas le triangle aOK étant rectangle, le sinus de l'angle de rotation α est égal au cosinus de l'angle φ, puisque ces deux angles sont complémentaires. Ainsi, nous pourrons poser

$$\sin\alpha = \cos\varphi = \frac{5}{5,099},$$

d'où

$$\log\sin\alpha = \log 5 - \log 5,099,$$
$$\log\sin\alpha = \bar{1},99148$$

et

$$\text{angle } \alpha = 78°\,41'\,20''.$$

Proposons-nous de résoudre géométriquement la même question. A cet effet, décrivons une circonférence de rayon OA égal à la longueur de la manivelle, et traçons le rayon horizontal OK'. Au point K' menons la tangente K'a' égale à la longueur de la bielle, et joignons le point O au point a' (*fig.* 16). Maintenant, du centre O, décrivons un arc de cercle de rayon Oa' jusqu'à la rencontre au point a de la direction de la bielle quand le bouton de la manivelle est au point mort inférieur A, et du point a décrivons un arc qui coupe la circonférence de la manivelle au point K. On a ainsi la position OK de la manivelle et la position aK de la bielle qui correspondent à la vitesse maxima du piston; car les deux triangles OKa, OK'a' étant visiblement égaux comme ayant les trois côtés égaux chacun à chacun, la direction OK de la manivelle sera perpendiculaire à la direction aK de la bielle, ce qui caractérise les positions relatives de ces deux organes de transmission, quand la vitesse du piston est maxima, ainsi que nous l'avons déduit plus haut de la discussion.

En résumé, le tracé se réduit à construire un triangle rectangle O K'a' ayant pour côtés de l'angle droit les longueurs

Fig. 16.

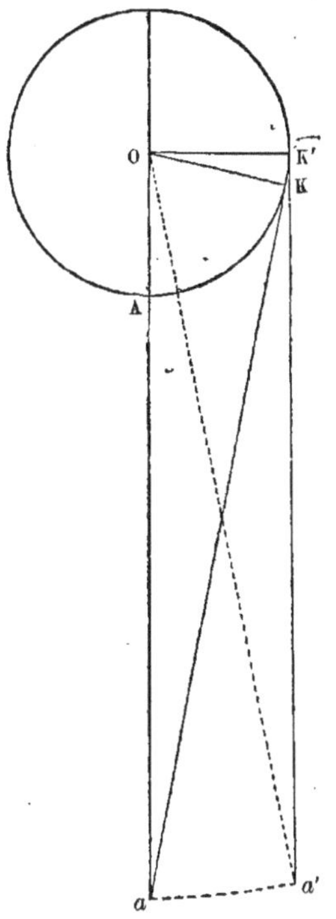

respectives de la bielle et de la manivelle, puis à le rabattre
dans la position OKA par un mouvement de rotation autour
du point O.

CHAPITRE II.

8. *Étude du mouvement du tiroir au moyen du diagramme polaire de M. Zeuner.* — On doit à ce savant professeur un mode curieux de représentation des mouvements du tiroir qui permet aussi de vérifier expérimentalement la distribution et de reconnaître immédiatement ce qu'elle peut présenter de défectueux. Avant de nous occuper du tracé du diagramme, nous entrerons dans quelques considérations générales de la plus haute importance pour la solution des problèmes divers que comporte la distribution de la vapeur dans les cylindres.

Nous prendrons d'abord pour exemple la disposition représentée par la *fig.* 8 (p. 13), qui se rapporte à une machine à connexion directe dont la tige du piston et la barre de l'excentrique qui fait mouvoir le tiroir sont inclinées l'une sur l'autre, mais situées dans un même plan vertical. Nous traiterons la question de telle sorte que les résultats obtenus puissent être appliqués non seulement au dispositif que nous venons d'indiquer, mais encore au cas où la tige du piston et celle du tiroir ont des directions parallèles, ce qui a toujours lieu lorsque l'appareil de distribution est placé à droite ou à gauche de l'axe du cylindre et non au-dessus ou au-dessous de cet axe.

Soient (*fig.* 17)

$OA = R$ la longueur de la manivelle;

$OB = r$ le rayon d'excentricité;

$B'Q = l$ la longueur de la barre de l'excentrique;

$QS = l'$ la longueur de la tige qui relie le tiroir à la barre de l'excentrique;

YY' la ligne médiane du tiroir sur laquelle nous supposerons
  le point S exactement placé ;

OS la direction de la glace, c'est-à-dire du plan sur lequel
  glisse le tiroir dans son mouvement de transport alternatif ;

XOB = α l'angle d'avance, lequel est toujours égal à l'angle
  que forme le rayon d'excentricité avec la perpendiculaire
  au plan de la glace du tiroir lorsque le bouton de la manivelle est à l'un des points morts ;

OP la direction de l'axe du cylindre et de la bielle.

Fig. 17.

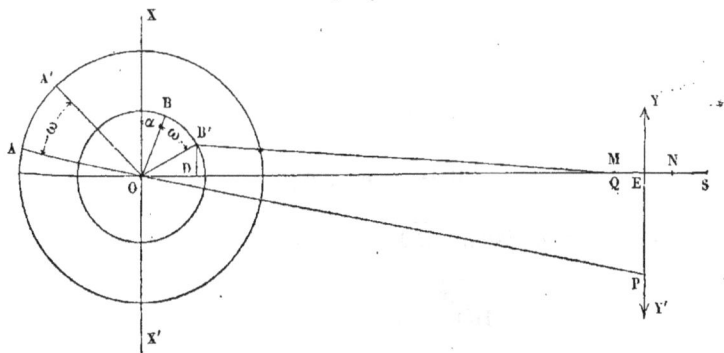

Supposons que, à partir du point mort A, la manivelle ait
tourné d'un angle que nous appellerons ω. Puisque l'excentrique est invariablement calé sur l'arbre de couche, il est
évident que l'excentricité aura tourné du même angle
BOB' = ω que la manivelle. Admettons encore que la médiane
du tiroir soit venue au point S après le mouvement de rotation, alors nous sommes amené à calculer d'abord la longueur OS comprise entre l'axe de rotation et la nouvelle
position de la ligne médiane du tiroir. A cet effet, du point B'
abaissons la perpendiculaire B'D sur OS et nous aurons

$$OS = OD + DQ + QS.$$

Du triangle rectangle O B'D on déduit

$$OD = OB' \times \sin O B'D = r \sin O B'D.$$

Or, l'angle OB'D et l'angle XOB' ou $\alpha + \omega$ sont égaux comme alternes-internes; donc, en substituant, on aura

$$OD = r \sin(\alpha + \omega),$$

et, par suite, la valeur de OS sera exprimée par l'équation

$$OS = r \sin(\alpha + \omega) + DQ + QS.$$

Du triangle rectangle D B'Q, on déduit aussi

$$\overline{DQ}^2 = \overline{B'Q}^2 - \overline{B'D}^2,$$
$$DQ = \sqrt{\overline{B'Q}^2 - \overline{B'D}^2}.$$

Remarquons que B'Q est la longueur l de la barre de l'excentrique, et que, le triangle OB'D étant rectangle, on pourra poser

$$B'D = OB' \cos OB'D = r \cos(\alpha + \omega)$$

et

$$\overline{B'D}^2 = r^2 \cos^2(\alpha + \omega).$$

d'où, en remplaçant $\overline{B'D}^2$ sous le radical par cette valeur, et $\overline{B'Q}^2$ par l^2,

$$DQ = \sqrt{l^2 - r^2 \cos^2(\alpha + \omega)}.$$

De même, si dans l'expression générale de OS on introduit la valeur de DQ, et si l'on remplace QS par l', qui représente la longueur de la tige du tiroir, nous aurons

$$OS = r \sin(\alpha + \omega) + \sqrt{l^2 - r^2 \cos^2(\alpha + \omega)} + l'.$$

Or

$$\sqrt{l^2 - r^2 \cos^2(\alpha + \omega)} = (l^2 - r^2 \cos^2(\alpha + \omega))^{\frac{1}{2}}.$$

Si donc on développe le radical en série par la formule du binôme de Newton, il viendra

$$[l^2 - r^2 \cos^2(\alpha + \omega)]^{\frac{1}{2}}$$
$$= l - \frac{r^2 \cos^2(\alpha + \omega) \, l^{-1}}{2} + \frac{\frac{1}{2}(\frac{1}{2} - 1)}{1 \cdot 2} r^4 \cos^4(\alpha + \omega) \, l^{-3} - \dots.$$

Comme la longueur de la barre de l'excentrique est toujours très grande par rapport au rayon d'excentricité, on pourra négliger les termes qui contiennent des puissances de l supérieures à la première. De plus, les puissances de l^{-1}, l^{-3} étant respectivement équivalentes à $\frac{1}{l}$ et à $\frac{1}{l^3}$, en introduisant ces valeurs dans le développement du radical, nous aurons

$$[l^2 - r^2 \cos^2(\alpha + \omega)]^{\frac{1}{2}}$$
$$= l - \frac{r^2 \cos^2(\alpha + \omega)}{2\,l} + \frac{\frac{1}{2}(\frac{1}{2} - 1)\,r^4 \cos^4(\alpha + \omega)}{1.2\,l^3} - \cdots$$

D'après ce qui vient d'être dit, si nous conservons seulement les deux premiers termes de la série, le radical sera très approximativement représenté par l'équation

$$\sqrt{l^2 - r^2 \cos^2(\alpha + \omega)} = l - \frac{r^2 \cos^2(\alpha + \omega)}{2\,l}.$$

Par conséquent, la longueur cherchée OS pourra être facilement calculée au moyen de la relation

$$SO = r \sin(\alpha + \omega) + l' + l - \frac{r^2 \cos^2(\alpha + \omega)}{2\,l}.$$

Du calage de l'excentrique sur l'arbre de couche par rapport à la manivelle, il résulte que le milieu S du tiroir doit osciller symétriquement à chaque pulsation du piston, en avant et en arrière d'un point fixe, de manière que, pour un déplacement angulaire ω ou $180° - \omega$ de la manivelle, le milieu du tiroir se soit écarté de l'axe YY' de la même quantité, mais en sens contraire.

Généralement les constructeurs règlent les tiroirs en amenant successivement la manivelle à chacun des points morts; puis, prenant le milieu E de la droite qui unit les positions correspondantes M, N, du centre du tiroir en projection orthogonale sur le plan de la glace, on a le centre d'oscillation, qui, toujours, doit se confondre avec le milieu de la lumière d'échappement. D'après cela, on voit que pour caractériser la position de ce point il suffit, dans l'équation que nous avons obtenue, de remplacer OS par ON et par OM, en ayant soin toutefois de faire successivement angle $\omega = o$, angle $\omega = 18o$. Ces substitutions étant opérées, on a

$$ON = \quad r\sin\alpha + l' + l - \frac{r^2\cos^2\alpha}{2\,l},$$

$$OM = -\, r\sin\alpha + l' + l - \frac{r^2\cos^2\alpha}{2\,l}.$$

A chaque course simple du piston, l'écart linéaire du tiroir, soit en avant, soit en arrière, ayant la même valeur, en prenant pour origine le centre d'oscillation, on comprend aisément que la distance OE de ce point à l'axe de l'arbre de couche est la moyenne arithmétique des valeurs de ON et OM. On aura donc

$$OE = \frac{ON + OM}{2} = \frac{2\,l' + 2\,l}{2} - \frac{2\,r^2\cos^2\alpha}{2 \times 2\,l}$$

ou

$$OE = l' + l - \frac{r^2\cos^2\alpha}{2\,l}.$$

Ainsi, en considérant la distribution de la vapeur dans les cylindres, comme l'a fait le savant professeur de Zurich, l'étude du mouvement du tiroir se réduit à la solution du problème suivant :

Étant donné l'angle décrit par la manivelle à partir de l'un des points morts, ainsi que le rayon d'excentricité, déterminer le chemin décrit par le tiroir à partir de sa position moyenne, ou, en d'autres termes, la distance comprise entre le milieu du tiroir et le centre d'oscillation.

L'examen de la *fig.* 17 montre que l'écart du tiroir, à partir du centre d'oscillation, est mesuré par la longueur

$$SE = SO - OE.$$

Désignant par e cet écart, et remplaçant SO et OE par leurs valeurs, que nous avons trouvées plus haut, nous aurons

$$e = r\sin(\alpha + \omega) + l' + l - \frac{r^2\cos^2(\alpha + \omega)}{2\,l} - l' - l + \frac{r^2\cos^2\alpha}{2\,l},$$

ou bien, en faisant les réductions et en mettant le facteur commun $\dfrac{r^2}{2\,l}$ en évidence,

$$e = r \sin(\alpha + \omega) + \frac{r^2}{2\,l}\left[\cos^2\alpha - \cos^2(\alpha + \omega)\right].$$

Développant le premier terme du second membre, il viendra

$$e = r \sin\alpha \cos\omega + r \sin\omega \cos\alpha + \frac{r^2}{2\,l}\left[\cos^2\alpha - \cos^2(\alpha + \omega)\right].$$

L'appareil de distribution et ses accessoires étant une fois établis, il est évident que $r \sin\alpha$ et $r \cos\alpha$ seront des constantes, et nous pourrons poser

$$r \sin\alpha = A.$$
$$r \cos\alpha = B.$$

La longueur l de la barre de l'excentrique étant très grande par rapport au rayon d'excentricité, on pourra, dans la plupart des cas, supprimer le dernier terme du second membre. Toutefois, nous nous réservons d'indiquer plus loin la correction que doit subir la formule quand on l'applique à une distribution simple.

Ainsi, le dernier terme étant négligé, la formule devient

$$e = r \sin\alpha \cos\omega + r \sin\omega \cos\alpha.$$

et, en substituant A et B aux constantes $r \sin\alpha$ et $r \cos\alpha$, on aura

$$e = A \cos\omega + B \sin\omega.$$

Le tiroir étant toujours, pendant la marche de la machine, animé d'un mouvement rectiligne, on comprend que, suivant le sens de l'écart par rapport au centre d'oscillation, le terme $B \sin\omega$ sera positif ou négatif,

$$e = A \cos\omega \pm B \sin\omega.$$

Avec un peu d'attention on reconnaît aisément que les constantes A et B sont des coefficients qui dépendent exclusivement des dimensions de l'appareil de distribution et non des angles décrits par la manivelle.

Avant de faire l'application de la formule, il importe de la discuter pour se faire une idée exacte du double signe que nous avons introduit dans l'équation. Le lecteur qui possède quelques notions de Géométrie analytique reconnaîtra sans peine que c'est l'équation en coordonnées polaires de deux cercles de même rayon, le pôle étant placé au point de contact.

Considérons, à cet effet, deux cercles tangents de même rayon (*fig*. 18) et soient

Fig. 18.

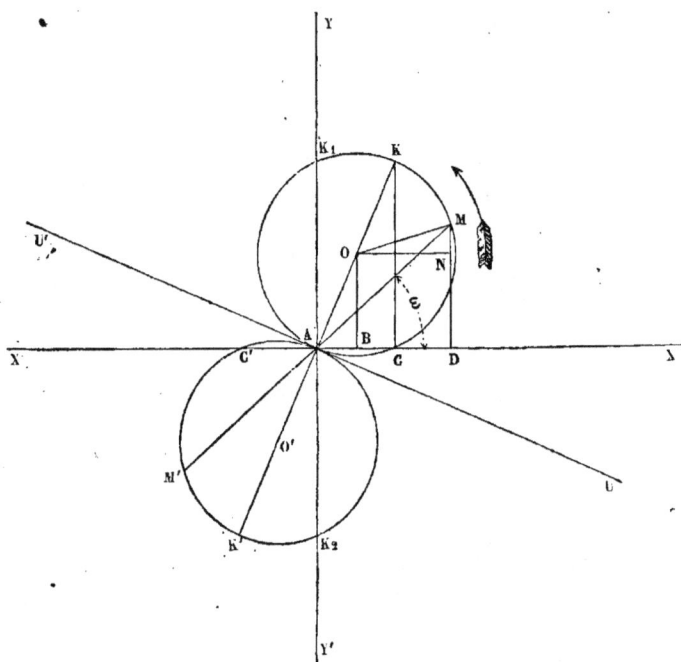

XX', YY' deux axes rectangulaires passant par le point de contact;

$OA = O'A = R_1$ le rayon des deux cercles égaux;

$AB = x$, $OB = y$ les coordonnées du centre O rapporté aux deux axes donnés;

e le rayon vecteur **AM** d'un point quelconque de la circonférence de centre O;

ω l'angle formé par ce rayon polaire avec l'axe **XX'**.

Du triangle rectangle **ADM** on déduit

$$\text{AD} = \text{AM}\cos\text{MAD} \quad \text{ou} \quad \text{AD} = e\cos\omega,$$
$$\text{MD} = \text{AM}\sin\text{MAD} \quad \text{ou} \quad \text{MD} = e\sin\omega.$$

De même, si par le centre O on mène une parallèle **ON** à l'axe des abscisses, on obtiendra, en considérant le triangle **OMN**,

$$\overline{\text{ON}}^2 + \overline{\text{MN}}^2 = \overline{\text{OM}}^2.$$

Remplaçant ON par sa valeur **AD — AB** et MN par **MD — ND** nous aurons

$$(\text{AD} - \text{AB})^2 + (\text{MD} - \text{ND})^2 = \overline{\text{OM}}^2,$$

ou bien encore, en substituant à AD et à MN leurs valeurs respectives en fonction de l'angle ω,

$$(e\cos\omega - x)^2 + (e\sin\omega - y)^2 = \text{R}_1^2$$

ou en développant le carré des termes du premier membre

$$e^2\cos^2\omega + x^2 - 2xe\cos\omega + e^2\sin^2\omega + y^2 - 2ye\sin\omega = \text{R}_1^2.$$

Mettant les facteurs communs e^2 et $-2e$ en évidence, nous aurons

$$e^2(\sin^2\omega + \cos^2\omega) - 2e(x\cos\omega + y\sin\omega) + x^2 + y^2 = \text{R}_1^2$$

et, si l'on substitue R_1^2 à la somme des carrés des coordonnées rectangulaires

$$e^2(\sin^2\omega + \cos^2\omega) - 2e(x\cos\omega + y\sin\omega) + \text{R}_1^2 = \text{R}_1^2$$

et, en opérant les réductions,

$$e^2 - 2e(x\cos\omega + y\sin\omega) = 0.$$

La question est donc ramenée à résoudre cette équation complète du second degré. Or l'Algèbre apprend que, lorsque la quantité connue est égale à zéro, l'une des racines est égale au coefficient de l'inconnue à la première puissance, tandis que l'autre est nulle. Ainsi on aura

$$e = 2 (x \cos \omega + y \sin \omega)$$

ou

$$e = 2 x \cos \omega + 2 y \sin \omega.$$

Supposons maintenant, comme l'indique la *fig.* 19 que

Fig. 19.

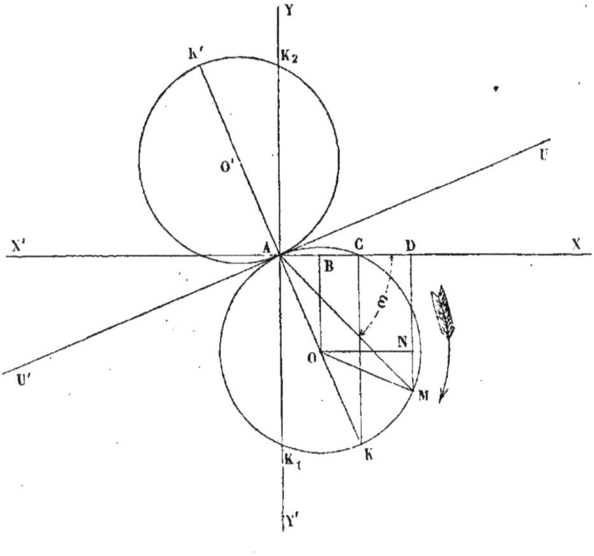

l'ordonnée $OB = y$ soit située au-dessous du point B, ce qui a lieu lorsque le centre du cercle O est placé au-dessous de l'axe XX'. Dans ce cas, l'ordonnée y étant négative, l'équation deviendra

$$e = 2 x \cos \omega - 2 y \sin \omega.$$

En se reportant à l'équation générale obtenue plus haut

$$e = A \cos \omega \pm B \sin \omega,$$

on reconnaît aisément qu'elle est parfaitement identique à celles que nous avons déduites directement par la considération de deux cercles en contact, à la condition toutefois que l'on pose

$$2x = A \quad \text{et} \quad 2y = B,$$

ou

$$x = \tfrac{1}{2}A \quad \text{et} \quad y = \tfrac{1}{2}B.$$

Ainsi, dans le cas d'une distribution donnée, on calcule *a priori* les valeurs des constantes A et B ; il sera possible d'obtenir immédiatement le centre O du cercle servant à déterminer les différents écarts linéaires du tiroir, à partir du centre d'oscillation. A cet effet, on portera sur l'axe des abscisses XX', à partir du point d'origine A des axes des coordonnées, une longueur $AB = x = \dfrac{A}{2}$, et l'on prendra sur la perpendiculaire élevée au point B une longueur $OB = y = \dfrac{B}{2}$, dont l'extrémité O, par sa distance au point origine A, donnera le rayon $OA = R_1$ de chacun des cercles en contact. Cette opération graphique étant effectuée, on obtiendra le rayon des cercles tangents par la relation

$$R_1^2 = x^2 + y^2, \quad R_1 = \sqrt{x^2 + y^2},$$

ou, en remplaçant x par $\dfrac{A}{2}$ et y par $\dfrac{B}{2}$,

$$R_1^2 = \frac{A^2}{4} + \frac{B^2}{4} = \frac{A^2 + B^2}{4},$$

d'où

$$R_1 = \sqrt{\frac{A^2 + B^2}{4}} = \frac{1}{2}\sqrt{A^2 + B^2}.$$

Les développements qui précèdent font ressortir la facilité avec laquelle on pourra toujours déterminer l'écart du tiroir correspondant à un déplacement angulaire quelconque de la manivelle. D'après ce que nous venons de dire, le déplacement linéaire du tiroir à un instant quelconque du mouvement sera représenté par une corde ou rayon vecteur, tel que AM, correspondant à l'angle de rotation considéré.

Étendons plus loin cette discussion, afin de mettre en lumière les relations générales qui existent entre le mouvement

rectiligne du tiroir et le mouvement de rotation de la manivelle.

Les constantes A et B ayant été préalablement déterminées
selon les dimensions des organes de la distribution, l'étude du
mouvement du piston et du tiroir ne présentera aucune difficulté, puisque la position du piston, en un point quelconque
de sa course, dépend absolument de l'angle de rotation de la
manivelle.

Si le bouton est au point mort, l'angle de rotation ω est égal
à zéro, et de la formule générale, donnant l'écart du tiroir

$$e = A \cos\omega + B \sin\omega,$$

on déduit

$$e = A,$$

puisque, dans ce cas, $\cos\omega = 1$ et $\sin\omega = 0$.

La longueur AB représentant l'abscisse x, on voit de suite
que

$$x = \frac{AC}{2} \quad \text{ou} \quad AC = 2x$$

et, par suite,

$$AC = e = A,$$

attendu que, dans les équations précédentes, l'abscisse x est la
moitié de la constante A.

Ainsi la corde AC de la circonférence de centre O donne
immédiatement l'écart linéaire du tiroir, au commencement
de la course du piston.

Quand l'angle de rotation ω est égal à 180°, la manivelle est
au point mort opposé. Or $\cos 180° = -1$ et $\sin 180° = 0$; on
aura donc

$$e = -A.$$

A l'inspection de la figure, on reconnaît que l'écart du tiroir
est représenté par la corde AC′ du cercle de centre O′ (*fig.* 18).

Enfin le tiroir sera dans sa position moyenne lorsque l'écart
e deviendra égal à zéro. Dans ce cas, on aura, pour les positions opposées de la manivelle,

$$A \cos\omega \pm B \sin\omega = 0,$$

d'où l'on déduit successivement

$$A \cos\omega = - B \sin\omega,$$
$$A \cos\omega = + B \sin\omega.$$

Divisant les deux membres de la première équation par $- B \cos\omega$ et les deux membres de la seconde par $+ B \cos\omega$, nous aurons

$$\frac{\sin\omega}{\cos\omega} = - \frac{A}{B},$$
$$\frac{\sin\omega}{\cos\omega} = + \frac{A}{B}$$

ou

$$\tang\omega = - \frac{A}{B},$$
$$\tang\omega = + \frac{A}{B},$$

et, en remplaçant A par $2x$ et B par $2y$, il viendra

$$\tang\omega = - \frac{2x}{2y} = - \frac{x}{y},$$
$$\tang\omega = + \frac{2x}{2y} = + \frac{x}{y}.$$

Au moyen de la première relation

$$\tang\omega = - \frac{x}{y},$$

il sera très facile de construire l'angle de rotation ω.

A cet effet, au point de contact A des deux cercles tangents, on élèvera une perpendiculaire AU sur la ligne des centres OO′ et l'angle UAX sera l'angle cherché. Cet angle représentera en même temps le déplacement angulaire de la manivelle en avant du point mort considéré, quand le tiroir de distribution occupe sa position moyenne.

Dans quelques distributions, il peut arriver que le centre O du cercle que nous avons en vue soit placé au-dessous de l'axe des abscisses XX′ (*fig.* 19). Comme dans le cas précédent, la perpendiculaire UU′, élevée au point de contact A sur la ligne des centres, fera connaître l'angle cherché UAX qui se rapporte au cas particulier dont il s'agit.

Proposons-nous maintenant de trouver l'écart maximum du tiroir à partir de sa position moyenne. Considérons, à cet effet, l'équation générale

$$e = A \cos \omega \pm B \sin \omega.$$

En prenant la dérivée de cette somme et en l'égalant à zéro, on obtiendra facilement la valeur de l'angle ω qui répond au maximum de l'écart linéaire. Par les méthodes que fournit l'Algèbre, on aura

$$- A \sin \omega \pm B \cos \omega = o \ (^1),$$

d'où l'on déduit

$$- A \sin \omega = \pm B \cos \omega$$

ou

$$A \sin \omega = \pm B \cos \omega,$$

et, en divisant les deux membres par $A \cos \omega$,

$$\frac{\sin \omega}{\cos \omega} = \pm \frac{B}{A},$$

$$\tang \omega = \pm \frac{B}{A}.$$

Remplaçant le rapport $\frac{A}{B}$ par $\frac{2y}{2x} = \frac{y}{x}$, il viendra

$$\tang \omega = \pm \frac{y}{x}.$$

Sur les *fig.* 18 et 19, les coordonnées y, x étant respectivement représentées par OB et AB, on voit que l'angle correspondant à l'écart maximum du tiroir est l'angle OAX formé par le rayon OA avec l'axe des abscisses XX'.

Comme l'écart linéaire du tiroir est représenté par une corde du cercle O émanant toujours du point de contact A, et que la corde maxima est égale au diamètre, il est mani-

---

(¹) La dérivée du cosinus est égale au sinus pris en signe contraire, et la dérivée du sinus est égale au cosinus.

feste que cet écart est figuré par le diamètre AK adjacent à l'angle OAX qui répond au maximum. En considérant le triangle rectangle AKC, on obtiendra directement sa valeur

$$\overline{AK}^2 = \overline{KC}^2 + \overline{AC}^2.$$

Remplaçant AK, KC, AC par leurs valeurs respectives $2R_1$, $2x$ et $2y$, on aura

$$4R_1^2 = 4x^2 + 4y^2$$

ou

$$4R_1^2 = A^2 + B^2$$

et

$$2R_1^2 = \sqrt{A^2 + B^2}.$$

Quand la manivelle est dans les quadratures, c'est-à-dire qu'elle a décrit un angle $\omega = 90°$ à partir de l'un des points morts, la formule devient

$$e = A\cos 90° \pm B\sin 90° = \pm B.$$

D'après cela, puisque ω désigne d'une manière générale l'angle que fait un rayon vecteur quelconque du cercle de centre O avec l'axe XX', il s'ensuit que $AK_1 = B$ représentera la position du tiroir, quand la manivelle aura accompli un quart de révolution à partir de l'origine du mouvement.

En résumé, de toutes les considérations qui précèdent on peut déduire la conclusion suivante :

Pour déterminer les écarts linéaires du tiroir qui correspondent à différentes positions de la manivelle, il suffit de décrire un seul cercle du centre O; car, en prolongeant OM jusqu'à la rencontre au point M' de la circonférence de centre O', la droite AM' (*fig.* 18) sera l'écart du tiroir pour un angle égal à $180° + \omega$. Or, puisque AM = AM', on comprend que les indications linéaires fournies par le cercle de centre O pourront servir pour toutes les positions de la manivelle.

Il en sera encore de même dans le cas représenté par la *fig.* 19, en ne perdant pas de vue que, l'ordonnée y étant négative, on doit prendre l'équation

$$e = A\cos\omega - B\sin\omega,$$

dans laquelle la valeur du second terme est affectée du signe —.

D'ailleurs, avec un peu d'attention, on reconnaît sans peine que ces deux cas se distinguent entre eux par le sens du mouvement de la manivelle, comme l'indiquent les *fig.* 18 et 19; dans le premier, les angles tels que ω se prennent, à partir de **XX'**, au-dessus même de cet axe, tandis que, dans le second, on les prend au-dessous. A part cette restriction, il n'y a pas lieu de se préoccuper du double signe qui affecte le second terme dans l'équation générale, puisque les écarts du tiroir ne cessent pas d'être les mêmes pour des angles de rotation égaux, à la condition, bien entendu, que, pour les deux sens du mouvement de la manivelle, on ait les mêmes valeurs des constantes **A** et **B**, lesquelles, avons-nous dit plus haut, dépendent des dimensions données aux organes de la distribution.

Pour mettre en lumière l'utilité des formules que nous avons précédemment établies, occupons-nous maintenant d'en faire l'application à une distribution simple.

Nous avons obtenu plus haut (p. 51)

$$e = r \sin\alpha \cos\omega + r \sin\omega \cos\alpha,$$

et, pour la présenter sous une forme plus simple, nous avons posé

$$r \sin\alpha = A, \quad r \cos\alpha = B.$$

De ces deux relations on déduira aisément le diamètre du cercle dont les cordes font immédiatement connaître les écarts du tiroir correspondant à différentes positions de la manivelle. En effet, les coordonnées du centre du cercle étant AB et OB (*fig.* 18), nous aurons, d'après la notation adoptée,

$$AB = x = \frac{A}{2},$$

$$OB = y = \frac{B}{2}$$

ou, en remplaçant A par $r \sin\alpha$ et B par cos

$$AB = x = \tfrac{1}{2} r \sin\alpha,$$
$$OB = y = \tfrac{1}{2} r \cos\alpha.$$

Du triangle rectangle AOB on déduira la valeur du rayon AO par la relation

$$\overline{AO}^2 = \frac{A^2}{4} + \frac{B^2}{4} = x^2 + y^2,$$

ou, en substituant aux coordonnées x, y leurs valeurs en fonction de l'angle α, on aura

$$\overline{AO}^2 = \tfrac{1}{4} r^2 \sin^2\alpha + \tfrac{1}{4} r^2 \cos^2\alpha,$$

$$\overline{AO}^2 = \tfrac{1}{4} r^2 (\sin^2\alpha + \cos^2\alpha) = \tfrac{1}{4} r^2,$$

d'où

$$AO = \sqrt{\tfrac{1}{4} r^2} = \tfrac{1}{2} r,$$

$$R_1 = \tfrac{1}{2} r.$$

et le diamètre $AK = 2 R_1 = r$.

Le cercle dont il est question a reçu le nom de *cercle du tiroir* par analogie avec le diagramme Fauveau, appelé par les praticiens *ellipse du tiroir*.

Dans la relation $AK = r$, l'excentricité étant représentée par r, il s'ensuit que *pour une distribution simple le diamètre du cercle du tiroir est égal à l'excentricité, c'est-à-dire à la distance de l'axe de l'arbre au centre de l'excentrique.*

Quant à l'angle $K_1 AK$ formé par le diamètre AK avec la corde qui représente l'écart du tiroir quand la manivelle est à 90° du point mort, comme il est égal à l'angle AOB, on aura

$$\tang K_1 AK = \tang AOB = \frac{AB}{BO},$$

ou

$$\tang K_1 AK = \frac{x}{y} = \frac{\tfrac{1}{2} r \sin\alpha}{\tfrac{1}{2} r \cos\alpha},$$

$$\tang K_1 AK = \frac{\sin\alpha}{\cos\alpha} = \tang\alpha,$$

ce qui signifie que *l'angle cherché devient égal à l'angle d'avance de l'excentrique qui commande le tiroir de distribution.*

Les résultats que nous avons obtenus montrent avec quelle facilité on peut établir graphiquement la loi des écarts linéaires du tiroir à partir de la ligne moyenne, quand ce tiroir est commandé par un excentrique circulaire invariablement calé sur l'arbre de couche.

La question a été résolue dans le cas le plus général, mais on peut encore la traiter par une méthode plus expéditive et aussi rigoureuse, quand on se propose seulement d'étudier le mouvement du tiroir d'une distribution simple.

Soit AX (*fig.* 20) la direction de la glace sur laquelle glisse

Fig. 20.

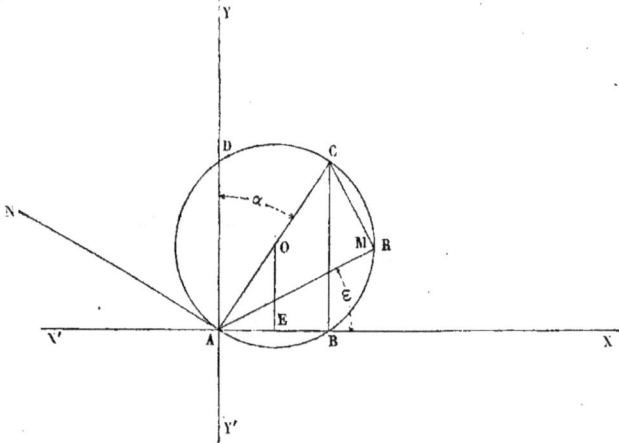

le tiroir. Élevons au point A une perpendiculaire AY à cette direction et menons une droite AC, de manière que l'angle YAC soit égal à l'avance angulaire α. Si du point O comme centre on décrit un cercle de diamètre AC égal à l'excentricité r, d'après ce qui vient d'être dit on aura le cercle du tiroir.

Supposons maintenant que la manivelle soit à l'un des points morts dans la direction AX, et qu'on la fasse tourner d'un angle XAR $= \omega$. Le point de rencontre M de AR avec le cercle du tiroir sera tel que la corde AM représentera l'écart linéaire correspondant au déplacement angulaire ω de la manivelle à partir de la position moyenne.

Reprenons l'équation générale

$$e = r \sin (\alpha + \omega) + \frac{r^2}{2\,l} \left[\cos^2 \alpha - \cos^2 (\alpha + \omega) \right].$$

Si nous négligeons le second terme de l'équation, que nous appellerons *terme de correction* parce qu'il modifie la valeur de e selon les dimensions des organes, on aura

$$e = r \sin(\alpha + \omega).$$

Joignant le point C au point M, on a un triangle rectangle AMC, d'où l'on déduit

$$AM = AC \times \cos CAM.$$

Or, $CAM = 90° - (\alpha + \omega)$, et le diamètre AC du cercle du tiroir est égal à l'excentricité r; donc, en substituant, on aura

$$AM = r \cos[90° - (\alpha + \omega)].$$

et, comme le cosinus d'un angle est égal au sinus de son complément, on pourra poser

$$\cos[90° - (\alpha + \omega)] = \sin(\alpha + \omega),$$

et, par suite, l'équation deviendra

$$AM = r \sin(\alpha + \omega) \quad \text{ou} \quad AM = e:$$

c'est précisément ce qu'il fallait démontrer.

Il est manifeste que le procédé que nous avons employé pour parvenir à ce résultat est plus simple que celui auquel nous avons eu recours précédemment.

Considérons présentement une distribution où l'écart du tiroir est représenté par l'équation

$$e = A \cos\omega + B \sin\omega.$$

A partir de l'origine des axes des coordonnées, portons sur AX une longueur $AB = A$ et sur AY une longueur $AD = B$; le cercle qui passe par les trois points A, B, D servira, au moyen des cordes émanant du point A, à faire connaître les écarts linéaires du tiroir de toute distribution exactement dans les mêmes conditions qu'une distribution simple dont l'excentricité $AC = r$ et $YAC = \alpha$, l'avance angulaire de l'excentrique qui commande le tiroir. Si, par exemple, nous prenons la corde AM, qui forme un angle ω avec l'axe AX, du triangle rectangle AMC, on déduira

$$AM = AC \sin ACM.$$

D'après la construction de la figure, on a

$$\alpha + \omega + CAM = 90°$$

et

$$CAM + ACM = 90°,$$

puisque les deux angles aigus d'un triangle rectangle sont complémentaires, d'où

$$\alpha + \omega + CAM = CAM + ACM,$$
$$ACM = \alpha + \omega.$$

Remplaçant le diamètre AC par l'excentricité r, il viendra

$$AM = r \sin(\alpha + \omega),$$
$$AM = r(\sin\alpha \cos\omega + \sin\omega \cos\alpha),$$
$$AM = r \sin\alpha \cos\omega + r \sin\omega \cos\alpha.$$

Or, nous avons posé plus haut

$$r \sin\alpha = A \quad \text{et} \quad r \cos\alpha = B.$$

Par conséquent

$$AM = A \cos\omega + B \sin\omega$$

sera l'écart du tiroir correspondant à l'angle de rotation décrit par la manivelle.

Ces considérations, si ingénieuses et si fécondes en conséquences pratiques, sont dues à M. Zeuner; elles mettent en évidence ce fait remarquable que, le mouvement du tiroir étant représenté par l'équation qui précède, le problème à résoudre, quel que soit d'ailleurs le mécanisme de la distribution, pourra toujours être ramené au cas d'une distribution simple.

On peut encore, au moyen du diagramme simple, trouver les variations de la vitesse du tiroir; il suffit d'observer comment la corde qui mesure l'écart du tiroir change avec l'angle variable de rotation $XAR = \omega$ de la manivelle. Il est évident que la vitesse du tiroir est excessivement faible quand il est parvenu aux extrémités de sa course et que, dans ces positions, l'écart maximum est figuré par le diamètre AC égal à l'excentricité r; à ce moment la manivelle occupera une position voisine de AC, mais, dès qu'elle aura décrit un quadrant, c'est-à-dire quand elle sera venue dans la direction AN perpendiculaire à AC, le tiroir est au milieu de sa course et possède sa plus grande vitesse.

On peut très simplement exprimer la loi des variations de la vitesse du tiroir, soit par un tracé, soit par le calcul.

Le mouvement de la manivelle étant supposé uniforme à cause de l'action régulatrice du volant, désignons par v_1 sa vitesse angulaire et par t le temps pendant lequel a lieu le déplacement angulaire ω, en prenant pour origine l'instant où cette manivelle passe au point mort. On aura donc

$$\omega = v_1 t,$$

et, en remplaçant ω par cette valeur dans l'équation générale qui exprime l'écart du tiroir, il viendra

$$e = A \cos v_1 t + B \sin v_1 t.$$

Dans un mouvement varié, la vitesse à un instant quelconque étant égale à la limite du rapport entre l'accroissement de l'espace et l'accroissement du temps, ou, en d'autres termes, à la dérivée première de l'espace considéré comme une fonction du temps, nous aurons, en désignant par v cette vitesse,

$$v = \frac{de}{dt},$$

et, en prenant la dérivée par la méthode rappelée plus haut,

$$v = - A v_1 \sin v_1 t + B v_1 \cos v_1 t.$$

Remplaçant $v_1 t$ par sa valeur ω, on aura

$$v = - A v_1 \sin \omega + B v_1 \cos \omega.$$

Au moyen de cette formule, on pourra calculer facilement la vitesse du tiroir correspondant à une position quelconque de la manivelle. La distribution dont il s'agit étant ramenée à une distribution simple, on pourra remplacer A par $r \sin \alpha$ et B par $r \cos \alpha$. Alors l'expression de la vitesse prend la forme

$$v = - r v_1 \sin \alpha \sin \omega + r v_1 \cos \alpha \cos \omega,$$

ou

$$v = rv_1 (\cos \alpha \cos \omega - \sin \alpha \sin \omega),$$

$$v = rv_1 \cos(\alpha + \omega).$$

Cette relation représente aussi l'équation polaire de deux cercles tangents ayant pour diamètre commun rv_1 et dont les centres sont situés sur une perpendiculaire à l'excentricité AC.

Soit ω (*fig.* 21) l'angle de rotation décrit par la manivelle à

Fig. 21.

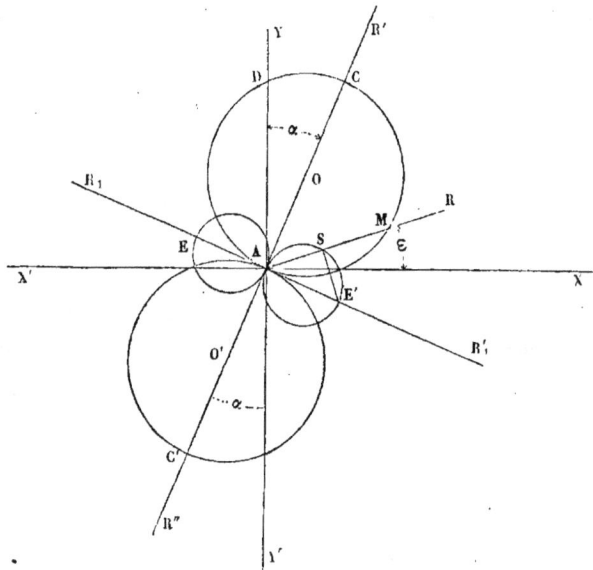

partir de l'un des points morts. D'après ce que nous avons vu précédemment, la corde AM représentera l'écart du tiroir qui correspond à la position AR de la manivelle; cette corde rencontre l'un des cercles dont nous avons établi l'équation polaire en un point S tel que la corde AS représentera la vitesse du tiroir correspondant au déplacement angulaire ω de la manivelle. En effet, en joignant le point S au point E', on obtient un triangle rectangle ASE', d'où l'on déduit

$$AS = AE' \times \cos SAE'$$

ou

$$AS = AE' \cos(SAX + XAE').$$

Remplaçant AE' par sa valeur rv_1 et SAX par ω, on aura

$$AS = rv_1 \cos(\varpi + XAE').$$

D'autre part, l'angle $XAE' = DAC = \alpha$, attendu que les côtés de ces deux angles sont réciproquement perpendiculaires. En faisant une nouvelle substitution, l'équation deviendra sucsivement, par le développement du cosinus,

$$AS = rv_1 \cos(\alpha + \omega),$$
$$AS = rv_1(\cos\alpha\cos\omega - \sin\alpha\sin\omega),$$
$$AS = -rv_1\sin\alpha\sin\omega + rv_1\cos\alpha\cos\omega :$$

c'est ce qu'il fallait démontrer.

D'après la construction de la *fig.* 21, les cordes qui représentent les vitesses étant de même sens et de même direction que les cordes des cercles de centre O, O' dont les longueurs mesurent les écarts linéaires du tiroir à partir de la position moyenne, on voit ainsi très clairement qu'à l'écart maximum AC ou AC' correspond une vitesse nulle, de sorte que pour les positions AR', AR'' le tiroir est au repos pendant un temps très court. Au contraire, quand la manivelle occupe les positions AR_1, AR'_1, les cordes des cercles du tiroir étant nulles, l'écart est aussi nul, ce qui signifie que le tiroir est dans sa position moyenne, c'est-à-dire au milieu de sa course; mais au même instant la vitesse a acquis sa valeur maxima, puisqu'elle est représentée par l'un des diamètres AE, AE' des cercles égaux de centre A.

9. *Application du diagramme polaire à une distribution simple par tiroir.* — La question que nous nous proposons est identique à celle que nous avons résolue au moyen du diagramme orthogonal de Fauveau, c'est-à-dire qu'une distribution simple étant établie dans une machine à vapeur il s'agit d'étudier les différentes phases que présente le mouvement de la vapeur dans le cylindre pendant la course du piston.

Conservons les notations adoptées (p. 47, *fig.* 17). Les quantités r et α représentant respectivement l'excentricité et l'angle d'avance de l'excentrique qui correspond au point mort de la manivelle, il s'agit, avec ces données, de calculer l'écart rectiligne du tiroir à partir de sa position moyenne ou du milieu de sa course, en prenant l'un des points morts de la manivelle pour origine.

Prenons deux axes rectangulaires AX, AY (*fig.* 24, p. 73), le premier AX représentant la direction du tiroir ou de la glace sur laquelle il se meut d'un mouvement alternatif rectiligne; puis, au point A, menons une droite R' de manière que l'angle YAR' soit égal à l'angle d'avance α du tiroir. Les cercles dont les diamètres AC, AC' sont égaux à l'excentricité *r*, et que nous avons appelés précédemment *cercles du tiroir,* nous permettent d'étudier le mouvement du tiroir, et par suite de déterminer toutes les circonstances de l'introduction de la vapeur dans le cylindre.

A cet effet, supposons qu'une manivelle fictive de longueur AR se confonde avec la direction de la tige du tiroir au moment où la manivelle réelle se trouve au premier point mort. De plus, admettons que ces deux manivelles, conservant toujours leurs positions relatives, aient tourné d'un angle ω, et soit AR_1 la nouvelle position de la manivelle fictive. D'après ce que nous avons vu plus haut, la corde AM du cercle supérieur du tiroir qui correspond à la position AR_1 de la manivelle fictive représentera l'écart rectiligne *e* du tiroir à partir de sa position moyenne quand la manivelle réelle aura tourné d'un angle ω à partir du premier point mort.

Quand la manivelle fictive viendra occuper la position AR'_1, directement opposée à la position AR_1, il est évident que l'angle de rotation sera égal à 180° + ω, puisque l'angle $XAR'_1 = ω$; par suite, l'écart rectiligne du tiroir sera représenté par AN = AM. Comme dans ce cas la corde AN est comprise dans le cercle inférieur du tiroir, la valeur de AN sera négative, ce qui signifie que le cercle supérieur sert à trouver les écarts linéaires du tiroir vers la droite, tandis que le cercle inférieur donne les écarts vers la gauche, si, bien entendu, la distribution est appliquée à une machine horizontale. Pour une machine verticale, les mêmes cercles serviront à trouver les déplacements linéaires du tiroir, à partir de la ligne médiane, selon que l'on considère le mouvement ascensionnel ou de descente de cet organe distributeur. Les valeurs des cordes des deux cercles étant absolument les mêmes, abstraction faite des signes, il s'ensuit que pour l'étude du mouvement du tiroir il suffira de considérer le cercle supérieur. D'après ce qui vient d'être dit, on comprend aisément que, si la construction graphique que nous avons indiquée est exécutée avec la véritable grandeur du rayon d'excentricité, pour avoir le déplacement linéaire du tiroir à partir de la ligne moyenne, il suffira de mesurer avec un double décimètre les lignes, telles que AM, correspondant à un angle ω décrit par le bouton de la manivelle depuis le point mort.

Les cordes des cercles du tiroir, que nous avons désignées précédemment sous le nom de *rayons vecteurs*, représentant les écarts du tiroir, il est évident que l'écart maximum sera mesuré par le diamètre AC du cercle supérieur. Dans ce cas, la manivelle occupera la position AR′, c'est-à-dire que le bouton aura tourné, à partir du point mort, d'un angle

$$RAR' = RAR'' - R'AR'',$$

ou de 90° — α.

Comme l'angle de rotation ω croît de plus en plus, il arrivera un moment où la manivelle occupera une position AR‴ perpendiculaire à la direction AR′. Alors, le rayon vecteur étant nul, l'angle d'écart du tiroir devient égal à zéro, ce qui signifie que le tiroir est parvenu au milieu de sa course, et la position correspondante de la manivelle étant AR‴, l'angle $R_2AR‴$ qu'elle forme avec sa position au second point mort sera égal, à cause de la perpendicularité des côtés, à l'angle R′AR″ qui, sur la figure, représente l'angle d'avance du tiroir.

Avec un peu d'attention, on voit que, pendant le mouvement de rotation de la manivelle, les rayons vecteurs qui représentent les déplacements linéaires du tiroir, à partir de la ligne médiane, croissent très rapidement, tandis que la variation devient très faible lorsque la manivelle occupe la position qui correspond à l'écart maximum du tiroir.

Cette observation, que d'ailleurs nous avons déjà faite dans la discussion du diagramme à coordonnées rectangulaires de M. Fauveau, met encore en évidence la rapidité du mouvement du tiroir vers le milieu de sa course, et sa lenteur lorsque la manivelle occupe successivement des positions très voisines de la limite maxima du chemin parcouru par le tiroir.

De même que les courbes de régulation étudiées plus haut, mais certainement d'une manière plus claire et beaucoup plus commode, le diagramme polaire de M. Zeuner permet d'apprécier l'influence de l'angle d'avance et du rayon d'excentricité r sur les écarts du tiroir arrivé dans sa course à des positions particulières.

Pour élucider la question, supposons par exemple que l'angle d'avance soit égal à zéro, auquel cas le rayon vecteur maximum AC se confond avec la verticale AY. Il est évident que dans cette hypothèse, en opérant la construction graphique, les deux cercles du tiroir de centres O et O′ deviennent tangents à l'axe XX, et par suite, la manivelle étant au point mort, le rayon vecteur AS sera nul, ce qui montre que le tiroir occupera sa position moyenne. Une distribution établie dans de telles conditions ne saurait rationnellement fonctionner, même pour un tiroir dont la longueur de la bande est représentée par le diamètre du cercle supérieur. Donc, pour un quart de révolution de la manivelle, le tiroir atteint l'une des limites extrêmes de sa course. Pareillement, si l'angle de rotation de la manivelle est égal à 270°, auquel cas le bouton a parcouru trois quadrants, le diamètre du cercle inférieur du tiroir se confondra encore avec l'axe vertical YY, et l'écart du tiroir sera mesuré par le rayon vecteur maximum. Ainsi, pour cette position de la manivelle, le tiroir sera parvenu à la seconde limite extrême du chemin qu'il doit décrire.

Si nous voulons pousser plus loin cette discussion, admettons que l'angle d'avance α soit égal à 90°. Le diamètre AC se confondant alors avec l'axe XX, l'écart du tiroir sera mesuré par ce diamètre, et par suite le déplacement, à partir de la médiane, sera maximum lorsque la manivelle sera au point mort. Lorsque la manivelle aura tourné d'un angle de 90°, elle occupera la position AR″, et comme pour cette position le diamètre AC du cercle supérieur coïncide avec AR, le rayon vecteur correspondant au point R″ sera nul, de sorte que le tiroir sera dans sa position moyenne. De même, si l'angle de rotation ω est de 270°, l'axe YY ne cessant pas d'être tangent au cercle du tiroir, la corde sera nulle, comme dans le cas précédent, et le tiroir occupera de nouveau sa position moyenne. Ces considérations générales pourraient également être appliquées à l'étude du mouvement du tiroir si l'on faisait varier le rayon d'excentricité seul ou bien si cette variation avait lieu en même temps que celle de l'angle d'avance dans des conditions déterminées. Toutefois, nous ferons observer que, dans les applications, cette étude ne présente qu'un intérêt secondaire, attendu que le mécanicien, si la machine est déjà établie, doit plutôt rechercher quelle peut être à la fois l'influence de l'angle d'avance et des recouvrements intérieur et extérieur sur la distribution de la vapeur dans le cylindre, ou, réciproquement, si la machine est en projet, quelles dimensions il convient de donner au tiroir pour que l'introduction de la vapeur ait lieu dans les meilleures conditions possibles.

C'est sous ce double point de vue que nous allons traiter la question.

Proposons-nous d'abord, ainsi que nous l'avons fait au moyen du diagramme de M. Fauveau, de trouver de quelles quantités les orifices d'admission et d'échappement sont démasqués pour une rotation quelconque décrite par la manivelle. A cet effet, considérons le tiroir dans sa position moyenne (*fig.* 22), et appelons b le recouvrement extérieur représenté

Fig. 22.

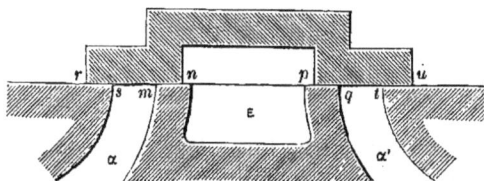

sur la figure par *rs* et *tu*; par i le recouvrement intérieur *mn*, *pq* et par α, α' les lumières d'admission. Supposons que, pour un angle de rotation donné de la manivelle, le tiroir se soit déplacé de gauche à droite et soit venu occuper la position représentée sur la *fig.* 23.

Si nous désignons par d l'ouverture de l'orifice qui correspond au déplacement e du tiroir, nous aurons

$$e = b + d,$$

d'où l'on déduit

$$d = e - b.$$

Ainsi, puisque la distribution est établie, on connaît le recouvrement extérieur b. Cherchant, au moyen du diagramme polaire, l'écart e du tiroir qui correspond au déplacement angulaire de la manivelle, et introduisant sa valeur dans la dernière formule, on aura l'ouverture de la lumière.

Fig. 23.

De même il sera facile, pour le même angle de rotation de la manivelle, de trouver de quelle quantité est démasqué l'orifice d'échappement. En appelant d' la hauteur de dégagement de cet orifice, comme il est d'ailleurs visible que toutes les parties du tiroir parcourent le même chemin dans le même temps, l'écart sera représenté par la relation suivante :

$$e = i + d';$$

d'où

$$d' = e - i.$$

A l'inspection des deux formules, on reconnaît que, pour trouver le dégagement de la lumière d'admission de la vapeur, il suffit de retrancher le recouvrement extérieur de la valeur de l'écart linéaire du tiroir, préalablement calculée au moyen du diagramme polaire. Pareillement, pour un angle de rotation quelconque de la manivelle, l'ouverture du conduit d'échappement de vapeur s'obtient toujours en retranchant le recouvrement intérieur de l'écart du tiroir.

Il nous reste maintenant à trouver, par une construction

géométrique, les quantités qui, en appliquant les formules, représentent respectivement l'ouverture des lumières du côté de l'admission et du côté de l'échappement de vapeur.

Du point A comme centre (*fig.* 24), avec un rayon AD égal

Fig. 24.

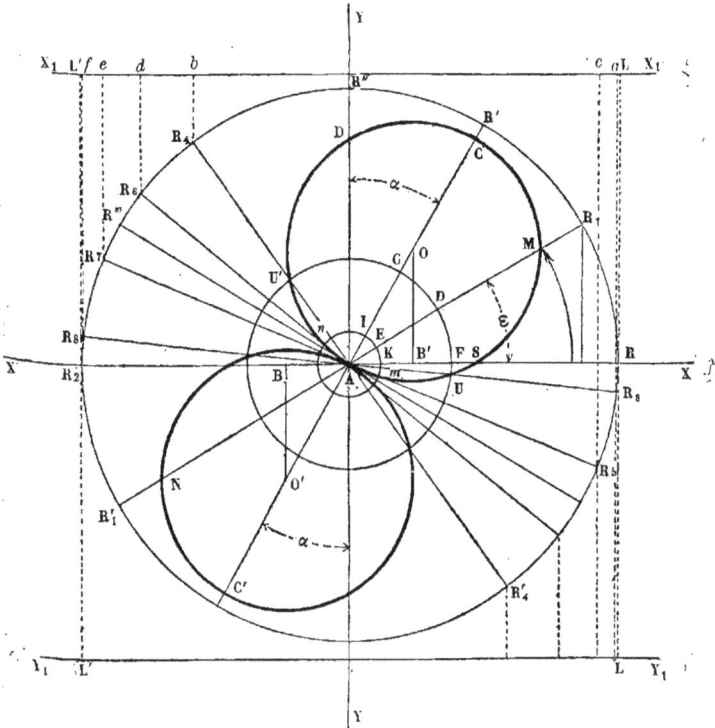

au recouvrement extérieur *b*, décrivons une circonférence de cercle, et la partie DM du rayon vecteur AM sera la hauteur de l'ouverture d'admission pour un angle de rotation $\omega = RAR_1$, décrit par la manivelle ; car on a, d'après la figure,

$$DM = AM - AD.$$

Or AM est l'écart du tiroir correspondant à l'angle de rotation $\omega = RAR_1$, et, par construction, AD est la longueur du recou-

COURS DE MÉCANIQUE.

vrement extérieur ; donc on aura

$$DM = e - b.$$

En décrivant encore du pôle A un cercle de rayon égal au recouvrement intérieur i, la partie EM du rayon vecteur AM représentera l'ouverture de l'orifice d'échappement qui correspond au même angle de rotation

$$EM = AM - AE \quad \text{ou} \quad EM = e - i.$$

Il est évident que si l'épure est exécutée avec la véritable grandeur des données de la question, ainsi que procèdent les praticiens, les longueurs obtenues représentent exactement, en fonction du mètre, les ouvertures d'admission et d'échappement de vapeur.

De même que pour le mouvement du tiroir, on peut faire différentes hypothèses qui permettent de reconnaître de quelle quantité sont découverts les orifices d'admission et d'échappement pour des positions déterminées de la manivelle.

Par exemple, lorsque la manivelle est au point mort, elle occupe la position AR, et l'écart du tiroir, à partir de la ligne médiane, est représenté par AS. D'après ce qui vient d'être dit, FS sera l'ouverture d'admission et KS celle de l'échappement. Or, quand la manivelle est au point mort, le piston est sur le point de commencer sa course ; donc, à ce moment, l'orifice d'admission sera déjà démasqué sur une certaine hauteur qui représente ce que l'on appelle l'*avance linéaire du tiroir,* l'*avance extérieure* ou l'*avance à l'admission*. Par analogie, la longueur KS, représentant l'ouverture de l'orifice d'échappement, à l'origine de la course du piston, a reçu le nom d'*avance intérieure* ou d'*avance à l'échappement*.

En examinant l'épure avec attention, on reconnaît facilement que le maximum d'avance à l'admission correspond aux positions les plus éloignées de la position moyenne, ce qui a lieu, par exemple, quand la manivelle, à partir du point mort, est venue en AR', auquel cas, l'angle d'écart du tiroir étant mesuré par le diamètre AC, l'avance linéaire sera GC. Pour les mêmes positions du tiroir l'avance à l'échappement sera maximum ; par suite, IC représentera cette avance quand la direction AR' de la manivelle se confondra sur la figure avec le diamètre AC du cercle supérieur.

L'épure que nous avons tracée renferme la solution de toutes les questions relatives à la distribution de la vapeur dans le cylindre. Exemple :

1° *Trouver la position de la manivelle au commencement et à la fin de l'introduction de la vapeur.*

Ainsi que l'indique la *fig.* 24, le mouvement du tiroir ayant lieu de droite à gauche, l'admission de vapeur commencera quand le bord extérieur de la bande de recouvrement sera en regard du bord de l'orifice de droite. Il est évident que, pour atteindre cette position, le tiroir, à partir de sa position moyenne, a dû s'avancer d'une quantité précisément égale au recouvrement extérieur. Dans ce cas, l'écart linéaire devient égal au recouvrement extérieur b. Remarquons que le cercle supérieur du tiroir rencontre le cercle de rayon égal au recouvrement extérieur en deux points U et U' tels que si l'on joint ces points au point A et que l'on prolonge ces lignes AU, AU' jusqu'à la rencontre de la circonférence décrite par le bouton de la manivelle, la première AR_3 représentera la position de cette manivelle au commencement de l'admission de vapeur, tandis que la seconde AR_4 sera la position qui correspond à la fin de l'admission, ou, en d'autres termes, ces deux positions de la manivelle se rapportent aux deux instants où l'une des deux bandes de recouvrement du tiroir commence à démasquer ou finit de couvrir complètement la lumière d'introduction. L'épure montre en effet que, pour les deux positions AR_3, AR_4 de la manivelle, les cordes AU, AU' qui mesurent les écarts du tiroir sont l'une et l'autre égales au recouvrement extérieur.

On voit encore que, AR étant la position de la manivelle au point mort et AR_3 celle qu'elle occupe au moment où l'admission de vapeur va commencer, dans ce dernier cas, elle se trouve en avant du point mort d'un angle RAR_3, de sorte que la vapeur aura déjà été admise dans le cylindre quand le piston va commencer sa course.

Puisque AR_4 est la position de la manivelle à la fin de l'admission, il est évident que, pendant toute la durée de l'introduction, le déplacement angulaire sera représenté par $R_3 A R_4$.

Nous avons vu plus haut, dans la discussion du diagramme orthogonal de M. Fauveau, que, la bielle étant supposée infinie, les chemins parcourus par le piston sont mesurés par les projections des arcs de déplacement du bouton de la manivelle. Donc, pour trouver les positions du piston qui correspondent au commencement et à la fin de l'admission, il suffira d'abaisser des perpendiculaires des points R_3 et R_4 sur le diamètre RR_2. Nous rappellerons que l'hypothèse de la bielle infinie conduit à des résultats suffisamment exacts pour les besoins de la pratique et plus particulièrement lorsque la longueur de la bielle est égale à quatre ou cinq fois celle de la manivelle. D'ailleurs, par le procédé que nous avons fait connaître, il est toujours facile de trouver rigoureusement les chemins parcourus par le piston en ayant égard aux obliquités de la bielle. Sachant que la course totale du piston est égale au diamètre de la circonférence décrite par le bouton de la manivelle, et pour ne pas compliquer la figure, menons deux droites L, L' au-dessus et au-dessous de A, égales et parallèles au diamètre RR_2. En abaissant du point R_3 une perpendiculaire sur $X_1 X_1$, le point a sera la position du piston au moment où la vapeur commence à s'introduire dans le cylindre. De même, la perpendiculaire abaissée du point R_4 donnera un point b représentant la position du piston à la fin de l'admission, et par suite la longueur Lb exprimera le chemin parcouru au même instant depuis l'origine L de sa course.

Quand le piston occupe la position b, pour compléter sa course, il lui reste encore à parcourir le chemin $L'b$, et comme la vapeur, à partir de cette position, cesse de s'introduire dans le cylindre, il est évident que, pour cette période du mouvement, elle agira par détente. Le rapport $\dfrac{Lb}{LL'}$ a reçu des mécaniciens le nom de *degré de la détente*. Généralement cette expression représente le rapport du chemin parcouru par le piston pendant l'admission à la course totale. Ainsi, quand on dit que le degré de la détente est $\frac{1}{3}$, il faut entendre que la vapeur est admise seulement pendant $\frac{1}{3}$ de la course du piston, et que, pendant les $\frac{2}{3}$ qui suivent, elle produit son action par détente. La *fig.* 25 représente la position du tiroir relative à cette phase de l'admission de la vapeur.

Les mêmes considérations permettent de résoudre toutes les questions qui se rapportent à l'échappement de la vapeur.

Fig. 25.

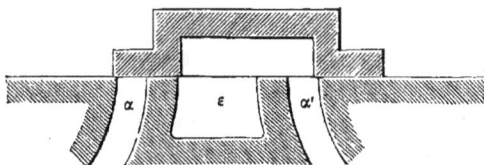

D'abord remarquons que, l'orifice α placé à droite de la ligne médiane du tiroir servant à l'admission, l'orifice de gauche α' sert à l'échappement (*fig.* 26). Or, quand le tiroir est dans sa

Fig. 26.

position moyenne, pour que la vapeur puisse s'échapper, il est évident, comme d'ailleurs l'indique la figure, qu'il aura dû s'écarter de cette position, au moins d'une quantité égale au recouvrement intérieur, de manière que l'orifice d'échappement commence à se trouver en communication avec la coquille du tiroir. Le tracé de l'épure nous fait connaître que le cercle supérieur du tiroir rencontre le cercle ayant pour rayon le recouvrement intérieur AK en deux points m, n. En unissant les points m, n au pôle A et en prolongeant ces lignes de jonction jusqu'à la rencontre de la circonférence de la manivelle aux points R_5 et R_6, la droite AR_5 sera la position de cette manivelle à l'origine de l'échappement et AR_6 celle qu'elle occupe à la fin. On voit en effet sur l'épure que, pour les positions AR_5, AR_6 de la manivelle, les cordes Am, An sont précisément égales au recouvrement.

intérieur, lequel représente aussi l'écart du tiroir, à partir de sa position moyenne.

Si nous projetons les points R_5, R_6 sur la ligne X_1X_1, on obtiendra les positions respectives c, d du piston au commencement et à la fin de l'échappement; de sorte que la vapeur commencera sa sortie du cylindre, après avoir produit son action, lorsque la manivelle aura encore à décrire un angle R_5AR pour parvenir au point mort, ou, en d'autres termes, au moment même ou le piston aura encore à parcourir le chemin eL' pour compléter sa course.

L'épure met aussi en lumière ce fait remarquable, que la manivelle tournant d'un angle R_4AR_6, qui répond au déplacement bd du piston, la vapeur agit par détente en avant, le long de cette partie de la course, tandis qu'en arrière du piston il y a échappement. Enfin, lorsque la manivelle occupe la position AR_6, l'orifice d'évacuation étant complètement couvert, la vapeur préexistante dans la région opposée du cylindre est de plus en plus comprimée. Pendant cette période, comme nous en avons déjà fait l'observation, dans l'étude du diagramme Fauveau, il peut même arriver que le travail de la vapeur motrice devienne moindre que le travail résistant de la contre-pression. C'est dans cette circonstance qu'apparaît le rôle important du volant pour conserver à la machine la régularité du mouvement.

Les considérations qui précèdent se rapportent exclusivement, la machine étant horizontale, au mouvement de droite à gauche, mais comme, pour le mouvement inverse du piston, les mêmes phénomènes se reproduisent, on comprend que la manivelle prendra des positions diamétralement opposées à celles qu'elle occupait dans le mouvement du piston de droite à gauche. Il suffira donc de prolonger les positions AR_3, AR_5AR_4, AR_6 jusqu'à la rencontre de la circonférence décrite par le bouton de la manivelle. Si nous considérons, par exemple, la position R_7 opposée à R_5, on voit immédiatement qu'elle correspond au commencement de l'échappement à droite de la médiane du tiroir, quand le piston se meut de droite à gauche.

Quand le bouton de la manivelle a atteint la position R_6, la lumière d'échappement étant fermée, la vapeur contenue dans le cylindre, à gauche du piston, se trouve séparée du liquide producteur et subit, à un certain degré, la loi des gaz comprimés. Cet état de compression se continue jusqu'à ce que la manivelle vienne occuper la position R_8, après avoir décrit l'angle $R_6 A R_8$. En projetant les points principaux de la manivelle sur les lignes auxiliaires, telles que $X_1 X_1$, $Y_1 Y_1$, on obtient les positions correspondantes du piston et par suite les déplacements successifs, à partir de l'origine de la course.

On peut encore, au moyen de l'épure, reconnaître sans difficulté l'influence de l'avance du tiroir et des recouvrements sur la distribution. A cet effet, supposons que le recouvrement extérieur soit moindre que celui qui est représenté par le rayon AD. Dans ce cas, le cercle du tiroir de centre O coupera le cercle du recouvrement extérieur en deux points plus rapprochés du centre A que les points U, U′; de sorte que, en joignant les nouveaux points obtenus au centre A, on obtiendra un angle plus grand que l'angle $R_3 A R_4$. Or, comme cet angle représente la rotation de la manivelle depuis le commencement de l'introduction de la vapeur jusqu'au moment où la détente a lieu, nous pouvons en conclure que, en diminuant le recouvrement extérieur, la période d'admission est diminuée, tandis que celle de détente est augmentée. En second lieu, si le recouvrement intérieur est nul, le cercle de rayon AK sera supprimé et l'échappement de la vapeur s'accomplira sur une plus grande étendue de la course du piston. Rappelons présentement que la vapeur ne peut être admise dans le cylindre, dès l'origine de la course du piston, que si, à cet instant, la lumière d'introduction est déjà démasquée sur une certaine hauteur ou, en d'autres termes, si le tiroir n'a pas parcouru un chemin au moins égal au recouvrement extérieur. Lorsque le piston est à l'extrémité de sa course, la manivelle est au point mort R et l'écart du tiroir, sur l'épure, est représenté par la corde AS. Retranchant de la longueur de cette corde le rayon AF égal au recouvrement extérieur, il restera FS. D'après ce qui a été dit plus haut, cette quantité représentera la hauteur d'ouverture de la lumière d'admission, au moment où la manivelle est au point mort, et, par suite, le piston commencera sa course. A l'examen de l'épure, on reconnaît facilement que cette condition sera satisfaite si l'on a $AS > AF$ ou, en d'autres termes, si l'écart du tiroir est plus grand que le recouvrement extérieur.

Lorsque le tiroir est établi sans recouvrement extérieur, dans la construction de l'épure, le cercle de rayon AD n'existe pas, et l'admission de la vapeur dans le cylindre s'opère pendant toute la durée de la course du piston, de sorte que l'on se trouve dans le cas d'un tiroir normal dont il a été déjà question plus haut.

LÉGENDE EXPLICATIVE ($fig.$ 24).

AR_8, commencement de l'admission.

a, position du piston au moment de l'admission ;

$R'AR''$, angle d'avance ;

R_2AR_4, angle décrit par la manivelle pendant l'admission ;

b, position du piston à la fin de l'admission ;

aL, quantité dont le piston est éloigné de l'extrémité de sa course au moment de l'admission ;

ab, chemin parcouru par le piston pendant l'admission ;

bL, chemin parcouru par le piston depuis l'origine de sa course jusqu'à la fin de l'admission ;

R_2AR_4, angle décrit par la manivelle pendant la détente ;

be, chemin parcouru par le piston pendant cette période ;

AR''', position moyenne du tiroir ;

AR_6, position de la manivelle au moment où la compression de la vapeur commence à gauche du piston ;

d, position correspondante du piston ;

Ld, chemin parcouru par le piston jusqu'au moment de la compression ;

AR_1, position de la manivelle à la fin de la période de compression et commencement de l'introduction de la vapeur pour la pulsation suivante du piston ;

R_6AR_3, angle décrit par la manivelle pendant la compression à gauche du piston ;

fd, chemin parcouru par le piston pendant cette période ;

R_1AR_4, angle décrit par la manivelle avant l'arrivée du piston à l'extrémité de sa course ;

fe, chemin parcouru par le piston, correspondant à cette période du mouvement ;

R_5AR_7, angle décrit par la manivelle correspondant à la période d'échappement.

En résumé, la discussion du diagramme polaire de M. Zeuner nous conduit à des conclusions conformes à celles déduites du diagramme orthogonal de M. Fauveau, à savoir que dans une distribution simple, au moyen d'un tiroir à recouvrement extérieur, il y a trois périodes à considérer dans l'admission de la vapeur, pendant la course du piston :

1° Admission de la vapeur pendant une partie de la course

du piston et échappement de la vapeur préexistante dans la région du cylindre opposée à celle où a lieu l'introduction ;

2° Détente de la vapeur et échappement ;

3° Compression de la vapeur qui n'a pas été condensée si la machine est à condensation, ou ne s'est pas échappée dans l'atmosphère, quand la machine est sans condensation ;

4° Ouverture de la lumière d'admission avant la fin de la course du piston.

Pour compléter la question de la distribution de la vapeur dans le cylindre, on pourrait à la rigueur faire différentes hypothèses sur les grandeurs de l'angle d'avance, de l'excentricité, des recouvrements extérieur et intérieur. L'étude des variations de ces données et les modifications qu'elles peuvent apporter à la distribution en général sont si faciles à reconnaître au moyen du diagramme qu'il serait peut-être superflu d'étendre plus loin la discussion des phases de la distribution.

Cependant il nous semble utile d'ajouter à ce qui précède que l'ouverture des lumières d'admission de la vapeur influe notablement sur la régularité de la marche du piston. Il est donc de la plus haute importance, dans l'établissement d'une distribution, de connaître le moment précis où les orifices d'admission et d'échappement sont complètement démasqués par les recouvrements du tiroir, ainsi que le moment où les mêmes orifices commencent à se rétrécir par suite du mouvement rétrograde du tiroir. Au moyen d'une figure analogue à celle qui représente le diagramme polaire, il est facile de résoudre cette question.

A cet effet, traçons deux axes rectangulaires XX, YY (*fig.* 27), et du pôle A comme centre décrivons deux circonférences dont les rayons AG, AI sont respectivement égaux aux recouvrements extérieur et intérieur et, à partir du point G, portons sur le diamètre AC du cercle du tiroir une longueur GQ égale à la hauteur totale de l'orifice d'admission. Pareillement, prenons, à partir du point I, la même longueur $IP = GC = h$. Si du point A comme centre, avec des rayons AP, AQ, nous décrivons deux circonférences, elles pourront servir, concurremment avec les éléments du diagramme polaire, à résoudre la question que nous nous sommes proposée.

S'il s'agit de l'ouverture des orifices d'admission, remarquons que le cercle de rayon AQ rencontre le cercle supérieur du tiroir aux points Q′, Q″, lesquels correspondent précisément aux positions AR′, AR″ de la manivelle, quand la lumière d'admission est complètement démasquée. En effet, pour ces

Fig. 27.

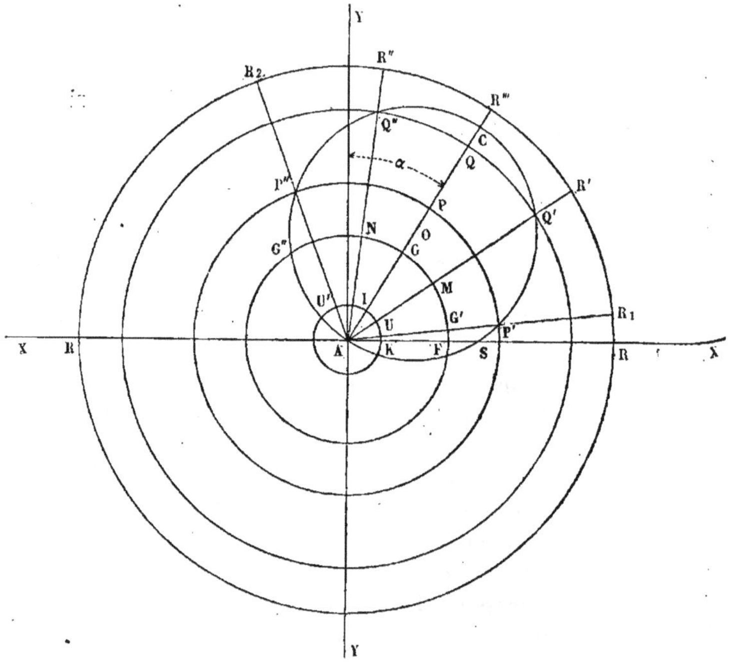

positions de la manivelle, les écarts du tiroir sont représentés par

$$AQ' = AM + MQ' = h + b,$$
$$AQ'' = AN + NQ'' = h + b.$$

Or, h et b sont les valeurs respectives de la hauteur totale de l'orifice et du recouvrement extérieur; donc, quand la manivelle est parvenue aux points R′, R″, l'orifice d'admission est complètement ouvert. Il en sera toujours ainsi tant que l'écart du tiroir sera au moins égal à $h + b$. Si la corde du cercle du

tiroir devient moindre que cette quantité, l'orifice sera découvert seulement sur une partie plus ou moins grande de sa
hauteur.

Quand la manivelle passe de la position AR' à la position
AR''', le rayon vecteur du cercle supérieur croît de plus en
plus, ce qui montre que pendant ce déplacement l'orifice supérieur se découvre au delà de sa hauteur ou, en d'autres
termes, que l'arête extérieure de la bande de recouvrement
dépasse l'arête intérieure de l'orifice du côté de la ligne médiane. A partir de R''' le rayon vecteur décroît et, dans la position R'', il devient égal à $AQ'' = AQ' = h + b$, c'est-à-dire à
la hauteur totale de l'orifice augmentée du recouvrement
extérieur. Mais comme, depuis le point R'', la corde du tiroir
devient moindre que $h + b$, il s'ensuit que AR' sera la position
de la manivelle pour laquelle la lumière d'admission est complètement démasquée, et AR'' celle qui correspond à l'instant
où l'ouverture de cette lumière commence à se rétrécir jusqu'à ce qu'elle soit complètement fermée. Ainsi cette construction nous montre que l'orifice est complètement ouvert
quand la manivelle décrit l'angle $R'AR''$. On obtiendrait aisément le chemin parcouru par le piston, pendant cette période
de l'introduction de la vapeur, en projetant sur le diamètre
RAR, qui représente la course du piston, les points R', R''
successivement occupés par le bouton de la manivelle.

Le même raisonnement peut aussi être appliqué à l'échappement de la vapeur. On voit en effet, à l'examen de la
figure, que le cercle décrit avec le rayon $AP = AI + IP = i + h$
coupe le cercle du tiroir aux points P', P''. Joignant le centre A
aux points P', P'' et prolongeant les lignes AP', AP'' jusqu'à la
rencontre du cercle de la manivelle, on obtiendra ainsi les
positions AR_1, AR_2 qui correspondent à l'ouverture totale de
l'orifice d'échappement.

Si nous considérons le rayon vecteur AP', on a par construction

$$AP' = AU + UP' = i + h.$$

De même, pour le rayon vecteur AP'', on aura

$$AP'' = AU' + U'P'' = i + h.$$

Ainsi· dans les deux cas, l'écart du tiroir étant représenté par le recouvrement intérieur, augmenté de la hauteur totale de l'orifice, il s'ensuit bien que, pour les positions AR_1, AR_2 de la manivelle, l'orifice d'échappement est complètement ouvert.

Il y a lieu de faire les mêmes observations que pour l'admission de la vapeur. Quand la manivelle décrit l'angle R_1AR_2, l'orifice d'échappement reste ouvert sur toute sa hauteur, mais à partir de la position AR_2 les cordes du cercle supérieur décroissent de plus en plus, ce qui indique que l'orifice d'émission se rétrécit graduellement jusqu'au moment de sa fermeture.

De tout ce qui vient d'être dit sur le diagramme polaire de M. Zeuner, et si l'on se reporte à la construction de l'épure, on reconnaît que, en tenant compte des longueurs de la bielle et de la barre de l'excentrique, la forme du diagramme sera rigoureusement un 8, qui se rapprochera d'autant plus des deux cercles du tiroir que ces longueurs seront plus grandes comparativement au rayon d'excentricité. L'hypothèse de la bielle infinie, ainsi que nous l'avons déjà fait observer, conduit à des résultats suffisamment approximatifs pour les besoins de la pratique.

Maintenant que nous connaissons les changements apportés à la distribution par les variations de l'excentricité r, de l'angle d'avance a et des recouvrements extérieur et intérieur, il reste à nous occuper de l'établissement d'un tiroir pour distribution simple, au moyen de certaines données. Mais, avant d'aborder cette importante question, nous croyons devoir faire connaître deux modes très curieux de la représentation des mouvements du tiroir. Peu employés par les mécaniciens français, ces procédés nouveaux permettent cependant d'étudier les phases diverses de l'admission et de vérifier expérimentalement la distribution.

10. *Diagramme circulaire de Reuleaux.* — Ce diagramme, dû au savant professeur de l'École polytechnique de Berlin, permet de résoudre aussi facilement qu'avec les diagrammes précédemment étudiés toutes les questions relatives à l'admission de la vapeur, et de reconnaître en même temps les modifications que les parties du tiroir peuvent y apporter.

D'après ce que nous avons vu (p. 51), l'écart du tiroir est re-présenté par la formule

$$e = r \sin \alpha \cos \omega + r \sin \omega \cos \alpha,$$

que l'on peut mettre sous la forme

$$e = r \sin(\alpha + \omega).$$

Or (p. 72), l'ouverture de l'orifice d'admission pour un angle de rotation de la manivelle est égale à l'écart du tiroir diminué du recouvrement extérieur; donc on aura

$$d \text{ ou } e - b = r \sin(\alpha + \omega) - b.$$

De même, pour l'ouverture de l'orifice d'échappement au même instant,

$$d' \text{ ou } e - i = r \sin(\alpha + \omega) - i.$$

Proposons-nous maintenant de représenter par un dia-gramme toutes les circonstances de l'admission et de l'échap-pement.

Considérons deux axes rectangulaires **XX, YY** (*fig.* 28); prenons le point origine **A** pour centre de rotation de la ma-nivelle.

Du point **A**, avec un rayon **AR** égal à l'excentricité, décri-vons une circonférence et menons les rayons **AR′, AR″**, de manière que les angles $\widehat{RAR''}$, $\widehat{R'AR'''}$ soient égaux à l'angle d'avance α. La manivelle étant supposée au point mort, traçons la ligne **MN** parallèle à $R_1 R''$ à une distance **AP** égale au recouvrement intérieur du tiroir. De même portons, à partir du point **A**, une longueur **AQ** égale au recouvrement extérieur et traçons encore la ligne **DE** parallèlement au dia-mètre $R_1 R''$. Enfin, si nous prenons **QU** égale à la hauteur de l'orifice d'admission, la parallèle **FK** à $R'' R_1$, concurremment avec les lignes déjà tracées, représentera le diagramme dont il est question.

Pour le démontrer, supposons que la manivelle ait tourné d'un angle $\omega = \widehat{XAR_2}$, et par suite qu'elle vienne occuper la position AR_2. Si du point R_2 on abaisse la perpendiculaire R_2 G, du triangle rectangle AGR_2 on déduira

$$GR_2 = R_2A \times \sin \widehat{R_2AG};$$

or

$$\widehat{R_2AG} = \widehat{R_2AR} + \widehat{RAR''} = \alpha + \omega$$

d'où

$$GR_2 = r\sin(\alpha + \omega).$$

Ainsi, sur la figure, la longueur GR_2 représente, à l'échelle

Fig. 28.

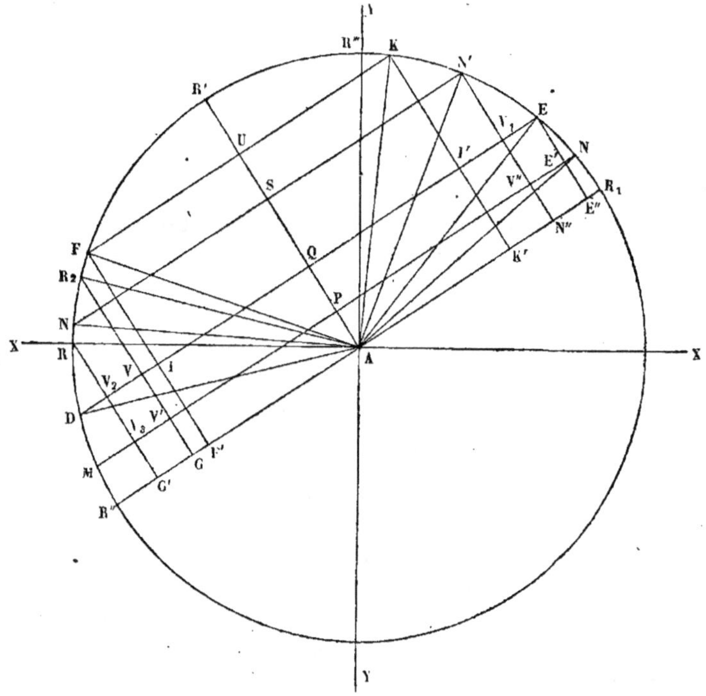

adoptée, l'écart du tiroir.

On a encore

$$VR_2 = GR_2 - GV$$

ou

$$VR_2 = r\sin(\alpha + \omega) - b.$$

Cette ligne représente donc l'écart du tiroir diminué du recouvrement extérieur, c'est-à-dire le dégagement de l'orifice d'admission quand la manivelle a décrit l'angle RAR_2.

De même, pour l'orifice de l'ouverture d'échappement correspondant au même déplacement angulaire de la manivelle, nous aurons

$$R_2 V' = GR_2 - GV'$$

ou

$$R_2 V' = r \sin(\alpha + \omega) - i.$$

On peut aussi, comme nous l'avons fait au moyen des diagrammes précédemment étudiés, trouver les ouvertures de l'admission et de l'échappement pour des positions particulières de la manivelle.

Admettons, par exemple, que la manivelle soit au point mort R. Si nous abaissons de ce point la perpendiculaire RG' sur $R_1 R''$, les longueurs RV_2, RV_3 représenteront respectivement les ouvertures de l'admission et de l'échappement. Il est à remarquer que, dans ce cas particulier, ces ouvertures sont précisément égales aux avances extérieure et intérieure du tiroir; l'angle ω de rotation étant nul, les deux formules deviennent

$$RV_2 = r \sin \alpha - b,$$
$$RV_3 = r \sin \alpha - i.$$

Par les mêmes raisonnements que précédemment, nous arriverions facilement à l'interprétation des phases de l'admission de la vapeur pour les principales positions de la manivelle pendant son mouvement de rotation.

Dans la position AD, telle qu'il lui reste encore à décrire l'angle $\widehat{DAR}$ pour arriver au point mort, l'introduction de la vapeur commence derrière le piston, tandis que l'échappement commence en avant quand la manivelle occupe la position AE.

Aux positions AK, AF correspond l'ouverture totale de l'orifice d'admission, de sorte que dans le cours de cette période la manivelle décrit l'angle $\widehat{FAK}$. En effet, du point F abaissons la perpendiculaire FF' sur $R_1 R''$. Comme elle représente l'écart du tiroir, on a

$$FF' = r \sin(\alpha + \omega)$$

et
$$FI = r \sin(\alpha + \omega) - IF'.$$

Par construction, FI étant égale à l'ouverture totale h de l'orifice d'admission et IF' au recouvrement extérieur b, il viendra

$$h = r \sin(\alpha + \omega) - b.$$

Depuis le point F jusqu'au point K, l'orifice d'introduction est complètement ouvert sur toute la hauteur et même au delà, mais, à partir de la position K de la manivelle, les sinus des angles de rotation décroissant graduellement, il s'ensuit que l'orifice se rétrécit de plus en plus jusqu'à ce qu'il soit totalement fermé. Quand la manivelle occupe la position AE, l'écart du tiroir est représenté par la ligne EE″, laquelle est précisément égale au recouvrement extérieur, de sorte qu'à ce moment, le rebord extérieur de la bande de recouvrement du tiroir se trouvant en regard du rebord extérieur de l'orifice d'admission, la vapeur commence à agir par détente. Pour la position AN de la manivelle, l'écart du tiroir étant égal à E′E″, c'est-à-dire au recouvrement intérieur, il s'ensuit que l'orifice d'échappement sera fermé, et par suite que, depuis cet instant jusqu'à la fin de la course du piston, la vapeur préexistante dans la région opposée du cylindre sera de plus en plus comprimée.

Dans l'hypothèse où la manivelle prend la direction AR″, la perpendiculaire qui mesure l'écart linéaire du tiroir étant nulle, nous pouvons en conclure que le tiroir est dans sa position moyenne ou, en d'autres termes, qu'il a parcouru la moitié de sa course. A la position AR′ de la manivelle correspond le plus grand écart du tiroir; car les déplacements linéaires de cet organe par rapport à la ligne médiane sont représentés par les sinus des angles de rotation rapportés à la ligne $R_1 R″$ et, dans ce cas, l'écart du tiroir est mesuré par le rayon AR′. La longueur R′U représente la quantité dont l'arête extérieure du tiroir et en arrière de l'arête intérieure de l'orifice d'admission.

Présentement proposons-nous d'appliquer le diagramme à l'échappement de la vapeur. Prenons, à cet effet, une longueur PS égale à la hauteur totale de l'orifice et par le point S menons

NN′ parallèlement à $R_1 R''$. On voit aisément sur la figure que l'orifice d'échappement restera entièrement ouvert quand la manivelle décrira l'angle NAN′ et qu'au delà du point N′ cet orifice se refermera peu à peu jusqu'au moment où commencera la période de compression.

On complétera l'étude de la distribution pour la pulsation suivante du piston, en répétant les mêmes constructions pour l'autre demi-circonférence ; il suffira de prolonger les positions principales de la manivelle au delà du pôle A jusqu'à la rencontre de la circonférence.

Dans les ateliers de construction de l'Allemagne et de la Suisse, où les deux diagrammes que nous venons de faire connaître sont fréquemment employés, les éléments du tiroir qui servent à l'exécution de l'épure ont leur vraie grandeur, de sorte que les résultats graphiques auxquels on est conduit représentent aussi la grandeur réelle des parties que l'on s'est proposé de déterminer.

11. *Diagramme de Muller.* — On doit à ce savant professeur un autre procédé graphique pour déterminer les déplacements du tiroir qui correspondent aux différentes positions de la manivelle. Cette méthode présente sur les précédentes le précieux avantage de faire connaître avec une précision mathématique toutes les circonstances du mouvement du tiroir. Dans l'étude de ce diagramme nous nous bornerons aux positions principales de la manivelle. On trouvera des détails plus complets dans le *Journal de l'École Polytechnique de Stuttgart*, 1859.

La construction de ce diagramme offre une grande analogie avec la loi du mouvement comparatif du piston et de la manivelle. Nous ferons observer *a priori* que l'on peut toujours admettre que le point milieu du tiroir coïncide avec l'extrémité de la barre d'excentrique, attendu que ces deux points font partie d'un même système animé d'un mouvement de transport parallèle.

Soient deux axes rectangulaires XX, YY (*fig.* 29) dont le premier est parallèle au plan de la glace du tiroir. La manivelle étant au point mort, le rayon d'excentricité occupera la position A a, de manière que l'angle $\widehat{YAa}$ sera égal à l'angle

d'avance. De plus, soient $aB = l$ la barre de l'excentrique et B
le milieu du tiroir. Concevons qu'à cet instant on fasse tourner
la manivelle d'un angle ω ; alors le rayon d'excentricité passera
de la position A a à la position A b, de telle sorte que l'angle

Fig. 29.

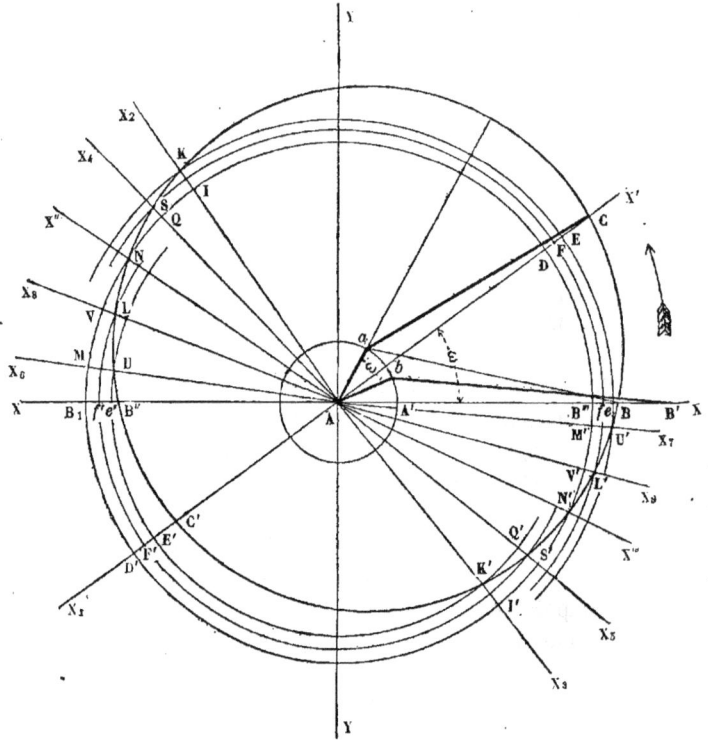

aAb sera aussi égal à l'angle de rotation ω décrit par la manivelle, et le point milieu B du tiroir viendra en un point B' que
l'on obtiendra en décrivant du point b un arc de cercle ayant
pour rayon la longueur de la barre de l'excentrique.

Ces positions relatives étant déterminées, voici par quel
tracé graphique on peut, pour un déplacement quelconque de
la manivelle, trouver la distance du milieu du tiroir à l'axe
de l'arbre de rotation sur lequel est calé l'excentrique.

A cet effet, supposons que l'excentricité, au lieu de tourner, soit à l'état de repos et qu'on imprime au système du récepteur et de la distribution une rotation égale et de sens contraire. Dans cette hypothèse, la tige du tiroir tournera de droite à gauche et prendra, au bout du temps correspondant à l'angle de rotation réellement décrit par l'excentricité Aa, la position AX', telle que l'angle $\widehat{XAX'}$ est égal au premier. Maintenant, si du point a comme centre, avec un rayon égal à la longueur l de la barre de l'excentrique, on décrit un arc qui coupe AX' au point C, la droite AC sera la distance du milieu du tiroir à l'axe de rotation. Par construction, les deux triangles AaC et AbB' sont égaux, d'où AC $=$ AB'.

Le tracé de l'épure conduit à la règle suivante : *Pour trouver la distance du milieu du tiroir à l'axe de l'arbre de rotation, de l'extrémité de l'excentricité a correspondant à l'angle d'avance on décrit une circonférence de rayon l égale à la longueur de la barre de l'excentrique; les rayons vecteurs menés du centre de rotation A aux différents points de cette circonférence donnent directement les distances cherchées, en même temps qu'elles représentent les positions successivement occupées par la manivelle. De plus les angles formés par les rayons vecteurs avec l'axe XX sont précisément ceux que la manivelle a décrits depuis le point mort.*

Nous avons vu plus haut que le tiroir occupe sa position moyenne et recouvre également les deux lumières d'admission lorsque son milieu coïncide avec le milieu de l'échappement. Pendant ce mouvement, le tiroir oscille autour de ce centre fixe que nous avons appelé *centre d'oscillation*, lequel nous a servi à régler la distribution par la méthode des avances égales, c'est-à-dire que, dans l'hypothèse même où le tiroir doit se trouver à des distances égales du centre d'oscillation au moment où la manivelle passe par les deux points morts, pour déterminer le milieu de la lumière d'échappement, il suffit d'amener la manivelle à chacun de ses points morts; puis on trace le milieu des positions correspondantes du centre du tiroir en projection orthogonale sur le plan de la glace. Partant de ces considérations que nous avons déjà développées, on peut facilement trouver les écarts à partir du centre d'oscillation.

A cet effet, prenons le milieu A′ de la droite BB″, et du centre de rotation décrivons un cercle de rayon AD = A′B = A′B″; les longueurs comprises entre les deux cercles fourniront directement les écarts du tiroir qui correspondent à des angles de rotation de la manivelle, ou, en d'autres termes, les déplacements linéaires qu'il a subis à partir de la position moyenne. Ainsi, quand la manivelle a pris la direction AX′, après avoir tourné d'un angle $\widehat{XAX'} = \omega$, depuis le point mort, la longueur DC, comprise entre les deux cercles, représente l'écart du tiroir; car, d'après la construction de l'épure, on a

$$DC = AC - AD.$$

Or, comme AC représente la distance du milieu du tiroir à l'axe de l'arbre de rotation, et que, d'autre part

$$AD = AB''' = A'B = A'B'',$$

c'est-à-dire la distance du tiroir au centre d'oscillation, quand la manivelle passe au point mort, il s'ensuit bien que DC sera le chemin que le tiroir a parcouru, depuis sa position moyenne pour l'angle $\widehat{XAX'} = \omega$ décrit par la manivelle.

Comme les phénomènes relatifs à la distribution de la vapeur dans le cylindre sont identiques, pendant la seconde demi-révolution de la manivelle, en prolongeant AC au delà du centre de rotation A, la longueur D′C′ sera l'écart du tiroir, quand la manivelle aura décrit un angle de rotation 180° + ω ou bien lorsque, étant parvenue au second point mort, elle aura tourné d'un angle ω égal à celui que nous avons considéré dans la première pulsation du piston.

Supposons la manivelle successivement aux deux points morts. Dans le premier cas, l'angle de rotation ω = 0, et l'écart du tiroir, en vertu du tracé graphique, est représenté par BB″; dans le second cas, l'angle de rotation est égal à 180°, et la longueur B″B₁ mesure la distance du tiroir à la position moyenne pour cette nouvelle position de la manivelle. Enfin, quand le tiroir est dans sa position moyenne, le milieu de cet organe devant coïncider avec le centre d'oscillation, dans ce cas, la droite comprise entre les deux cercles est nulle, ce qui a lieu pour les positions de la manivelle AX'', AX''' passant par les points N, N' où les deux cercles se coupent.

Au moyen de l'épure, il est aussi facile qu'avec les diagrammes précédents de trouver la quantité dont les orifices d'introduction et d'échappement sont démasqués quand la manivelle a décrit un angle de rotation quelconque.

Pour résoudre cette question, sur la direction AX' de la manivelle, portons, à partir du point D, des longueurs DE, DF respectivement égales aux recouvrements extérieur et intérieur b, i. Puis du centre de rotation A décrivons deux circonférences de rayon AE, AF. Il est aisé de voir que cette nouvelle construction nous permettra d'estimer le degré d'ouverture de l'admission et de l'échappement, pour une position donnée de la manivelle, pendant sa première demi-révolution.

En effet, si nous considérons la manivelle dans la position AX', c'est-à-dire quand elle a décrit l'angle $XAX' = \omega$ depuis le point mort, on voit que l'écart du tiroir est représenté, à cet instant, par DC.

Or nous avons établi plus haut que l'ouverture de l'orifice d'admission, pour un angle quelconque de rotation décrit par la manivelle, est égal à l'écart du tiroir du recouvrement extérieur : donc, pour la direction AX' de la manivelle, la lumière d'admission sera démasquée sur sa hauteur d'une quantité EC; car on a

$$EC = DC - DE$$

ou

$$EC = e - b,$$

puisque, par construction, DE représente le recouvrement extérieur.

De même aussi FC sera le degré d'ouverture de l'orifice d'échappement, puisque

$$FC = DC - DF$$

ou

$$FC = e - i,$$

et que d'ailleurs on sait que la quantité dont l'échappement est dégagé est toujours représentée par l'écart du tiroir diminué de la longueur du recouvrement intérieur.

Si nous voulons résoudre la même question quand la manivelle occupe la position AX_1, c'est-à-dire pour un angle de rotation égal à $180° + \omega$, à partir du point D', prenons des longueurs $D'E'$, $D'F'$ respectivement égales aux recouvrements extérieur et intérieur, puis du point A comme centre, avec des rayons AE', AF', décrivons deux circonférences ; les parties $E'C'$, $F'C'$ représenteront les ouvertures de l'admission et l'échappement pour le déplacement angulaire $180° + \omega$ de la manivelle. Il est visible en effet que nous aurons encore

$$E'C' = D'C' - D'E' = e - b$$

et

$$F'C' = D'C' - D'F' = e - i.$$

Considérons maintenant le piston successivement aux deux extrémités de sa course. Dans ce cas, la manivelle passant par les deux points morts, les deux longueurs eB, $e'B''$ représentent, à ces deux instants, les ouvertures des lumières d'admission ou les avances linéaires extérieures du tiroir ; de même fB, $f'B''$ seront, aux mêmes instants, les quantités dont la bande de recouvrement a démasqué l'orifice d'échappement et en même temps les avances linéaires intérieures du tiroir à l'origine de la course du piston.

Avec un peu d'attention, on voit que, au moyen de ce diagramme, on peut facilement trouver les positions de la manivelle qui correspondent à la détente, à la compression, ainsi qu'à l'origine de l'admission et de l'échappement.

Les deux points K, K' indiquent les positions respectives de la manivelle au moment où la détente de la vapeur va commencer pour la marche en avant et la marche en arrière du piston. La détente ne peut en effet avoir lieu qu'à la condition de la fermeture complète de l'orifice, ce qui implique évidemment que le tiroir soit éloigné de la position moyenne d'une quantité linéaire égale au recouvrement extérieur, et précisément, pour les positions K, K', les écarts du tiroir sont mesurés par les longueurs KI, $K'I'$ égales à ce recouvrement.

Quant à la compression, nous ferons observer qu'elle commencera au moment où l'orifice d'échappement sera fermé, le piston n'étant pas encore parvenu à l'extrémité de sa course. Pour qu'il en soit ainsi, l'on comprend que le rebord intérieur du tiroir doit coïncider avec l'arête intérieure de l'orifice, ou, en d'autres termes, il faut que l'écart linéaire soit égal au recouvrement intérieur. Pendant les deux pulsations du piston en avant et en arrière, la manivelle passe alternativement par les points S, S' et dans ces deux positions les écarts linéaires sont représentés par les longueurs SQ, S'Q' égales au recouvrement intérieur. Par les mêmes considérations, on voit sur l'épure que les points V, V' indiquent les positions de la manivelle correspondant à l'admission de la vapeur pour la marche en avant et en arrière du piston, tandis que les points L, L' représentent les positions au moment de l'admission pour chaque course du piston. Pour terminer ces développements, nous ajouterons qu'on peut sans difficulté trouver la grandeur de l'angle de rotation, pendant chacune des phases principales de l'admission et de l'échappement, puisque la construction de l'épure fait connaître les positions de la manivelle au commencement et à la fin des périodes qui caractérisent le mode d'action de la vapeur dans le cylindre.

12. *Inconvénients du diagramme Muller.* — De prime abord, ce diagramme semble beaucoup plus commode que ceux précédemment décrits, puisqu'il donne rigoureusement toutes les positions du tiroir pour les valeurs successives de l'angle de rotation ω de la manivelle. Dans la pratique il offre de sérieux inconvénients. Si l'on veut que les résultats fournis par l'épure aient une exactitude suffisante, il faut qu'elle soit exécutée en grandeur naturelle. Or, comme presque toujours les barres d'excentriques ont une très grande longueur par rapport à l'excentricité, il en résulte que le tracé du diagramme exige un espace démesuré; d'autre part, et ce n'est pas le moindre des inconvénients, les cercles qu'on est obligé de décrire se coupent sous des angles très aigus, de sorte qu'il devient assez difficile de trouver les points d'intersection correspondant aux positions de la manivelle au moment où se manifestent les faits les plus remarquables de la distribution de la vapeur.

Le diagramme Muller nc peut efficacement être appliqué qu'aux tiroirs commandés par des excentriques circulaires dont la barre est très courte, ce qui a plus particulièrement lieu dans les locomobiles. Les inconvénients sont d'autant plus sensibles que les longueurs des barres d'excentriques sont plus grandes; car, dans ces cas, on est obligé de tracer l'épure à une échelle réduite; d'où résulte une nouvelle cause d'erreur. Enfin le diagramme Muller ne peut absolument être d'aucune utilité pour les détentes variables; car l'excentricité et l'angle d'avance ne conservant pas, suivant les circonstances, les mêmes valeurs, il s'ensuit que l'on serait obligé d'exécuter autant d'épures qu'il y aurait de cas à considérer. Nous dirons cependant que cette méthode peut être employée avec avantage lorsqu'il s'agit uniquement de trouver, pour une position donnée de la manivelle, la position correspondante du piston dans le cylindre.

13. *Influence de la longueur de la bielle.* — Dans la plupart des questions que nous avons traitées jusqu'ici, l'hypothèse de la bielle infinie par rapport à la manivelle a été admise sans restriction. Mais fort souvent elle conduit à de notables erreurs qu'il importe de savoir rectifier par des modifications apportées au tracé de l'épure.

Nous ne reviendrons pas sur le tracé qu'il convient d'exécuter. Il a été suffisamment décrit (p. 21) dans l'étude d'une distribution, en tenant compte de la longueur de la bielle et en appliquant le diagramme orthogonal de Fauveau. Ce procédé de rectification se déduit d'un tracé graphique dû à Poncelet pour établir rigoureusement la loi comparative des mouvements de la manivelle et du piston.

14. *Remarque importante sur la distribution de la vapeur dans les machines à balancier.* — Tout ce qui vient d'être dit s'applique exclusivement aux machines à connexion directe; mais il arrive quelquefois que les machines sont à balancier, et, dans ce dernier cas, la tige du tiroir n'est pas directement reliée à la barre d'excentrique, mais bien à l'une des extrémités d'un levier coudé mobile autour d'un axe fixe dont l'autre est articulée à celle de la barre. A peu de chose près, le mouvement du tiroir est soumis à la même loi que dans les cas précédents, et toutes les formules que nous avons établies sont applicables aux machines à balancier, avec cette restriction toutefois, que l'excentricité r doit être réduite dans le rapport des bras de levier.

CHAPITRE III.

15. *Établissement d'une distribution simple.* — L'étude attentive des divers phénomènes représentés par les diagrammes dont nous avons indiqué le tracé nous montre que le recouvrement extérieur du tiroir produit une détente d'autant plus prolongée que ce recouvrement est plus long. D'autre part, la durée de la compression croît avec la détente, ce qui est un inconvénient grave, puisque, dans le cours de cette période, le travail de la contre-pression devient supérieur au travail produit par la force motrice. Nous ferons cependant observer que cet inconvénient est en partie compensé par cette circonstance que, pendant la compression, l'espace nuisible étant rempli de vapeur à la fin de la course du piston, dans cette région du cylindre, il existe une pression approximativement égale à celle qui vient de la chaudière; d'où cette conséquence que la compression dans l'espace nuisible économise une certaine quantité de vapeur, d'ailleurs utilisée au moment où le piston va commencer sa course en sens contraire. Le recouvrement intérieur, de même que le recouvrement extérieur, a pour objet d'augmenter le degré de détente et en même temps de régler l'avance à l'échappement. Il convient de ne pas lui donner une longueur trop considérable, attendu que la compression sur la face opposée du piston a lieu sur une plus grande étendue du chemin parcouru; de plus, l'avance à l'échappement est d'autant plus grande que le recouvrement intérieur est moins long.

Partant de ces principes généraux déduits de la discussion des diagrammes que nous avons étudiés, il est facile de construire un tiroir pour distribution, ou du moins de déterminer les dimensions des éléments principaux selon les effets que doit produire la vapeur motrice.

Les éléments constitutifs d'une distribution, ainsi que nous l'avons déjà indiqué, sont :

1° L'excentricité que nous avons appelée r ;

2° L'angle d'avance α ;

3° Le recouvrement extérieur b ;

4° Le recouvrement intérieur i.

Ainsi, selon les données de la question, il peut se présenter différents cas dans l'établissement d'un tiroir à coquille pour distribution simple.

PREMIER CAS. — *Établir une distribution simple par tiroir à coquille dans les conditions suivantes :*

1° L'excentricité r est donnée ;

2° L'angle d'avance α est aussi connu ;

3° Le degré de la détente est $\frac{4}{5}$, c'est-à-dire que l'admission de la vapeur doit se produire pendant les $\frac{4}{5}$ de la course du piston ;

4° L'échappement de la vapeur doit commencer lorsque le piston a encore à parcourir $\frac{1}{25}$ de sa course.

Le problème étant ainsi posé, on voit aisément que, pour compléter les éléments qui doivent servir de base à la construction du tiroir à coquille, il faut déterminer *a priori* les recouvrements extérieur et intérieur, les avances à l'admission et à l'échappement et l'ouverture maxima des canaux de circulation de la vapeur.

Cette question peut être résolue, soit par une construction géométrique, soit par le calcul.

A cet effet, traçons deux axes rectangulaires XX, YY (*fig.* 3o), et construisons au point A l'angle YAR″ égal à l'angle d'avance α. Le cercle décrit du point O comme centre, et dont le diamètre AC est égal à l'excentricité r, représentera ce que nous avons appelé plus haut le *cercle du tiroir*. De plus, du point A avec un rayon AR égal à la longueur de la manivelle, décrivons un autre cercle. Le diamètre RR′, d'après ce qui a été dit sur la marche comparative du piston et de la manivelle, représentera la course totale de ce piston. Présentement, supposons, ce qui d'ailleurs est toujours admissible, que la

rotation de la manivelle ait lieu dans le sens de la flèche,
tandis que le piston se meut de gauche à droite.

Puisque l'échappement de la vapeur doit commencer à s'ou-
vrir lorsqu'il reste encore au piston à parcourir $\frac{1}{25}$ de sa course,
à partir du point R, prenons $RE = \frac{1}{25}$ de RR′ et au point E

Fig. 3o.

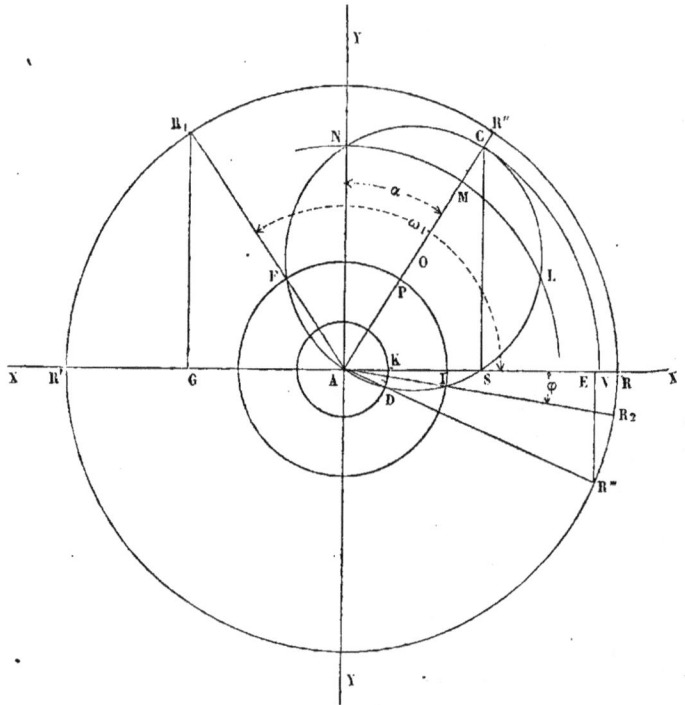

élevons la perpendiculaire ER‴ jusqu'à la rencontre de la circonférence décrite par le bouton de la manivelle. En joignant
le centre de rotation A au point R‴, nous obtiendrons ainsi la
position de la manivelle, en avant au point mort, au moment
où commence l'échappement de la vapeur. Remarquons que le
rayon AR‴ coupe le cercle du tiroir au point D. Par conséquent, à l'origine de la sortie de la vapeur, en vertu de ce qui
a été dit plus haut, le tiroir sera éloigné de sa position
moyenne d'une quantité AD égale au recouvrement intérieur.

Considérons maintenant le mouvement du piston de droite à gauche. Puisque, d'après les données de la question, l'admission de la vapeur doit cesser dès que le piston aura accompli les $\frac{1}{5}$ de sa course, portons, à partir du point mort R, une longueur $RG = \frac{1}{5}RR'$ et au point G élevons une perpendiculaire jusqu'à la rencontre en R_1 de la circonférence de la manivelle. La droite AR_1 sera la position de cette manivelle au moment où la détente de la vapeur dans le cylindre est sur le point de commencer. Le cercle du tiroir étant rencontré au point F par la droite AR_1, il s'ensuit qu'à cette position correspondra la fin de l'admission. Or, à ce moment, l'écart du tiroir est représenté par AF, qui sera évidemment le recouvrement extérieur, puisque la détente ne peut avoir lieu que si le rebord externe de la bande de recouvrement coïncide avec le rebord externe de l'orifice d'admission.

Les cercles décrits avec les rayons AP, AD respectivement égaux aux recouvrements extérieur et intérieur, concurremment avec les cercles du tiroir et de la manivelle, permettent de trouver toutes les autres longueurs relatives à la distribution.

Ainsi, l'avance extérieure du tiroir est représentée sur l'épure par IS, puisque cette longueur est égale à l'écart du tiroir AS ou e, diminué du recouvrement $AI = AP = b$.

De même, KS sera l'avance intérieure; car on a

$$KS = AS - AK \quad \text{ou} \quad KS = e - i.$$

Enfin le dégagement maximum de l'orifice d'admission sera représenté sur l'épure par la longueur PC, car le plus grand écart du tiroir, étant mesuré par le plus grand rayon vecteur, correspondra à la position AR'' de la manivelle. Or, dans ce cas, on a

$$PC = AC - AP,$$

et précisément AC est l'écart maximum du tiroir et AP le recouvrement extérieur.

Proposons-nous de résoudre la même question par le calcul. Envisagée sous ce point de vue, la solution comporte une généralité qu'elle ne saurait avoir par le procédé graphique qui vient d'être décrit.

Méc. D. — V.   7

Appelons

R la longueur de la manivelle,

ω_1 l'angle de rotation depuis le point mort jusqu'au commencement de la détente,

c la course totale du piston,

c' le chemin parcouru par le piston pendant l'admission.

Sur l'épure, le chemin parcouru par le piston depuis le point mort de la manivelle jusqu'à la position AR_1 est représenté par GR, dans l'hypothèse où la bielle est suffisamment longue pour qu'on puisse la considérer comme infinie. Or

$$GR \text{ ou } c' = AR + GA = R + GA.$$

Du triangle rectangle GAR_1 on déduit

$$GA = R \cos \widehat{GAR_1},$$

ou

$$GA = -R \cos \widehat{RAR_1} = -R \cos \omega_1,$$

attendu que, les angles $\widehat{RAR_1}$ et ω_1 étant supplémentaires, leurs cosinus sont de signes contraires ; d'où

$$c' = R - R \cos \omega_1 = R(1 - \cos \omega_1),$$

comme la course totale du piston

$$c = 2R,$$

en divisant les deux égalités membre à membre, le degré de détente sera représenté par la relation

$$\frac{c'}{c} = \frac{R(1 - \cos \omega_1)}{2R} = \frac{1 - \cos \omega_1}{2}.$$

Remplaçant $\dfrac{1 - \cos \omega_1}{2}$ par sa valeur $\sin^2 \frac{1}{2} \omega_1$, il viendra

$$\frac{c'}{c} = \sin^2 \tfrac{1}{2} \omega_1$$

et

$$\sin \tfrac{1}{2} \omega_1 = \sqrt{\frac{c'}{c}}, \quad \log \sin \tfrac{1}{2} \omega_1 = \frac{\log c' - \log c}{2}.$$

Ainsi, connaissant le degré de détente qui rentre dans les données de la question, il sera très facile de trouver l'angle de rotation ω_1, et par suite de connaître la position de la manivelle à la fin de l'admission.

Supposons maintenant qu'il s'agisse de déterminer la position de la manivelle ou l'angle ω_2 dont elle aura tourné depuis le point mort jusqu'à l'origine de l'échappement. En désignant par c'' le chemin parcouru par le piston jusqu'au moment de la sortie de la vapeur, nous aurons, par les mêmes considérations que précédemment,

$$\frac{c''}{c} = \frac{1 - \cos\omega_2}{2},$$

ou

$$\frac{c''}{c} = \sin^2 \tfrac{1}{2}\omega_2,$$

$$\sin \tfrac{1}{2}\omega_2 = \sqrt{\frac{c''}{c}},$$

$$\log \sin \tfrac{1}{2}\omega_2 = \frac{\log c'' - \log c}{2}.$$

Nous avons vu plus haut que l'écart du tiroir, en fonction de l'angle de rotation et de l'angle d'avance, s'obtient par la relation

$$e = r \sin(\alpha + \omega).$$

Remarquons sur l'épure qu'à la fin de l'admission, c'est-à-dire à l'origine de la détente, l'écart du tiroir est représenté par le rayon vecteur AF, lequel est égal au recouvrement extérieur; d'où

$$e = b.$$

On voit de même qu'au commencement de l'échappement le tiroir doit être éloigné de sa position moyenne d'une quantité AD égale au recouvrement intérieur i, c'est-à-dire qu'on a $e = i$.

Or, comme l'excentricité r et l'angle α font partie des données du problème, et que nous venons d'indiquer les moyens de déterminer les angles ω_1 et ω_2 qui correspondent au commencement de la détente et de la sortie de la vapeur, on pourra toujours calculer les recouvrements extérieur et intérieur au moyen des deux relations suivantes :

$$b = r \sin(\omega_1 + \alpha),$$
$$i = -r \sin(\omega_2 + \alpha).$$

Au moment où le piston commence sa course, l'angle de rotation ω de la manivelle étant nul, la formule qui donne l'écart du tiroir deviendra

$$e = r \sin \alpha,$$

et puisque, en vertu de ce qui a été démontré plus haut, l'avance linéaire extérieure est égale à l'écart du tiroir diminué du recouvrement extérieur b, elle sera algébriquement représentée par

$$r \sin \alpha - b.$$

De même, l'avance linéaire intérieure du tiroir aura pour valeur

$$r \sin \alpha - i.$$

Deuxième cas. — *Les recouvrements extérieur et intérieur d'un tiroir simple étant donnés, ainsi que le degré de détente et l'ouverture de l'orifice d'admission à l'origine de la course du piston, trouver le rayon d'excentricité et l'angle d'avance* α.

Tel que l'énoncé est formulé, on voit aisément que cette proposition est la réciproque de la proposition précédente. En conservant les notations déjà adoptées, les données du problème sont ainsi représentées :

b, recouvrement extérieur;

i, recouvrement intérieur;

c, course totale du piston;

c', chemin parcouru par le piston au moment où la détente va commencer;

$\dfrac{c'}{c}$, degré de la détente;

a, avance extérieure, c'est-à-dire la quantité dont l'orifice d'admission est démasqué au commencement de la course du piston.

L'épure tracée pour le cas précédent peut également servir à trouver la solution du problème dont il s'agit actuellement.

Ainsi supposons ce problème résolu, et soient O le centre du cercle du tiroir et AC son diamètre (*fig.* 3o). Alors AO sera la moitié de l'excentricité et $\widehat{YAC}$ représentera l'angle d'avance. D'après cela, on voit que la question se réduit à trouver la position du cercle du tiroir qui répond aux conditions de l'énoncé.

A cet effet, du point A comme centre, décrivons trois cercles ayant respectivement pour rayons AR, longueur de la manivelle, AP, le recouvrement extérieur, et AK, le recouvrement intérieur. Si le degré de détente est le même que dans le cas précédent, on aura $\dfrac{c'}{c} = 0,8 = \frac{4}{5}$; d'où $c' = \frac{4}{5}c$. En portant, à partir du point mort R, une longueur RG égale aux $\frac{4}{5}$ de la course totale du piston, la perpendiculaire GR_1 rencontrera la circonférence de la manivelle en un point R_1 tel que la ligne AR_1 sera la position de cette manivelle à l'origine de la détente. Remarquons que cette ligne AR_1 rencontre au point F la circonférence ayant pour rayon la longueur AF du recouvrement extérieur. Or, comme au moment de la détente le tiroir est distant de sa position moyenne d'une quantité égale au recouvrement extérieur, AF sera le rayon vecteur qui mesure cet écart; donc le point F appartient au cercle du tiroir.

Pour trouver un autre point du cercle du tiroir, il ne faut pas perdre de vue que ce tiroir, au moment où le piston commence sa course, doit avoir une avance linéaire que nous avons désignée par a; par suite, en prenant à partir de I une longueur IS égale à cette avance, nous obtiendrons un point S situé sur le cercle du tiroir; car on a

$$IS = AS - AI,$$

ou

$$IS = AS - b,$$

$$a = AS - b;$$

donc AS représente l'écart du tiroir au moment où le piston va commencer sa course. Comme le cercle du tiroir doit passer par le centre de rotation A, on voit bien que sa position est parfaitement déterminée, et, de plus, qu'il fait directement connaître l'angle d'avance et l'excentricité.

De même que dans le problème précédent, les rayons vecteurs du cercle du tiroir passant par les points de rencontre de ce cercle avec les autres dont le centre est en A permettent de résoudre les autres questions que l'on pourrait se poser sur la distribution pour des positions particulières de la manivelle et du tiroir.

Si l'on veut recourir au calcul, il faut *a priori* chercher l'angle décrit par la manivelle depuis le point mort jusqu'à la fin de l'admission de la vapeur, laquelle a lieu quand le piston a parcouru le chemin RG.

L'angle de rotation étant désigné par ω_1 pour cette période, on a

$$\sin \tfrac{1}{2}\omega_1 = \sqrt{\frac{c'}{c}}.$$

En appelant b_1 le chemin parcouru par le tiroir au même instant, la barre d'excentrique, de même que la bielle, étant supposée infinie, on aura

$$b_1 = r \sin(\alpha + \omega_1).$$

De plus, l'avance extérieure linéaire du tiroir étant égale à a, l'écart sera, au commencement de la course du piston,

$$b_1 + a = r \sin \alpha.$$

Divisant les deux égalités membre à membre, la relation deviendra

$$\frac{b_1}{b_1 + a} = \frac{r \sin(\alpha + \omega_1)}{r \sin \alpha} = \frac{\sin(\alpha + \omega_1)}{\sin \alpha},$$

ou, en développant la valeur de $\sin(\alpha + \omega_1)$,

$$\frac{b_1}{b_1 + a} = \frac{\sin \alpha \cos \omega_1 + \sin \omega_1 \cos \alpha}{\sin \alpha},$$

$$\frac{b_1}{b_1 + a} = \cos \omega_1 + \sin \omega_1 \cot \alpha,$$

d'où

$$\sin \omega_1 \cot \alpha = \frac{b_1}{b_1 + a} - \cos \omega_1,$$

et, en divisant les deux membres par $\sin \omega$,

$$\cot \alpha = \frac{b_1}{(b_1 + a) \sin \omega_1} - \frac{\cos \omega_1}{\sin \omega_1},$$

ou

$$\cot \alpha = \frac{b_1}{(b_1 + \alpha) \sin \omega_1} - \cot \omega_1.$$

Ainsi, l'angle de rotation ω_1 ayant été préalablement déterminé par la formule établie plus haut, il sera très facile de calculer la valeur de l'angle d'avance.

Connaissant l'angle d'avance, on aura la valeur de l'excentricité par la formule

$$r = \frac{b_1 + a}{\sin \alpha}.$$

Troisième cas. — *Établir une distribution simple par tiroir dans les conditions suivantes :*

Données du problème :

$\dfrac{c'}{c}$, le degré de détente ;

φ, l'angle d'avance à l'ouverture, ou, en d'autres termes, l'angle que doit décrire la manivelle pour arriver au point mort ;

h, la hauteur de l'orifice ;

d, la distance dont l'arête extérieure du tiroir reste en arrière de l'arête intérieure de l'orifice d'admission quand l'écart est maximum.

Avec un peu d'attention, on remarque que, pour compléter les éléments constitutifs du tiroir, il faut déterminer :

1° L'excentricité r ;

2° L'angle d'avance α ;

3° Le recouvrement extérieur b ;

4° L'avance linéaire extérieure a.

Cette question, comme les précédentes, peut être traitée soit par le calcul, soit par une construction géométrique ; mais il vaut mieux recourir simultanément aux deux méthodes.

Pour trouver, par exemple, l'angle de rotation ω_1 décrit par la manivelle depuis le point mort, on emploiera la formule

$$\sin\tfrac{1}{2}\omega_1 = \sqrt{\frac{c'}{c}}.$$

On peut ainsi trouver par le calcul l'angle d'avance α. En se reportant à la *fig.* 30, on voit que cet angle d'avance peut être exprimé par la relation

$$\alpha = \widehat{YAX} - \widehat{R''AX},$$

ou

$$\alpha = 90^\circ - \widehat{R''AX}.$$

Or

$$\widehat{R_1AR_2} = \omega_1 + \varphi,$$

et, en divisant par 2, on a

$$\frac{\widehat{R_1AR_2}}{2} \quad \text{ou} \quad \widehat{R''AR_2} = \frac{\omega_1}{2} + \frac{\varphi}{2}.$$

De plus on a

$$\widehat{R''AX} = \widehat{R''AR_2} - \varphi, \quad \widehat{R''AX} = \frac{\omega_1}{2} + \frac{\varphi}{2} - \varphi$$

ou

$$\widehat{R''AX} = \frac{\omega_1}{2} + \frac{\varphi}{2} - \frac{2\varphi}{2} = \frac{\omega_1 - \varphi}{2}.$$

Par suite, en introduisant cette valeur dans l'expression de l'angle d'avance α, on aura

$$\alpha = 90^\circ - \frac{\omega_1 - \varphi}{2}.$$

Les angles ω_1 et α étant ainsi déterminés, on pourra trouver sans difficulté la grandeur du recouvrement extérieur b. Rappelons, à cet effet, que l'écart du tiroir, à partir de sa position moyenne, est donné par la relation

$$c = r\sin(\alpha + \omega).$$

Or, dans le cas qui nous occupe, pour que la détente puisse commencer, il est indispensable que le tiroir soit éloigné de sa position moyenne d'une quantité égale au recouvrement, c'est-à-dire que le rebord externe du tiroir doit se trouver à hauteur de l'arête extérieure de l'orifice. Dans la formule, il suffira donc de remplacer l'écart e par b et l'angle ω par ω_1. Nous aurons ainsi

(1)
$$b = r \sin (\alpha + \omega_1).$$

Pour trouver l'excentricité, remarquons sur l'épure que l'écart maximum du tiroir est représenté par le rayon AC. Nous pourrons donc poser

$$\text{AC ou } r = \text{AP} + \text{PM} + \text{MC}.$$

D'après l'épure, et en conservant les notations adoptées, AP est le recouvrement extérieur b; la longueur PM représente la hauteur h de l'orifice d'admission et MC la distance d de l'arête extérieure du tiroir en arrière de l'arête intérieure de l'orifice d'admission. En remplaçant, nous aurons

(2)
$$r = b + h + d;$$

et si nous combinons les deux équations avec celle qui fournit la valeur de l'angle d'avance α, nous pourrons déterminer par le calcul le rayon d'excentricité r.

Considérons d'abord les deux équations (1) et (2)

(1)
$$r \sin (\alpha + \omega_1) = b,$$

(2)
$$r = b + h + d.$$

En les combinant par voie de soustraction, il viendra

$$r - r \sin (\alpha + \omega_1) = b + h + d - b$$

ou

$$r [\mathbf{1} - \sin (\alpha + \omega_1)] = h + d.$$

L'équation qui donne la valeur de l'angle d'avance α,

$$\alpha = 90^\circ - \frac{\omega_1 - \varphi}{2},$$

nous apprend que l'angle $\dfrac{\omega_1 - \varphi}{2}$ est le complément de l'angle α. Développant dans l'équation précédente $\sin (\alpha + \omega_1)$, nous aurons

$$r [\mathbf{1} - (\sin \omega_1 \cos \alpha + \sin \alpha, \cos \omega_1)] = h + d.$$

Or, puisque α a pour complément $\dfrac{\omega_1 - \varphi}{2}$, il s'ensuit que

$$\cos\alpha = \sin\frac{\omega_1 - \varphi}{2}$$

et

$$\sin\alpha = \cos\frac{\omega_1 - \varphi}{2}.$$

Faisant la substitution, on aura

$$r\left[\left(1 - \sin\omega_1 \sin\frac{\omega_1 - \varphi}{2} + \cos\omega_1 \cos\frac{\omega_1 - \varphi}{2}\right)\right] = h + d$$

ou bien

$$r\left[1 - \cos\left(\omega_1 - \frac{\omega_1 - \varphi}{2}\right)\right] = h + d,$$

$$r\left[1 - \cos\left(\frac{2\omega_1 - \omega_1 + \varphi}{2}\right)\right] = h + d,$$

$$r\left[1 - \cos\tfrac{1}{2}(\omega_1 + \varphi)\right] = h + d.$$

Or, la Trigonométrie apprend que

$$1 - \cos A = 2\sin^2\tfrac{1}{2}A.$$

Par conséquent,

$$1 - \cos\tfrac{1}{2}(\omega_1 + \varphi) = 2\sin^2\tfrac{1}{4}(\omega_1 + \varphi).$$

Introduisant cette dernière valeur dans l'équation, il viendra

$$2r\sin^2\tfrac{1}{4}(\omega_1 + \varphi) = h + d,$$

d'où

$$2r = \frac{h + d}{\sin^2(\omega_1 + \varphi)}.$$

Ces questions partielles, qui constituent le problème général, peuvent, comme nous l'avons dit, être résolues au moyen du diagramme, et les deux méthodes servent réciproquement de vérification l'une à l'autre.

Si nous voulons trouver géométriquement l'angle de rotation décrit par la manivelle depuis le point mort jusqu'au moment de l'admission, comme le degré de détente fait partie des données de la question, à partir du point R, portons sur

RR' une longueur RG égale au chemin parcouru par le piston, pendant cette période du mouvement de la manivelle, et la perpendiculaire élevée sur RR' au point G donnera la position R_1 de la manivelle correspondant à la fin de l'admission. Au point A, traçons une droite AR_2 qui forme avec AR un angle égal à l'angle d'ouverture φ, et la bissectrice AR" de l'angle $\widehat{R_1 AR_2}$ fera avec l'axe YY un angle $\widehat{YAR''}$ égal à l'angle d'avance cherché, et de plus AR" sera la direction de l'excentricité.

La valeur de l'excentricité ayant été précédemment trouvée par le calcul, le cercle passant par le point A et décrit sur $AC = r$ comme diamètre sera le cercle du tiroir, et les cordes AF, AI représenteront le recouvrement extérieur.

QUATRIÈME CAS. — *Construire un tiroir pour distribution simple avec les données suivantes:*

$\dfrac{c'}{c}$, rapport de la détente;

a, avance linéaire extérieure;

h, hauteur de l'orifice;

d, distance dont le rebord extérieur du tiroir doit rester en arrière de l'arête intérieure de l'orifice.

A l'examen de ces données, on reconnaît que, pour compléter les éléments du tiroir, il faut déterminer l'excentricité r, l'angle d'avance α, le recouvrement extérieur b et l'angle d'avance à l'ouverture.

Pour la première fois, ce problème a été résolu par Redtenbacher en 1855, mais par des méthodes de calcul qui ne sauraient trouver place dans un ouvrage élémentaire.

Commençons d'abord par calculer le rayon d'excentricité r. Cette recherche a pour base les considérations suivantes, qui nous ont déjà servi dans les problèmes précédemment résolus:

1° Au commencement de la course du piston, l'angle de rotation ω de la manivelle est nul. Par conséquent, la formule qui donne l'écart du tiroir

$$e = r \sin(\alpha + \omega)$$

devient

$$e = r \sin \alpha.$$

2° Au même instant l'écart du tiroir est aussi égal au recouvrement extérieur b augmenté de l'avance extérieure a. On aura donc

$$a + b = r \sin \alpha.$$

Remarquons, d'autre part, qu'à l'origine de la détente on connaît l'angle ω_1 dont la manivelle aura tourné, depuis le point mort. Or, dans cette course, l'écart du tiroir e devient égal au recouvrement extérieur b. On aura donc

$$b = r \sin (\omega_1 + \alpha).$$

Le diagramme représenté par la figure montre que, dans le cas de l'écart maximum du tiroir mesuré par AN ou AM, on peut poser

$$r = b + h + d.$$

Nous obtenons trois équations renfermant trois inconnues, l'excentricité r, l'angle d'avance α et le recouvrement extérieur b.

Déduisons d'abord la quantité b de la dernière équation, il viendra

$$b = r - h - d.$$

Introduisant cette valeur de b successivement dans les deux premières équations, nous aurons pour la première

$$a + r - h - d = r \sin \alpha,$$
$$r - r \sin \alpha = h + d - a,$$
$$r (1 - \sin \alpha) = h + d - a,$$

et la seconde deviendra

$$r - h - d = r \sin (\omega_1 + \alpha),$$
$$r - r \sin (\omega_1 + \alpha) = h + d,$$
$$r [1 - \sin (\omega_1 + \alpha)] = h + d.$$

Cherchant la valeur de l'excentricité r en éliminant l'angle d'avance α, par l'une des méthodes connues, après toutes réductions faites, on arrivera à la formule suivante :

$$r = \frac{2 (h + d) - a + 2 \sqrt{(h + d)(h + d - a)\left(1 - \sqrt{\frac{c'}{c}}\right)}}{2 \sqrt{\frac{c'}{c}}}.$$

Quant aux autres éléments de la distribution, on peut, au moyen du diagramme, les déterminer avec la plus grande facilité.

Voici comment on doit procéder :

Du centre de rotation A, avec un rayon égal à l'excentricité r, on décrit une circonférence qui rencontre l'axe XX au point V et, à partir de ce point, on prend une longueur VI égale à $h + d$, c'est-à-dire à la hauteur de l'orifice d'admission augmentée de la distance du rebord extérieur du tiroir à l'arête intérieure de l'orifice, au moment où l'écart est maximum. On obtiendra ainsi le recouvrement extérieur $AI = b$ et, du point I, avec un rayon AI, on décrira un cercle dont nous avons déjà fait connaître l'objet dans la construction du diagramme. Présentement, à partir du point I, prenons sur l'axe XX une longueur IS égale à l'avance extérieure et menons une perpendiculaire à cet axe jusqu'à la rencontre au point C de la circonférence de rayon AV égal à l'excentricité. Le cercle décrit sur AC comme diamètre sera le cercle du tiroir et YAC représentera l'angle d'avance. Les points I et F, où le cercle du tiroir rencontre le cercle du recouvrement extérieur, font connaître les positions de la manivelle au commencement et à la fin de l'admission ; de plus l'angle $\widehat{RAR_2}$ est l'angle d'avance à l'ouverture.

Le recouvrement extérieur que l'on obtient au moyen de l'épure peut aussi être déduit de l'une des formules précédemment établies. Nous avons trouvé pour la valeur de l'excentricité

$$r = b + a + d$$

et, pour la valeur de b, on aura

$$b = r - (a + d);$$

les quantités a et d sont des données de la question, et l'excentricité r est déterminée *a priori* par le calcul.

De même, le recouvrement extérieur b étant ainsi déterminé, on déduira la valeur de l'angle d'avance α de la formule

$$b + a = r \sin \alpha,$$

d'où

$$\sin \alpha = \frac{b + a}{r}.$$

16. *Formules pratiques adoptées par les mécaniciens.* — Les diagrammes que nous avons étudiés nous ont appris que, le tiroir occupant sa position moyenne, les deux lumières sont symétriquement fermées par les deux bandes de recouvrement, et, par suite, chacune d'elles doit avoir une longueur supérieure à la hauteur de l'orifice. Mais aussi il est à remarquer que, le tiroir s'éloignant d'une certaine quantité de sa position moyenne, à un moment donné, les deux orifices seront simultanément démasqués, l'un pour livrer passage à la vapeur motrice, l'autre pour permettre à la vapeur préexistante dans la région opposée du cylindre de s'échapper dans le condenseur ou dans l'atmosphère, selon le système de la machine. Il s'ensuit donc que le tiroir aura accompli la moitié de sa course, dès que la lumière d'admission sera complètement démasquée, et, pour cela, il faut absolument que le rebord externe du tiroir ait parcouru toute la hauteur de l'orifice augmentée du recouvrement extérieur. Ainsi, appelant h la hauteur de la lumière d'admission, b le recouvrement extérieur et K la course totale du tiroir, on aura

$$\tfrac{1}{2}K = h + b \quad \text{ou} \quad K = 2(h+b).$$

Le recouvrement extérieur b s'obtient par la formule

$$b = \frac{l+a-h}{2},$$

l représentant la longueur de la bande de recouvrement et a l'avance linéaire intérieure.

Par conséquent, la demi-course du tiroir sera encore représentée par la formule

$$\tfrac{1}{2}K = h + \frac{l+a-h}{2}$$

ou

$$\tfrac{1}{2}K = \frac{2h+l+a-h}{2},$$

$$\tfrac{1}{2}K = \frac{h+l+a}{2}.$$

Cette quantité représente également le rayon d'excentricité.

La longueur totale du tiroir, c'est-à-dire la distance comprise entre les rebords externes des bandes de recouvrement se compose de la distance comprise entre les arêtes externes des deux lumières d'admission augmentée de deux fois le recouvrement extérieur. Ainsi, appelant L cette longueur et d_1 la distance des arêtes externes, on aura

$$L = d_1 + 2 b.$$

La longueur d_1 est elle-même égale à la somme des hauteurs des orifices plus la hauteur du conduit d'échappement et augmentée de la longueur des parties pleines qui séparent ces trois ouvertures.

En retranchant de la longueur L la longueur totale des bandes de recouvrement, on aura la hauteur de la coquille du tiroir.

Les intervalles compris entre les orifices ont pour valeur minima la longueur des bandes du tiroir. Les constructeurs ont toujours soin de réduire ces intervalles dans la mesure du possible, pour ne pas avoir des surfaces de tiroir trop considérables.

Pour une distribution simple par tiroir, les mécaniciens estiment que l'excentricité doit être comprise entre $0^m,05$ et $0^m,08$. L'avance linéaire extérieure varie de $0^m,003$ à $0^m,006$.

La largeur s de la paroi doit être supérieure à la longueur MC représentant sur l'épure la quantité dont le rebord extérieur du tiroir, à son écart maximum, doit rester en arrière de l'arête intérieure de l'orifice d'admission. S'il en était autrement, on comprend que la bande de recouvrement du tiroir, à un moment donné, découvrirait l'orifice d'échappement et permettrait ainsi à la vapeur de se rendre directement dans le condenseur ou dans l'atmosphère.

Il suit de là que, l'écart maximum du tiroir étant égal à l'excentricité, pour obvier à l'inconvénient d'une épaisseur de paroi trop petite, il faudra, dans l'établissement de la distribution, satisfaire à la condition suivante :

$$b + h + s > r,$$

b et h représentant respectivement le recouvrement extérieur et la hauteur de l'orifice d'admission; ou bien on aura encore

$$s > r - (b + h).$$

Dans les ateliers, on calcule l'épaisseur s par la formule empirique

$$s = 10 + 0,5 h.$$

Pour en faire l'application, il ne faut pas perdre de vue que la hauteur h de l'orifice d'admission est exprimée en millimètres.

Enfin, en appelant h_1 la hauteur du canal d'échappement, on aura la formule

$$h_1 = r + h + i - b.$$

17. *Coulisse de Stephenson.* — Ce mécanisme, dû à l'habile ingénieur qui lui a donné son nom, est employé pour faire varier la détente ou pour renverser la marche de la machine. Les distributions établies de manière que le mouvement du tiroir puisse faire tourner la manivelle, tantôt dans un sens, tantôt dans un autre, ont reçu le nom de *distributions à renversement* ou *distributions à coulisse.* Par analogie, comme les machines où l'admission de la vapeur se fait au moyen d'un appareil de ce genre peuvent à volonté travailler en avant ou en arrière, on les désigne sous le nom de *machines à changement de marche.* La coulisse Stephenson est principalement employée pour les locomotives, les machines marines et les machines d'extraction. Il est fort rare que dans les machines des manufactures on soit obligé d'intervertir le sens du mouvement. Cet appareil se compose de deux excentriques circulaires A, A' (*fig.* 31), dont les centres sont diamétralement opposés. Ordinairement, ils sont coulés d'une seule pièce. Dans les locomotives, étant convenablement calés sur l'essieu des roues motrices, ils ont pour objet de commander alternativement le tiroir de distribution qui correspond à l'un des cylindres. Les barres de deux excentriques égales entre elles sont articulées aux extrémités d'une coulisse circulaire BB'. Cette coulisse est composée de deux arcs formant une glissière courbe dans laquelle peut se mouvoir un bouton M articulé à l'extrémité de la tige qui commande le tiroir et dont on assure le mouvement rectiligne au moyen de guides. Au point B' de la coulisse est articulée une bielle B'C, nommée *bielle de suspension ou de relevage*. Cette bielle est elle-même reliée à un levier coudé CFK dont le centre de rotation est au point F. Le bras de levier FC, prolongé au delà de l'axe de rotation, porte un contre-poids Q de forme sphérique servant à équilibrer autant que possible le poids de la coulisse et la composante des poids des barres d'excentrique au point C, où la bielle de

Fig. 31.

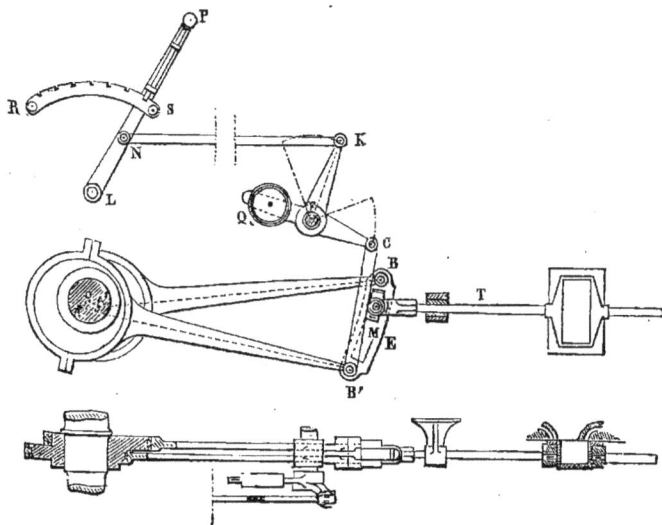

relevage est articulée au levier coudé. Au moyen d'une tringle KN ce levier est rendu solidaire d'un autre levier droit LP, dit *de commande*, ayant son axe au point L et terminé au point P par une manette ; ce levier est à la disposition du mécanicien pour faire varier, selon les circonstances, la position de la coulisse. Le levier de commande se meut sur un limbe circulaire RS, muni d'encoches, qui permettent de le fixer dans une position déterminée au moyen d'un verrou longitudinal maintenu par deux guides. Quand le milieu de la coulisse est sur la direction du mouvement rectiligne que l'on veut obtenir, on dit qu'elle est à son *point mort*.

Il est très facile de comprendre le jeu de la coulisse : si, par

Méc. D. — V.   8

exemple, on agit au point P du levier de commande, le point N décrit dans le même sens un arc de cercle et les deux bras FK, FC du levier coudé tourneront d'un certain angle autour du point F; alors les bielles des deux excentriques soulèvent l'extrémité inférieure de la coulisse et le bouton M, sans cesser d'être à la hauteur de la tige T qui commande le mouvement du tiroir.

Quand la coulisse est au point mort, elle est suffisamment relevée pour que le bouton qui se meut dans la glissière commande le tiroir; dans ce cas, les organes de l'appareil distributeur occupent une position telle que, la machine étant au repos, elle ne saurait prendre le mouvement. Dès que le mécanicien abaisse la coulisse, la marche en avant de la machine commence, attendu que, pour la nouvelle position qu'elle occupe, l'excentrique A' commande le tiroir et détermine le mouvement en avant. Pour cette raison, cet excentrique a reçu le nom d'*excentrique de marche en avant*. Mais si, en agissant sur le levier de commande PL, on relevait la coulisse, de manière à faire conduire le bouton M par un point situé au-dessous du point mort, l'action de l'excentrique A devenant prépondérante, la machine marcherait en arrière. Aussi cet excentrique a-t-il reçu le nom d'*excentrique de marche en arrière*. Rappelant ce qui a été dit en commençant, il est aisé de voir que ce double excentrique peut, concurremment avec la coulisse, produire une détente variable, soit pendant la marche en avant, soit pendant la marche en arrière. Supposons, par exemple, qu'à l'aide du levier de commande on soulève la coulisse, de manière que le bouton M se rapproche du point mort; l'amplitude du mouvement du tiroir diminuera, et par suite, les lumières d'admission restant moins longtemps ouvertes, la détente sera plus prolongée. On comprend donc comment, par l'emploi de la coulisse Stéphenson, on peut faire varier la détente depuis une limite inférieure jusqu'à ce qu'elle soit aussi prolongée que l'on voudra, comparativement à la durée de la course totale du tiroir. Il est toutefois bon de faire observer que, la détente augmentant, l'ouverture des orifices d'admission se rétrécit, et, par suite, la machine perd une fraction plus ou moins grande de sa puissance.

Lorsqu'on veut opérer le changement de marche de la machine, on ferme d'abord le régulateur, pour que la vapeur cesse d'affluer dans les cylindres, puis on agit sur le levier de changement de marche, de manière à amener l'extrémité inférieure de la coulisse en contact avec le bouton **M**, et l'on ouvre de nouveau le régulateur. L'observation du mécanisme que nous venons de décrire apprend que le mouvement de rotation de l'arbre principal produit non seulement un mouvement oscillatoire autour de son milieu, mais encore un mouvement de va-et-vient qui se communique au bouton **M** et au tiroir, suivant une certaine loi. Mais ce mouvement est si compliqué que les savants qui se sont occupés de la question n'ont encore pu la traiter rigoureusement par le calcul et

Fig. 32.

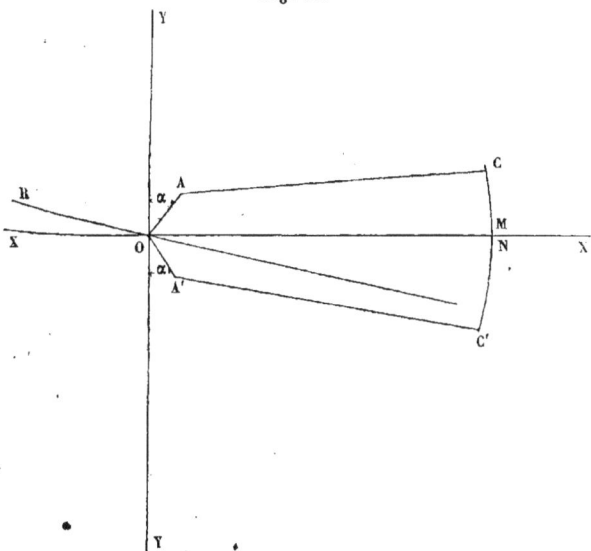

ont dû se borner à des approximations. Le travail le plus complet, sans contredit, est dû à **M.** Phillips [1]; il traite, mais

---

[1] PHILLIPS, Membre de l'Institut, *Théorie de la coulisse de Stephenson servant à produire la détente variable dans les machines à vapeur et particulièrement dans les machines locomotives* (*Annales des Mines*, t. III, 1854).

seulement par l'analyse, de la coulisse Stephenson, dans les cas divers qui peuvent se présenter.

La distribution à détente variable, au moyen de l'excentrique double de Stephenson, peut présenter deux cas selon que les tiges des deux excentriques sont croisées ou fermées, mais dans chaque cas les angles d'avance des excentriques peuvent

Fig. 33.

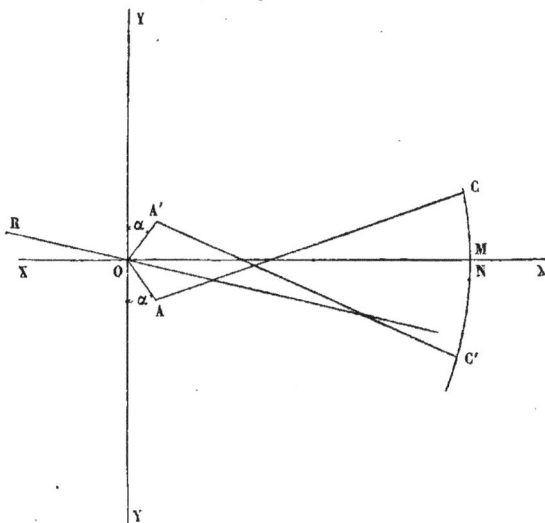

être égaux ou inégaux. La *fig.* 32 se rapporte au premier cas et la *fig.* 33 au second.

Soient (*fig.* 32)

XX, YY deux arcs rectangulaires;

O le centre de rotation;

OA l'excentricité pour la marche en avant;

OA' l'excentricité pour la machine en arrière;

OR la direction de la manivelle quand elle est à l'un des points morts.

Supposons que le point M de la coulisse commande la tige du tiroir dirigée suivant MX, et que, dans cette hypothèse, la direction de cette tige passe par le centre de rotation O. Dans cette position, les excentricités formant des angles égaux avec l'axe vertical YY, les angles AOY, A'OY représenteront l'un et l'autre l'angle d'avance α. La distribution de la vapeur dans le cylindre ne se ferait pas de la même manière si ces angles n'avaient pas la même valeur.

18. *Théorie géométrique de la coulisse Stephenson.* — En faisant abstraction du mode de transmission du mouvement au tiroir, l'étude de la distribution ne diffère pas essentiellement de celle que nous avons faite pour une machine sans renversement, c'est-à-dire que l'objet principal de cette étude consiste encore à trouver la relation qui existe entre l'angle de rotation décrit par la manivelle, à partir du point mort, et l'écart du tiroir ou sa distance au centre d'oscillation. Mais, avant tout, il importe de connaître le centre instantané de rotation de la coulisse.

Soient (*fig.* 34):

Fig. 34.

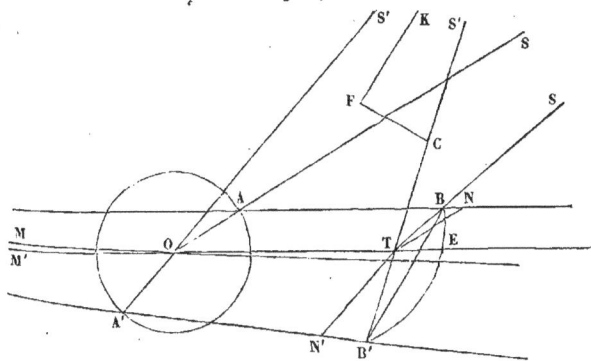

O la trace verticale de l'axe de rotation;

OA l'excentricité pour la marche en avant;

OA' l'excentricité pour la marche en arrière;

AB, A'B' les longueurs égales entre elles des barres des deux excentriques;

BB' une coulisse circulaire articulée par ses extrémités B, B' aux barres des excentriques;

OE la direction du mouvement rectiligne du tiroir que l'on veut assurer, laquelle doit passer par le centre de rotation O.

Comme la coulisse, pendant le mouvement de rotation des excentriques, tend à tourner autour du point d'articulation C de la bielle de relevage et du levier coudé, il s'ensuit que CB' sera une normale à l'arc de cercle que décrirait le point B'. Donc, en vertu du théorème de Chasles sur les systèmes articulés, le centre instantané de la coulisse sera un point de la ligne CB'. Présentement, supposons le problème résolu et soit T le centre instantané cherché. D'après le même théorème, le centre instantané de la bielle AB sera à l'intersection S des normales OA, BT. De même, le cercle instantané de la bielle A'B' se trouvera à la rencontre S' des normales TB', OA'.

Il sera donc facile de trouver la vitesse du point B par rapport au centre instantané S ; car, si nous appelons V_1 la vitesse angulaire de l'arbre de rotation, la vitesse de la bielle par rapport au centre O sera représentée par

$$V_1 \times OA,$$

et, si nous désignons par V_1' la vitesse angulaire autour du point S, nous aurons

$$V_1' \times AS = V_1 \times OA,$$

d'où

$$V_1' = V_1 \frac{OA}{AS}.$$

Par suite, la vitesse de l'extrémité B de la coulisse en fonction de la vitesse de l'arbre de rotation aura pour valeur

$$V_1 \times \frac{OA}{AS} \times SB.$$

Appelant V_1'' la vitesse angulaire du point B autour du centre instantané T de la coulisse, on aura encore

$$V_1 \times \frac{OA}{AS} \times SB = V_1'' \times TB,$$

d'où

$$V_1'' = V_1 \times \frac{OA}{AS} \times \frac{SB}{TB}.$$

Si nous considérons le point B′ de la coulisse, on aura

$$V''_1 = V_1 \times \frac{OA'}{A'S'} \times \frac{S'B'}{TB'},$$

d'où

$$\frac{OA}{AS} \times \frac{SB}{TB} = \frac{OA'}{A'S'} \times \frac{S'B'}{TB'},$$

et, par suite,

(1) $$\qquad \frac{AS \times TB}{SB} : \frac{A'S' \times TB'}{S'B'} :: OA : OA'.$$

Désignons maintenant par **M, M′** les points où les directions des deux bielles **AB, A′B′** rencontrent la ligne **OT** qui unit le centre de rotation de l'arbre au centre instantané **T** de la coulisse et soient **N, N′** les points de rencontre des deux bielles avec les parallèles aux excentricités **OA, OA′**.

Les deux triangles **TNB, ASB** étant semblables, on aura la relation

$$\frac{TN}{AS} = \frac{TB}{SB},$$

d'où

$$TN = \frac{AS \times TB}{SB}.$$

On aura pareillement

$$TN' = \frac{A'S' \times TB'}{S'B'},$$

et, en divisant membre à membre,

$$TN : TN' :: \frac{AS \times TB}{SB} : \frac{A'S' \times TB'}{S'B'}.$$

Remplaçant dans la proportion (1) le premier rapport par son équivalent $\frac{TN}{TN'}$, on aura

$$\frac{TN}{TN'} = \frac{OA}{OA'},$$

et, par suite,

$$TN = TN'.$$

Donc les points **M** et **M′** se confondent.

Cet élégant théorème, dû à **M. Phillips**, peut être ainsi énoncé :

Si l'on joint le point de rencontre des directions des barres d'excentrique au centre de la rotation continue, on obtient une droite dont l'intersection avec la bielle de suspension détermine le centre instantané de rotation de la coulisse.

Quant au point E, comme la vitesse angulaire de la coulisse autour du centre instantané est V''_1, la vitesse de ce point sera $V' \times TE$; ce qui donnera la relation suivante :

$$V''_1 \times TE = V_1 \times \frac{OA \times TE}{TN};$$

et, en désignant par V la vitesse du point **E**, nous aurons

$$V = V_1 \times \frac{OA \times TE}{TN}.$$

En décomposant cette vitesse V de rotation autour du centre instantané en deux autres, dont l'une parallèle à OE, cette dernière composante représentera la vitesse du piston. Nous n'insisterons pas davantage sur cette question, qui d'ailleurs offre une très grande analogie avec celle que nous avons résolue plus haut pour obtenir la courbe des vitesses du piston.

La construction du diagramme, quel que soit le mode adopté, se fait absolument de la même manière que pour une machine fixe, et l'on peut ainsi se rendre parfaitement compte de toutes les circonstances de l'admission et de la sortie de la vapeur.

19. *Inconvénients de la coulisse Stephenson.* — Ce mécanisme, aussi ingénieux qu'utile pour la manœuvre des locomotives, n'est cependant pas exempt de défauts, qu'il importe de signaler. Dans la description de cet appareil, nous avons vu que, pour prolonger la détente, on diminuait l'ouverture des orifices d'admission et par suite la puissance de la machine. A côté de cet inconvénient se présente un défaut relatif à l'avance du tiroir, que M. Perdonnet a fait ressortir dans son *Traité élémentaire des Chemins de fer.*

A cet effet, soient (*fig.* 35) :

O l'axe de rotation ;

OB la direction de la tige qui conduit le tiroir ;

AB la barre de l'excentrique de marche en avant ;

OA le rayon d'excentricité ;

AC la nouvelle direction de la barre d'excentrique, lorsque la coulisse a été relevée de manière à obtenir une détente plus prolongée.

Fig. 35.

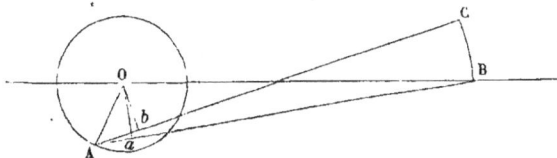

En admettant que la position AB de la barre d'excentrique corresponde au point mort de la manivelle, la perpendiculaire O*a*, abaissée du centre de rotation sur AB, déterminera un angle AO*a* qui représentera l'angle d'avance du tiroir. De même, la perpendiculaire O*b* sur la nouvelle direction de la bielle AC donnera un angle d'avance AO*b* plus grand que AO*a*. Donc l'avance angulaire du tiroir croît en même temps que la détente.

On arrive encore à cette conclusion, en faisant le même raisonnement et la même construction, quand on suppose la manivelle placée au point mort le plus rapproché, mais on remarque que l'angle d'avance, pour ce second point mort, est moindre que pour le premier. Ainsi, pendant la manœuvre, l'avance angulaire du tiroir n'est pas la même des deux côtés du piston. Enfin, si le mécanicien règle la distribution de manière à supprimer ce défaut, on trouve encore que l'ouverture maximum des orifices d'admission n'est pas la même pour les deux pulsations opposées du piston, correspondant à une même révolution de la manivelle.

Pour terminer cette série de renseignements pratiques déduits de l'observation, nous ajouterons que les inconvénients signalés pour la marche en avant se présentent également dans la marche en arrière.

20. *Mode de suspension de la coulisse.* — Dans l'étude précédemment faite du mouvement de la coulisse, nous avons admis d'une manière absolue que le mouvement du bouton M avait rigoureusement lieu en ligne droite, suivant la tige qui commande le tiroir. Dans la pratique il n'en est jamais ainsi, et, pendant le mouvement de rotation de l'arbre principal, la coulisse se déplace d'une certaine quantité au-dessus et au-dessous de la direction de la tige, attendu qu'elle est toujours reliée par une tige d'attache à un point fixe autour duquel elle est animée d'un mouvement oscillatoire très faible. Le point d'attache de la coulisse décrit donc un arc de cercle et, par suite, le bouton M articulé à la tige du tiroir doit participer au mouvement d'oscillation de la coulisse. Il résulte de cette irrégularité que les inconvénients signalés dans le paragraphe précédent sont encore aggravés et qu'il y a lieu de choisir convenablement le point d'attache pour que les effets nuisibles en soient, sinon supprimés, du moins considérablement atténués. Sans entrer dans les considérations théoriques qui ont servi à élucider la question, nous nous contenterons d'indiquer les modes d'attache adoptés par les constructeurs pour que le mouvement de la coulïsse altère le moins possible le mouvement rectiligne de la tige du tiroir.

La coulisse peut être suspendue de deux manières : 1° par son extrémité inférieure; 2° par son milieu.

On peut déterminer, soit par le calcul, soit par un tracé, la courbe que décrit le bouton M, pendant le mouvement de rotation. Il suffirait, pour résoudre cette question, de chercher les positions du bouton M dans les différentes positions occupées par la coulisse, mais en s'imposant la condition de réduire le plus possible l'amplitude du mouvement de la coulisse au-dessus et au-dessous de la direction de la tige du tiroir.

On comprend aisément que cette condition sera réalisée si le centre de la coulisse est assujetti à se mouvoir sur un arc de cercle dont la corde sera parallèle à la direction de la tige du tiroir.

Dans la pratique, le point d'attache de la bielle de relevage se trouve au milieu de la corde de l'arc de cercle représentant la coulisse.

Pour une étude plus approfondie de la coulisse Stephenson,

nous renvoyons le lecteur aux travaux de MM. Zeuner, Philipps et Resal. Par des calculs qui ne sauraient trouver place dans cet Ouvrage, ces savants ont été amenés à la conclusion suivante :

Le point de suspension de la coulisse doit se mouvoir sur un arc de cercle dont le rayon est égal à la longueur de la barre de l'excentrique.

On doit à **M. de Landsée** un mode de suspension fort ingénieux qui remplit très approximativement les conditions nécessaires pour assurer le mouvement rectiligne de la tige du

Fig. 36.

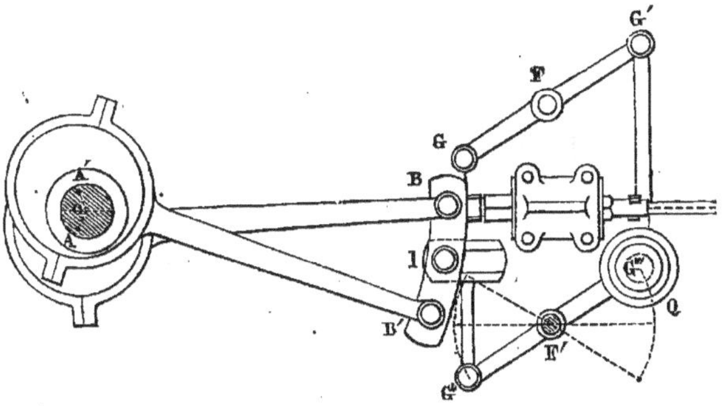

tiroir. Cette disposition, qui offre une grande analogie avec le système articulé de Watt, est représenté par les *fig*. 36 et 37.

Fig. 37.

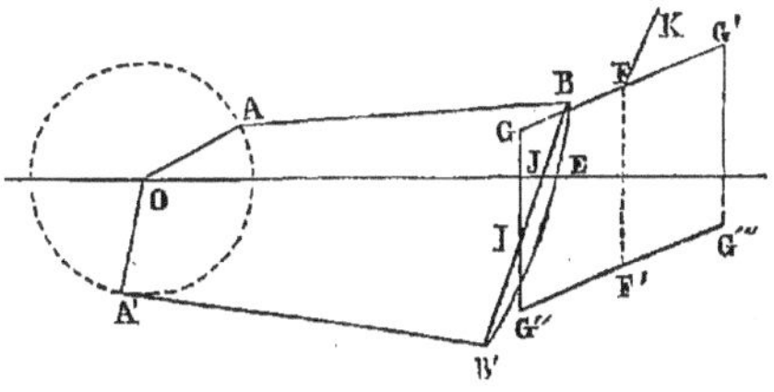

Dans ce dispositif, la coulisse est suspendue par son milieu I. Partant du principe déduit de l'observation par **M. Zeuner**, que pour supprimer l'influence nuisible du mouvement de la coulisse sur le mouvement du tiroir le milieu de cette coulisse doit constamment rester sur une parallèle à la ligne OB, M. de Landsée a remplacé la bielle de relevage par un parallélogramme G G′ G″ G‴, dont deux côtés opposés GG′, G″G‴ peuvent tourner autour de deux axes horizontaux F, F′, tandis que les deux autres côtés ne cessent pas d'être verticaux. Au moyen d'un levier représenté par FK, on peut, à volonté, faire prendre diverses formes au parallélogramme articulé. Le milieu de la coulisse est muni d'un bouton qui s'engage dans une glissière horizontale fixée au côté GG′, et à l'extrémité G‴ du côté G″G‴ est adapté le contrepoids Q. Le parallélogramme articulé, dans les diverses positions qu'il occupe, est commandé par un mécanisme semblable à celui que l'on emploie pour la coulisse ordinaire de Stephenson. Telle que la figure a été construite, la coulisse est descendue, et, par suite, dans l'hypothèse des bielles ouvertes, les divers organes du mécanisme sont disposés pour la marche en avant.

21. *Théorie analytique de la coulisse de Stephenson.* — De même que pour une distribution simple de machine à connexion directe ou à balancier, l'étude théorique de cette coulisse a pour objet d'établir la relation qui existe entre les écarts du tiroir, à partir du centre d'oscillation, et les angles décrits par la manivelle ou les chemins partiels parcourus par le piston, ce qui au fond est absolument la même chose. Nous traiterons la question dans le cas des bielles ouvertes et des angles d'avance égaux qui, pour les locomotives actuellement construites, se présente le plus souvent.

Soient (*fig.* 38) :

AR la longueur de la manivelle;

$r = AD = AD'$ les excentricités;

ω l'angle de rotation décrit par la manivelle à partir du point mort;

$l = DC = D'C'$ les longueurs des barres d'excentriques;

c la distance du point mort I à chacune des extrémités de la coulisse;

s la distance du bouton M au point mort pour une position quelconque de la coulisse;

$l_1 = MB$ la longueur de la tige du tiroir mesurée depuis le bouton M jusqu'au centre d'oscillation;

δ l'angle qui mesure l'inclinaison de la corde de la coulisse sur une perpendiculaire à l'axe AX, dans une position donnée de cette coulisse.

Fig. 38.

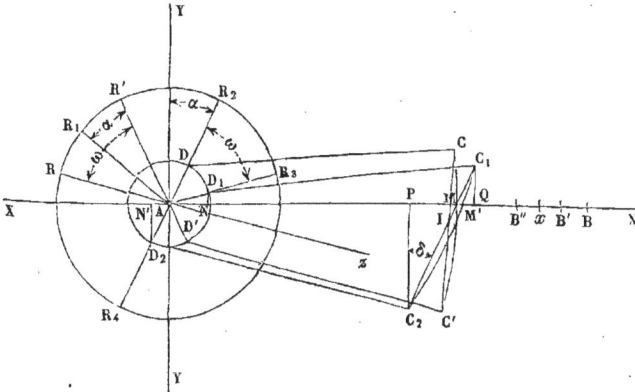

Cela posé, il est évident que la question comporte *a priori* la recherche de l'angle δ pour des valeurs données de l'angle de rotation ω et de la distance s du bouton M au point mort de la coulisse.

Pour plus de simplicité, supposons que la longueur de la corde $2c$ soit égale à l'arc de la coulisse, ce que l'on peut admettre par approximation et sans erreur sensible, puisque le rayon de courbure est toujours très grand par rapport à l'amplitude de l'arc. Admettons pareillement que l'on remplace dans les calculs qui vont suivre les parties de la corde par les arcs correspondants ou, en d'autres termes, que les points M et I soient situés sur l'arc de la coulisse au lieu d'appartenir à la corde.

En supposant la manivelle au point mort dans la position AR, son prolongement AZ sera la direction de l'axe du cylindre de la machine, et l'arc CIC' représentera la position correspondante de la coulisse.

Quand la manivelle aura tourné de l'angle $RAR' = \omega$, la coulisse prendra la position $C_1 C_2$ et les deux excentricités viendront en AD_1, AD_2, et, par suite, les nouvelles positions des barres d'excentriques seront D_1C_1 et D_2C_2. Si nous admettons, d'autre part, que la tige d'attache de la coulisse ait une longueur suffisamment grande, le point d'articulation M du bouton et de la tige du tiroir restera à la même hauteur, c'est-à-dire qu'il sera toujours situé sur la ligne AX, ou du moins qu'il s'en écartera d'une quantité si petite qu'on pourra la négliger.

Maintenant, des points C_1C_2 abaissons les perpendiculaires C_1Q et C_2P. Nous avons ainsi deux triangles rectangles QMC_1 et PMC_2, dans lequel les angles égaux MC_1Q et PC_2M mesurent l'inclinaison δ de la corde de la coulisse dans sa nouvelle position, avec les perpendiculaires à AB. La projection de la corde C_1C_2 sur AX étant égale à PQ, on pourra poser

$$PQ = PM + MQ.$$

Des deux triangles énoncés on déduit

$$PM = MC_2 \times \sin\delta,$$
$$QM = MC_1 \times \sin\delta,$$

d'où

$$PQ = \sin\delta\,(MC_1 + MC_2),$$
$$PQ = \sin\delta \times C_1C_2 = \sin\delta \times 2c,$$

et

$$\sin\delta = \frac{PQ}{2c} = \frac{AQ - AP}{2c}.$$

Si des points D_1 et D_2 on abaisse sur AX les perpendiculaires D_1N, D_2N', on aura

$$AQ = AN + NQ.$$

La parallèle menée à AX par le point D_1 rencontrerait la perpendiculaire C_1Q et déterminerait un triangle rectangle dont D_1C_1 serait l'hypoténuse, NQ l'un des côtés de l'angle droit et l'autre côté une longueur égale à $C_1Q - D_1N$. On pourra donc établir la relation suivante :

$$\overline{NQ}^2 = \overline{DC_1}^2 - (C_1Q - D_1N)^2,$$

d'où

$$NQ = \sqrt{\overline{D_1C_1}^2 - (C_1Q - D_1N)^2}.$$

Si nous considérons le triangle rectangle AND_1, on aura

$$AN = AD_1 \times \sin AD_1N = r \sin AD_1N.$$

Or, comme l'angle $AD_1N = XAR_3 = \alpha + \omega$, en substituant, il viendra

$$AN = r \sin(\alpha + \omega).$$

Par suite,

$$AQ = r \sin(\alpha + \omega) + \sqrt{\overline{D_1C_1}^2 - (C_1Q - D_1N)^2}.$$

Remarquons que D_1C_1 représente la longueur l de la barre d'excentrique, et, d'autre part, $C_1M = c - s$, d'après les notations précédemment adoptées. De plus, des deux triangles rectangles AD_1N, MC_1Q, on déduit successivement

$$D_1N = r \cos(\alpha + \omega),$$
$$C_1Q = C_1M \cos\delta = (c - s) \cos\delta.$$

Introduisant ces valeurs dans l'équation qui exprime celle de AQ, il viendra

$$AQ = r \sin(\alpha + \omega) + \sqrt{l^2 - [(c - s)\cos\delta - r\cos(\alpha + \omega)]^2}.$$

Comme l'angle δ qui mesure l'inclinaison de la coulisse est ordinairement très petit, on peut faire $\cos\delta = 1$ et, dans cette hypothèse, l'équation deviendra

$$AQ = r \sin(\alpha + \omega) + \sqrt{l^2 - [(c - s) - r\cos(\alpha + \omega)]^2}.$$

Dans la pratique, la longueur l de la barre d'excentrique ayant une longueur relativement grande, il s'ensuit que, si l'on développe le radical en série, on pourra, sans erreur sensible, supprimer les puissances de $\dfrac{r}{l}$, $\dfrac{c}{l}$, $\dfrac{s}{l}$, supérieures à la deuxième.

Ainsi on aura, au degré d'approximation convenu,

$$AQ = r \sin(\alpha + \omega) + l - \frac{c^2}{2l}$$
$$+ \frac{cs}{l} - \frac{s^2}{2l} + \frac{(c - s)r\cos(\alpha + \omega)}{l} - \frac{r^2\cos^2(\alpha + \omega)}{l}.$$

Cette expression peut encore être mise sous la forme

$$AQ = r \sin(\alpha + \omega) + l$$
$$- \frac{(c-s)^2}{2l} + \frac{(c-s)\,r \cos(\alpha + \omega)}{l} - \frac{r^2 \cos^2(\alpha + \omega)}{2}.$$

Pareillement, pour avoir la valeur de AP, nous poserons

$$AP = N'P - AN'.$$

Si nous supposons que par le point D_2 on mène une parallèle à AX, comme précédemment, on déterminera un triangle rectangle ayant respectivement pour côtés de l'angle droit $PC_2 - D_2 N'$, $N'A + AP$ et pour hypoténuse la longueur $l = D_2 C_2$ de la barre d'excentrique.

De ce triangle on déduit

$$N'P = \sqrt{\overline{D_2 C_2}^2 - (\overline{C_2 P}^2 - \overline{D_2 N'}^2)},$$

ou

$$N'P = \sqrt{l^2 - C_2 P - D_2 N')^2}.$$

Si nous considérons les deux triangles $PC_2 M$, $N'D_2 A$, on aura successivement

$$C_2 P = C_2 M \cos \delta = (c + s) \cos \delta,$$
$$D_2 N' = r \cos(\alpha - \omega),$$

d'où

$$N'P = \sqrt{l^2 - [(c+s) \cos \delta - r \cos(\alpha + \omega)]^2}.$$

Par suite,

$$AP = \sqrt{l^2 - [(c+s) \cos \delta - r \cos(\alpha - \omega)]^2} - AN'.$$

Remplaçant AN' par sa valeur $r \sin(\alpha - \omega)$ et faisant, comme dans l'équation précédente, $\cos \delta = 1$, on aura

$$AP = \sqrt{l^2 - [(c+s) - r \cos(\alpha - \omega)]^2} - r \sin(\alpha - \omega),$$

ou

$$AP = r \sin(\alpha - \omega) + \sqrt{l^2 - [(c+s) - r \cos(\alpha - \omega)]^2}.$$

En faisant le développement du radical en série et conservant le même degré d'approximation que pour la valeur de AQ la valeur de AP deviendra

$$AP = r \sin(\alpha - \omega) + l$$
$$- \frac{c^2}{2l} - \frac{cs}{l} - \frac{s^2}{2l} + \frac{(c+s)\, r \cos(\alpha + \omega)}{l} - \frac{r^2 \cos^2(\alpha - \omega)}{2l},$$

que l'on peut encore mettre sous la forme suivante :

$$AP = r \sin(\alpha - \omega) + l$$
$$- \frac{(c+s)^2}{2l} + \frac{(c+s)\, r \cos(\alpha - \omega)}{l} - \frac{r^2 \cos^2(\alpha - \omega)}{2l}.$$

Dans l'équation $\sin \delta = \dfrac{AQ - AP}{2c}$, remplaçons AQ et AP par leurs valeurs respectives, et $\sin \delta$ sera exprimé par la formule suivante :

$$\sin \delta = \frac{r}{c} \cos\alpha \cos\omega - \frac{2cr \sin\alpha \sin\omega}{2cl}$$
$$- \frac{2sr \cos\alpha \cos\omega}{2cl} + \frac{2cs}{2cl} + \frac{r^2}{4cl} \left[\cos^2(\alpha - \omega) - \cos^2(\alpha + \omega) \right],$$

ou bien, en réduisant,

$$\sin \delta = \frac{r}{c} \cos\alpha \cos\omega - \frac{r}{l} \sin\alpha \sin\omega$$
$$- \frac{sr}{cl} \cos\alpha \cos\omega + \frac{s}{l} + \frac{r^2}{4cl} \left[\cos^2(\alpha - \omega) - \cos^2(\alpha + \omega) \right].$$

Par l'application de cette formule, on pourra trouver l'inclinaison de la coulisse sur la ligne indiquée pour un degré donné de détente et pour un angle de rotation quelconque décrit par la manivelle; mais, comme les calculs sont très longs, dans les ateliers de construction on procède par un tracé.

Dans le cas particulier où le point mort de la coulisse se trouve sur l'axe **AX**, la distance s du bouton **M** à ce point est nulle, et, par suite, la formule devient

$$\sin \delta = \frac{r}{c} \cos\alpha \cos\omega$$
$$- \frac{r}{l} \sin\alpha \sin\omega + \frac{r^2}{4cl} \left[\cos^2(\alpha - \omega) - \cos^2(\alpha + \omega) \right].$$

Méc. D. — V. 9

Proposons-nous maintenant de calculer la distance de l'axe de rotation A au centre B du tiroir.

En se reportant à la figure, on voit que cette distance est donnée par la relation

$$AB = AM + MM' + M'B,$$

et, comme $AM = AQ - MQ$, on aura, en substituant,

$$AB = AQ - MQ + MM' + M'B.$$

Du triangle rectangle MC_1Q on déduit

$$MQ = MC_1 \sin \delta = (c - s) \sin \delta.$$

Pour trouver la valeur de MM', rappelons que les parties des deux cordes qui se coupent dans un cercle sont inversement proportionnelles, de sorte qu'en appelant r_1 le rayon de courbure de la coulisse, les deux points M et M' étant très voisins, nous pourrons poser sans erreur sensible

$$C_1M \times MC_2 = MM' \times 2r_1.$$

Remplaçant C_1M et MC_2 par leurs valeurs respectives $c - s$ et $c + s$, nous aurons

$$(c - s)(c + s) = MM' \times 2r_1,$$

ou

$$c^2 - s^2 = MM' \times 2r_1,$$

d'où

$$MM' = \frac{c^2}{2r_1} - \frac{s^2}{2r_1},$$

et, comme $M'B$ est la longueur l_1 de la tige du tiroir, la valeur de AB sera représentée par la formule

$$AB = AQ - (c - s) \sin \delta + \frac{c^2}{2r_1} - \frac{s^2}{2r_1} + l_1.$$

D'autre part, si nous remplaçons AQ et $\sin \delta$ par leurs va-

leurs trouvées plus haut, toutes réductions étant faites, la formule définitive sera

$$AB = r \left(\sin\alpha + \frac{c^2 - s^2}{cl} \cos\alpha \right) \cos\omega + \frac{sr}{c} \cos\alpha \sin\omega$$

$$+ l + l_1 + (c^2 - s^2) \frac{l - r_1}{2lr_1}$$

$$- \frac{r^2}{4cl} [(c+s) \cos^2(\alpha + \omega) + (c-s) \cos^2(\alpha - \omega)].$$

C'est ici le lieu de faire observer que la distribution ne peut
fonctionner dans de bonnes conditions que si le tiroir oscille
symétriquement de part et d'autre d'un certain point pour toutes
les positions occupées par la coulisse, selon le degré de détente que l'on veut obtenir.

Pour déterminer la position x du centre d'oscillation, nous
rappellerons que dans les ateliers de construction les tiroirs
sont toujours réglés sur des avances égales, ce qui d'ailleurs
a été déjà admis dans l'étude d'une distribution simple de
machine fixe.

Admettons que la manivelle soit à l'un des points morts,
auquel cas l'angle de rotation $\omega = 0$, et de plus que B' soit la
position du milieu du tiroir pour la position considérée de la
manivelle.

En appliquant la formule précédente, nous aurons

$$AB' = r \left(\sin\alpha + \frac{c^2 - s^2}{cl} \cos\alpha \right) + l + l_1 + (c^2 - s^2) \frac{l - r_1}{2lr_1}$$

$$- \frac{r^2}{4cl} [(c+s) \cos^2\alpha + (c-s) \cos^2\alpha],$$

ou

$$AB' = r \left(\sin\alpha + \frac{c^2 - s^2}{cl} \cos\alpha \right)$$

$$+ l + l_1 + (c^2 - s^2) \frac{l - r_1}{2lr_1} - \frac{r^2}{2l} \cos^2\alpha.$$

Quand la manivelle sera arrivée à l'autre point mort, elle
aura tourné d'un angle $\omega = 180°$. Désignant par B'' la nouvelle
position du milieu du tiroir, et introduisant dans la formule

la valeur correspondante de l'angle de rotation ω, il viendra

$$AB'' = - r \left(\sin\alpha + \frac{c^2 - s^2}{cl} \cos\alpha \right)$$
$$+ l + l_1 + (c^2 - s^2) \frac{l - r_1}{2\,lr_1} - \frac{r'^2}{2\,l} \cos^2\alpha.$$

Comme le centre d'oscillation x doit être à égale distance des points B' et B'', il est évident que sa distance Ax à l'axe de rotation sera la moyenne arithmétique des quantités AB', AB''. On aura donc

$$Ax = \frac{AB' + AB''}{2},$$

ou bien, en remplaçant AB' et AB'' par leurs valeurs,

$$Ax = l + l_1 (c^2 - s^2) \frac{l - r_1}{2\,lr_1} - \frac{r'^2}{2\,l} \cos^2\alpha.$$

Remarquons que, la variable s entrant dans cette équation, Ax prendra autant de valeurs qu'il existe de degrés de détente. Or, la distribution ne peut fonctionner régulièrement que si le centre d'oscillation reste fixe pour toutes les positions de la coulisse. Cette équation sera évidemment satisfaite si le terme $c^2 - s^2 \dfrac{l - r}{lr_1}$ qui renferme s est égal à zéro. On aura donc l'équation de condition

$$\frac{l - r}{2\,lr_1} = 0,$$

d'où
$$l - r = 0 \quad \text{et} \quad l = r.$$

De là cette conclusion :

Le rayon de la coulisse de Stephenson doit être égal à la longueur de la barre de l'excentrique.

Dans l'établissement de la coulisse, cette condition étant supposée remplie, l'équation précédente devient

$$Ax = l + l_1 - \frac{r'^2}{2\,l} \cos^2\alpha.$$

Si dans l'équation générale qui donne la distance du centre de rotation A à l'axe B du tiroir, au moment où la manivelle a décrit un angle ω, nous remplaçons le rayon de courbure r par la longueur l de la barre de l'excentrique, la formule se simplifie,

$$AB = r\left(\sin\alpha + \frac{c^2 - s^2}{cl}\cos\alpha\right)\cos\omega + \frac{sr}{c}\cos 2\sin\omega + l + l_1$$
$$- \frac{r^2}{4cl}\left[(c+s)\cos^2(\alpha+\omega) + (c-s)\cos^2(\alpha+\omega)\right].$$

Au moyen de ces deux équations, on trouve facilement les écarts du tiroir e pour les différentes positions de la manivelle. Il est visible, en effet, que l'on a

$$e = AB - Ax.$$

Il suffit donc de remplacer AB et Ax par leurs valeurs respectives que nous avons trouvées,

$$e = r\left(\sin\alpha + \frac{c^2 - s^2}{cl}\cos\alpha\right)\cos\omega + \frac{sr}{c}\cos\alpha\sin\omega + l + l_1$$
$$- \frac{r^2}{4cl}\left[(c+s)\cos^2(\alpha+\omega) + (c-s)\cos^2(\alpha-\omega)\right]$$
$$- l - l_1 + \frac{r^2}{2l}\cos^2\alpha.$$

Développant $\cos^2(\alpha+\omega)$, $\cos^2(\alpha-\omega)$ et faisant observer que, dans les applications, on néglige habituellement le terme $\frac{r^2}{2l}\cos^2\alpha$, qui est très petit, on aura, pour la valeur du terme où entrent ces deux facteurs,

$$- \frac{r^2}{4cl}\left(2c\cos^2\alpha\cos^2\omega + 2c\sin^2\alpha\sin^2\omega - 4sc\cos\alpha\cos\omega\sin\alpha\sin\omega\right),$$

ou

$$- \frac{r^2}{2l}\left(\cos^2\alpha\cos^2\omega + \sin^2\alpha\sin^2\omega - \frac{2s}{c}\cos\alpha\sin\alpha\cos\varpi\sin\omega\right).$$

Changeant les signes des termes renfermés dans la parenthèse et du terme $\dfrac{r^2}{2\,l}$, on aura

$$\frac{r^2}{2\,l}\left(\cos^2\alpha\cos^2\omega + \sin^2\alpha\sin^2\omega + \frac{s}{c}\sin^2\alpha\cos\omega\sin\omega\right).$$

L'écart du tiroir sera donc représenté par la formule

$$e = r\left(\sin\alpha + \frac{c^2 - s^2}{cl}\cos\alpha\right)\cos\omega + \frac{sr}{c}\cos\alpha\sin\omega$$

$$+ \frac{r^2}{2\,l}\left(\cos^2\alpha\cos^2\omega + \sin^2\alpha\sin^2\omega + \frac{s}{c}\sin 2\alpha\cos\omega\sin\omega\right).$$

Posons

1° $\left(\sin\alpha + \dfrac{c^2 - s^2}{cl}\cos\alpha\right) = \mathrm{A}$;

2° $\left(\dfrac{sr}{c}\cos\alpha\right) = \mathrm{B}$;

3° $\dfrac{r^2}{2\,l}\left(\cos^2\alpha\cos^2\omega + \sin^2\alpha\sin^2\omega + \dfrac{s}{c}\sin 2\alpha\cos\omega\sin\omega\right) = \mathrm{K}$,

et l'équation de l'écart du tiroir se présentera sous la forme

$$e = \mathrm{A}\cos\omega + \mathrm{B}\sin\omega + \mathrm{K}.$$

La valeur de K représente dans cette formule ce que l'on appelle le *terme de correction :* comme elle est très petite, on la néglige. Nous aurons donc

$$e = r\left(\sin\alpha + \frac{c^2 - l^2}{cl}\cos\alpha\right)\cos\omega + \frac{sr}{c}\cos\alpha\sin\omega,$$

ou

$$e = \mathrm{A}\cos\omega + \mathrm{B}\sin\omega.$$

Si l'on se reporte à la formule que nous avons établie plus haut pour une distribution simple, on voit que dans le cas de la coulisse de Stephenson l'équation est de la même forme, bien que les valeurs de A et B soient différentes.

Les mêmes équations peuvent être appliquées au mouvement du tiroir, quand les barres d'excentriques sont croisées. Pour passer d'un cas à l'autre, il suffit de changer le signe de la quantité c dans les formules précédentes. On obtiendra ainsi

$$e = r \left(\sin \alpha - \frac{c^2 - s^2}{cl} \cos \alpha \right) \cos \omega - \frac{sr}{c} \cos \alpha \sin \omega.$$

De ce qui vient d'être dit sur la forme de l'équation représentant le mouvement du tiroir, il résulte que les écarts pourront être représentés par les cordes d'un cercle, absolument comme pour une distribution simple. Les coordonnées du centre, d'après ce que l'on a vu (p. 55), seront représentées par

$$x_1 = a = \frac{A}{2} = \frac{r}{2} \left(\sin \alpha + \frac{c^2 - s^2}{cl} \cos \alpha \right),$$

$$y_1 = b = \frac{B}{2} = \frac{rs}{2c} \cos \alpha,$$

pour des bielles ouvertes.

Comme les valeurs de x_1, y_1 sont exprimées en fonction de la variable s, on comprend qu'à chaque position de la coulisse correspondra un cercle particulier du tiroir, de sorte que les centres de tous les cercles seront situés sur une courbe dont on peut aisément trouver le genre en combinant entre elles les équations précédentes.

La courbe des centres étant tracée, désignons par z les abscisses, comptées à partir du point origine O, où la courbe rencontre l'axe XX (*fig.* 39). Si nous considérons le point O_3 de cette courbe, dont l'ordonnée est O_4P et l'abscisse AP comptée à partir du centre de rotation A, nous aurons

$$\text{OP} \quad \text{ou} \quad z = \text{AO} - \text{AP}.$$

La valeur de l'abscisse étant représentée par l'équation générale

$$\text{AO} = x_1 = \frac{r}{2} \left(\sin \alpha + \frac{c^2 - s^2}{cl} \cos \alpha \right),$$

comme pour le point O, la distance représentée par s étant égale à zéro, l'équation deviendra

$$\text{AO} = \frac{r}{2} \left(\sin \alpha + \frac{c}{l} \cos \alpha \right).$$

Par suite, on aura

$$\text{OP ou } z = \frac{r}{2}\left(\sin\alpha + \frac{c}{l}\cos\alpha\right) - \frac{r}{2}\left(\sin\alpha + \frac{c^2 - s^2}{cl}\cos\alpha\right),$$

$$z = \frac{r}{2}\left(\sin\alpha + \frac{c}{l}\cos\alpha - \sin\alpha - \frac{c^2 - s^2}{cl}\cos\alpha\right),$$

$$z = \frac{r}{2}\left(\frac{c}{l}\cos\alpha - \frac{c}{l}\cos\alpha + \frac{s^2}{cl}\cos\alpha\right),$$

$$z = \frac{rs^2}{2cl}\cos\alpha.$$

D'après ce que nous avons vu plus haut, la valeur de l'ordonnée $O_3 P$ est représentée par l'équation

$$y_1 = \frac{sr}{2c}\cos\alpha.$$

Déduisons la valeur de s, ce qui conduit à

$$s = \frac{2c\,y_1}{r\cos\alpha} \quad \text{et} \quad s^2 = \frac{4c^2\,y_1^2}{r^2\cos^2\alpha}.$$

Introduisant cette valeur dans l'équation qui donne celle de z, nous aurons

$$z = \frac{r}{2lc}\times\frac{4c^2\,y_1^2}{r^2\cos^2\alpha}\cos\alpha, \quad z = \frac{2c\,y_1^2}{lr\cos\alpha};$$

d'où

$$y_1^2 = \frac{lr\cos\alpha}{2c}z,$$

équation d'une parabole dont le sommet se trouve au point A et dont le paramètre est représenté par $\dfrac{lr\cos\alpha}{2c}$.

Lorsque l'appareil à changement de marche est à tiges croisées, on obtient la valeur de AO en changeant le signe de c dans l'équation. On obtient ainsi

$$\text{AO} = \frac{r}{2}\left(\sin\alpha - \frac{c}{l}\cos\alpha\right)$$

représentant, comme dans le premier cas, la distance du centre de rotation au sommet de la parabole.

Il est toutefois à remarquer que pour les tiges ouvertes la courbe tourne sa concavité vers le centre de rotation, tandis que pour les tiges croisées la convexité est tournée vers le même point.

Fig. 39.

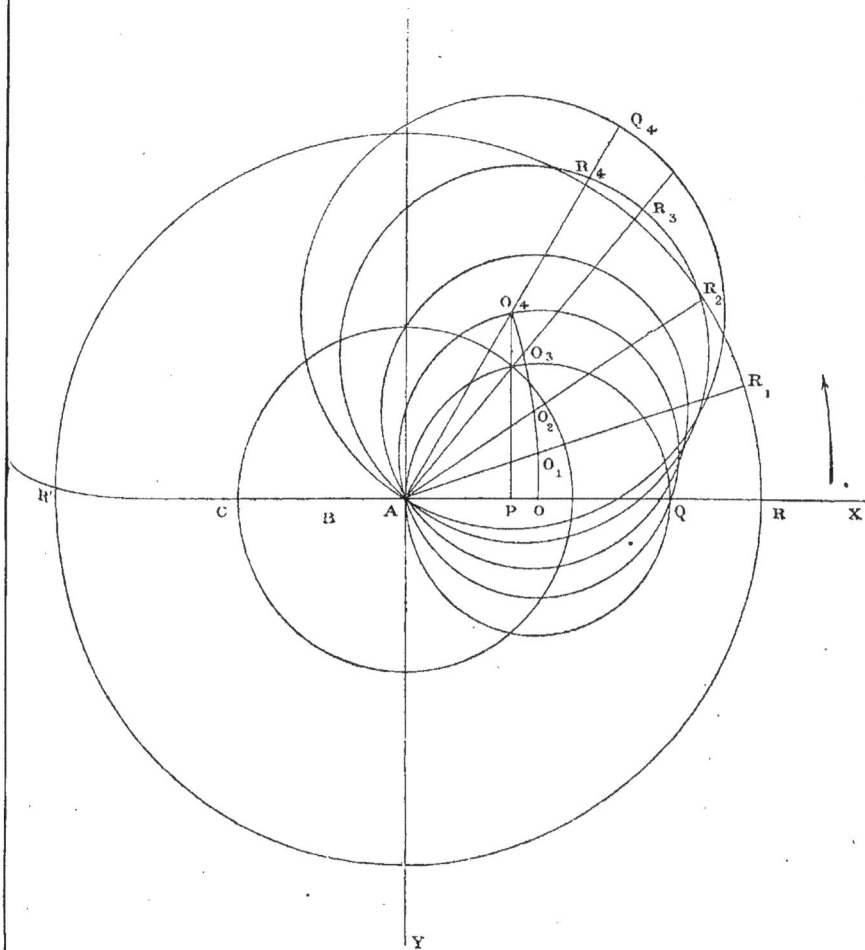

22. *Changement de marche au moyen d'une vis.* — Le mécanisme affecté au renversement de marche de la machine tel que nous l'avons représenté exige, de la part du machiniste, des

efforts relativement considérables, et de plus, comme on doit
préalablement fermer le régulateur et l'ouvrir ensuite afin de
réduire autant que possible la pression exercée sur le tiroir, on
comprend que la manœuvre demande un temps plus ou moins
long, qu'il importe de diminuer. A cet effet, les constructeurs
ont remplacé le levier de changement de marche par une
vis à trois filets (*fig.* 40), sur l'axe de laquelle est monté

Fig. 40.

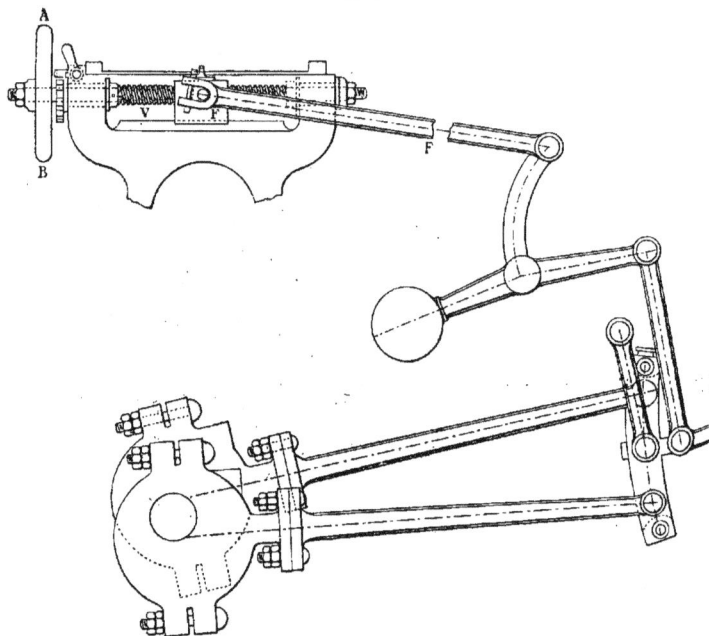

un petit volant **AB** qui remplit le même office que le
levier de commande LP de la *fig.* 31. Vers le milieu de sa
longueur la vis porte un écrou rendu solidaire d'une bielle à
fourche **FF**, remplaçant le levier NK du dispositif précédent.

Cette modification, apportée à la transmission du mouvement, rend la manœuvre beaucoup plus rapide, supprime la
fermeture du régulateur et par suite diminue notablement la
grandeur de l'effort qu'il faut développer par l'emploi du système précédent.

23. *Marche à contre-vapeur.* — Lorsqu'une locomotive est en marche, si l'on renverse le levier de distribution, la vapeur agira en sens inverse, c'est-à-dire que si la machine marche en avant, la distribution de vapeur s'effectuera de telle sorte qu'elle déterminerait la marche en arrière si la machine partait du repos. On comprend qu'un tel mouvement présente certaines particularités qu'il importe au mécanicien de bien connaître. Sans autre examen de la question, on voit *a priori* que, dans ce cas, la marche de la locomotive tend à se ralentir et que la vapeur fait office d'un frein d'une grande puissance, dont l'emploi est très efficace quand on veut arrêter rapidement le train. Ce phénomène de la marche à contre-vapeur se produit non seulement dans le mouvement des locomotives, mais encore dans celui de toutes les machines à renversement, chaque fois que l'on agit suffisamment sur le levier de la distribution. Mais avant de nous occuper de la marche de la machine à contre-vapeur, il convient d'abord de déterminer les positions relatives du tiroir et du piston, au moyen du diagramme polaire de M. Zeuner.

A cet effet, nous ferons observer que l'on divise habituellement la distance comprise entre le point mort I et chacune des positions extrêmes de la coulisse en quatre parties égales, indiquées par des numéros en dessus et en dessous. La première graduation correspond à la marche en avant et la seconde à la marche en arrière de la machine, selon la position du bouton de la glissière; les numéros indiquent le degré de la détente. Les praticiens font cette division en degrés sur l'arc RS du levier de commande et à chaque degré correspond une encoche, ce qui au fond est absolument la même chose, puisque, dans les deux cas, les arcs décrits sont semblables.

De même que pour une distribution ordinaire, l'écart du tiroir à partir de sa position moyenne s'obtiendra au moyen de la formule

$$e = A \cos \omega + B \sin \omega.$$

Mais, comme les quantités A et B varient suivant la position de la coulisse, on comprend que, pour l'étude du mouvement comparatif, il doit exister autant de cercles du tiroir ou, en d'autres termes, à chaque division de la coulisse ou de l'arc du levier de changement de marche doit correspondre un cercle particulier dont les cordes représentent les écarts du tiroir. Les centres de tous les cercles du tiroir pour les divers degrés de détente se trouvent sur une courbe déterminée, que l'on appelle *courbe des centres*.

Maintenant appelons (*fig.* 41) :

Fig. 41.

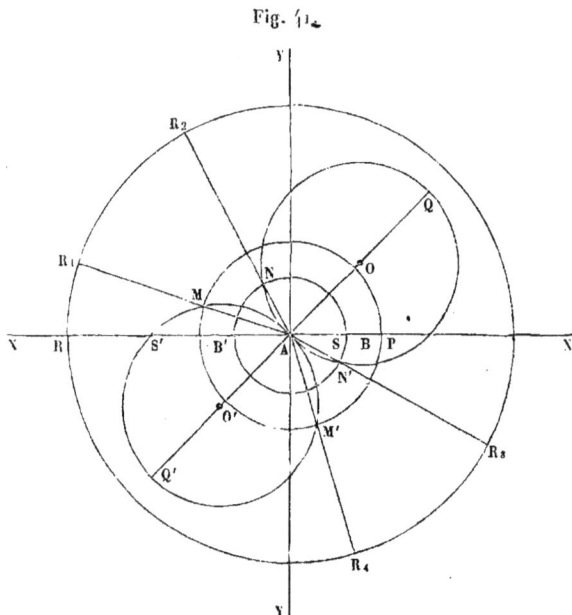

AX la direction du mouvement du tiroir ;

O, O' les centres des cercles du tiroir pour un degré donné de détente, d'après la graduation de la coulisse ;

AP le recouvrement extérieur du tiroir ;

AS le recouvrement intérieur ;

S' l'intersection de l'axe XX avec le cercle inférieur du tiroir ;

M l'intersection au-dessus de XX du cercle précédent avec le cercle de rayon égal au recouvrement extérieur.

Supposons que le mouvement du piston ait lieu de droite à gauche et qu'on relève le levier de commande de manière que la distribution agisse en sens inverse. A cet instant, la corde AS′ qui mesure l'écart du tiroir étant plus grande que le recouvrement extérieur, l'orifice d'admission sera complètement démasqué sur toute sa hauteur et même au delà. L'angle RAR₁ correspondra à la pleine pression et sera limité à partir de AR par le rayon AR₁ passant par le point M, où le cercle inférieur du tiroir rencontre le cercle de rayon égal au recouvrement extérieur. Ainsi, pendant cette période, la vapeur produit son action sur le côté gauche du piston et fait office de frein, puisqu'elle tend à ralentir la marche en avant. En supposant la bielle infinie, il serait très facile de trouver, par la méthode employée plus haut, le chemin parcouru par le piston qui correspond à la pleine pression. A partir du point M, la lumière restera fermée et la détente aura lieu jusqu'au moment où cette lumière sera mise en communication avec l'échappement. Le cercle supérieur O du tiroir rencontre au point N le cercle de centre A et de rayon AN égal au recouvrement intérieur, ce qui indique que la détente de la vapeur finit et que l'échappement commence à être en communication avec la partie gauche du cylindre. L'échappement de la vapeur cessera au moment où l'écart du tiroir sera redevenu égal au recouvrement intérieur, ce qui aura lieu lorsque cet écart sera mesuré par la corde AN′ du point où le cercle supérieur du tiroir est rencontré en N′ par le cercle de rayon égal au recouvrement intérieur, de sorte que, dans le tuyau d'échappement, il y aura aspiration depuis le point N jusqu'au point S et refoulement d'une partie du fluide aspiré de S en N′. Dans le passage de N′ en M′, l'échappement étant fermé, le fluide sera encore comprimé et, quand la manivelle aura décrit l'angle R₁AR, il y aura refoulement dans la chaudière. En résumé, l'étude du mouvement dans la marche à contre-vapeur conduit aux résultats suivants, dans l'hypothèse où le piston part du repos :

1° L'action de la vapeur se manifeste sur la face du piston qui est en regard du fond du cylindre et se continue sur une fraction très petite de la course;

2° La détente de la vapeur a lieu sur une autre fraction de la course du piston; mais, comme cette fraction est bien supérieure à la première, à la fin de cette période, la pression est au plus égale à la pression atmosphérique;

3° Les gaz provenant de la combustion sont aspirés dans le tuyau d'échappement jusqu'à la fin de la course du piston ;

4° Sur une très faible partie de la course suivante, une partie de ces produits est refoulée dans l'atmosphère, tandis que l'autre partie subit une compression ;

5° Les gaz comprimés se mélangent avec la vapeur de la chaudière, et, pendant le reste de la course, le piston est obligé de vaincre la pression de la chaudière et même une pression un peu supérieure, à cause des résistances passives.

Pendant les deux premières périodes du mouvement du piston, le travail moteur est relativement faible.

A la fin de la deuxième période, que la pression soit inférieure ou supérieure à la pression atmosphérique, il arrive toujours que, dès l'origine de la troisième, la pression devient bientôt égale à cette dernière, par suite de l'aspiration des gaz provenant de la combustion.

Dans le cours des trois dernières périodes, il se développe un travail résistant en vertu duquel la machine fonctionne absolument comme un frein. Comme, dans les locomotives, le tuyau d'échappement ne débouche pas directement à l'air libre et qu'il est en communication avec l'intérieur de la boîte à fumée par l'intermédiaire du tuyau de soufflage, il en résulte que l'aspiration fait pénétrer dans le cylindre les produits de la combustion. Le travail développé par la compression de ces gaz, qui, dans la cheminée, ont une température de 300° à 400° a pour résultat un accroissement de cette température, condition très défavorable à l'entretien des surfaces frottantes et à la conservation des enduits lubrifiants. La marche à contre-vapeur donne lieu à des inconvénients bien plus graves. Ainsi, quand les gaz de la combustion s'introduisent dans le cylindre, ils entraînent avec eux une forte proportion de particules de charbon non brûlé et, sans insister davantage sur ce point, il est facile de reconnaître les conséquences fâcheuses qui peuvent en résulter à la fois pour la machine et pour la chaudière. Enfin, pour compléter l'explication des phénomènes décrits, nous ajouterons que, toute la masse gazeuse étant envoyée dans la chaudière, l'équilibre de température s'établira, ce qui implique naturellement la vaporisation d'une certaine quantité de liquide. Il résulte de là un accroissement de pression considérable qui soulève les soupapes de sûreté, et toute la chaleur développée par le travail résistant est ainsi rejetée au dehors, inconvénient sérieux qui vient encore se joindre à ceux que nous avons déjà fait ressortir.

MM. Lechatelier et Ricour se sont proposé de supprimer les inconvénients de la marche à contre-vapeur sans sacrifier aucun des avantages qui la caractérisent comme frein. A la suite de longues et laborieuses études, ces deux savants ingénieurs sont parvenus à rendre très pratique l'emploi de la contre-vapeur et à substituer ce frein à la fois si simple et si puissant aux freins à friction, considérés jusqu'ici comme défectueux, du moins au point de vue théorique.

Dans le système de MM. Lechatelier et Ricour, qui a pris un grand essor et trouvé de nombreuses applications, au moment du renversement de la coulisse, on injecte, dans le tuyau d'échappement, un mélange d'eau et de vapeur, emprunté à la chaudière; ce mélange, qui ne tarde pas à prendre la température de 100°, remplace utilement l'air et les gaz de la combustion introduits par l'aspiration du piston. En réglant convenablement la proportion d'eau contenue dans le mélange, on parvient à ce résultat que, à la fin de la période de compression, il n'existe sous le piston que de la vapeur saturée. Toutefois, l'expérience n'a pas entièrement confirmé les avantages du système Lechatelier et Ricour. Ainsi, lorsque la machine marche à de très grandes vitesses, la contre-vapeur est un moyen insuffisant.

Voici en quoi consiste la disposition adoptée par la Compagnie des chemins de fer Paris-Lyon-Méditerranée pour ses locomotives (*fig.* 42).

Au moyen de deux valves R, R', on fait arriver, dans une capacité, un courant de vapeur venant de la chaudière, en traversant un tuyau V et un courant d'eau chaude par un autre tuyau E, partant aussi de la chaudière. Après avoir réglé à volonté la proportion du mélange d'eau et de vapeur, on l'introduit dans le canal d'échappement par la conduite M.

L'observation et une étude approfondie de la marche à contre-vapeur par l'emploi de l'appareil de M. Lechatelier ont conduit aux conclusions suivantes:

On reconnaît l'insuffisance du volume de vapeur injecté

lorsque : 1° il ne s'échappe pas de vapeur par la cheminée ou que cet échappement se produit par jets intermittents; 2° il y a accroissement de pression dans la chaudière, ce qui est indiqué par le manomètre; 3° l'injecteur automateur s'arrête s'il fonctionne, ou ne s'amorce pas s'il est arrêté.

Fig. 42.

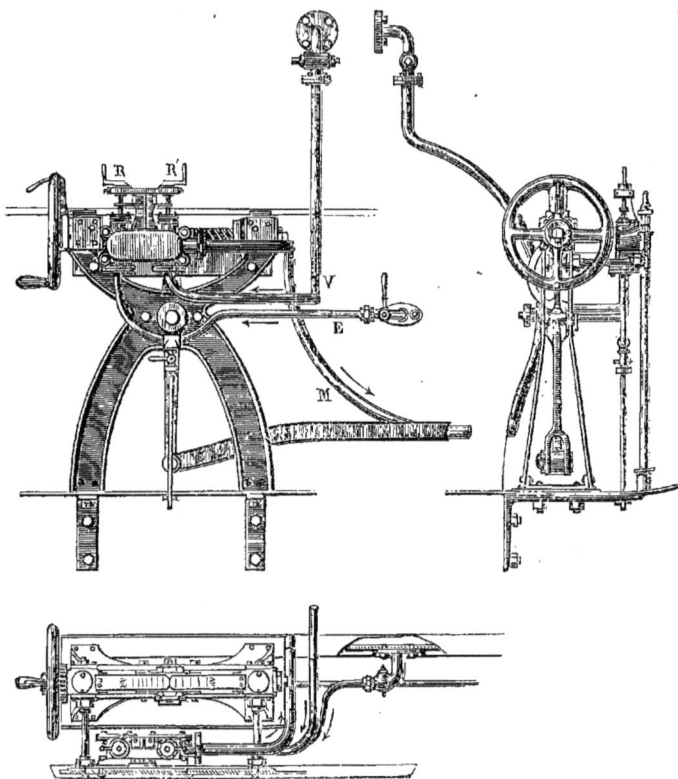

Au contraire, il y a excès de vapeur dans le mélange lorsque, en sortant de la cheminée, le jet de vapeur est très abondant.

Le volume d'eau contenu dans le mélange est insuffisant lorsque : 1° il ne s'échappe pas d'eau par la cheminée; 2° le manomètre indique un accroissement de pression dans la chaudière.

Enfin un débit d'eau, trop considérable, se manifeste par une pluie abondante sortant de la cheminée.

Dans la pratique, on estime que la machine peut fonctionner convenablement, sans faire descendre la proportion de vapeur au-dessous de $\frac{4}{5}$ du volume du mélange.

Les considérations qui précèdent nous apprennent donc que la vapeur employée dans les locomotives, comme force résistante, peut servir à arrêter un train ou du moins à en ralentir la marche. C'est en cela que consiste ce que nous avons désigné sous le nom de *contre-vapeur*. Avant l'application de cette ingénieuse conception, sur les chemins de fer, on employait exclusivement les *freins à friction* dont l'imperfection est manifeste ; car, pour arrêter au moyen de ces appareils la marche d'un train, avant de serrer les freins, il faut d'abord fermer le robinet de la machine, c'est-à-dire que l'on consomme en pure perte, par le travail des résistances passives, la totalité de la force vive correspondant à la vitesse du train. Toutefois, à ce qui vient d'être dit sur la marche à contre-vapeur, nous ferons cette restriction que, de nos jours, on n'a pas renoncé complètement à l'emploi des freins à friction. La marche à contre-vapeur a d'abord été expérimentée sur les chemins à fortes rampes du nord de l'Espagne et a pris un grand développement, surtout en France, en Allemagne et en Suisse. Avec un peu d'attention, le lecteur reconnaîtra que dans la descente d'une rampe, par exemple, une partie du travail moteur produit par la gravité se transforme en chaleur, de sorte que la locomotive emmagasine en descendant une rampe un excès de puissance, dont elle peut disposer pour gravir la pente suivante. Considéré sous ce point de vue, le système de M. Lechatelier, ainsi que le fait si judicieusement remarquer le savant et regretté M. Combes, est une très heureuse application de la théorie mécanique de la chaleur, et de l'équivalence de celle-ci et du travail que nous avons établie par les expériences mémorables de Joule et Hirn (t. IV, p. 60, 68, 72).

CHAPITRE IV.

24. *Distribution à détente variable de M. Farcot.* — Pour opérer la détente, cet habile constructeur se sert d'un tiroir et de deux plaques ou glissières, rendues alternativement solidaires ou indépendantes du tiroir proprement dit (*fig.* 43).

Fig. 43.

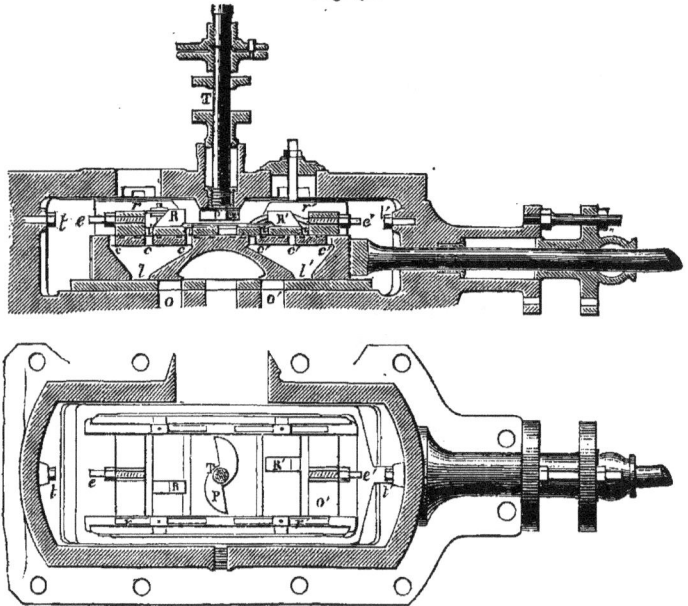

Il est muni de deux orifices *l*, *l'* dont la largeur est un peu plus faible que celle des lumières d'admission correspondantes O et O'. Ces orifices *l*, *l'*, après un élargissement notable, formant deux réservoirs, se terminent sur la seconde face du tiroir où sont pratiqués d'autres orifices équidistants c, c, c et c', c', c', dont la somme des largeurs est égale ou un peu supérieure à celle des lumières d'admission O, O'. Sur le dos du tiroir sont placées les deux plaques ou glissières R, R'; elles sont chacune percées de deux orifices i, i et i', i', dont la largeur et la distance entre eux sont exactement les mêmes que celles des orifices c et c'.

Des ressorts latéraux r et r' maintenus dans des chapes fixées à des oreilles venues de fonte avec le tiroir pressent deux règles parfaitement planes sous lesquelles glissent les deux plaques, de telle sorte que, même sans l'action de la vapeur introduite dans la boîte à tiroir, par l'effet du frottement, ces plaques puissent être entraînées; d'ailleurs, le mouvement est assuré latéralement par deux rebords ménagés sur le tiroir proprement dit.

Au moyen d'une double came P à développante, montée sur un arbre T qui traverse le couvercle de la boîte à tiroir, on peut faire varier la détente en arrêtant le mouvement des plaques sur une partie de la course du tiroir. L'arbre T, qui peut être commandé à la main, est le plus souvent relié au régulateur par l'intermédiaire d'engrenages et de vis sans fin, de manière à maintenir à volonté ou automatiquement la vitesse de régime de la machine.

Deux taquets t, t', fixés aux deux extrémités de la boîte à tiroir, servent à ramener les plaques dans une position telle, qu'à la fin de la course du tiroir les orifices i ou i' soient en regard des orifices c ou c' du tiroir les plus voisins de l'arbre T, tandis que l'arête extérieure de chaque plaque coïncide avec le bord intérieur de la lumière c ou c'. Le tiroir principal est mis en mouvement par un excentrique circulaire, absolument comme celui d'une distribution simple par tiroir à coquille. Il est d'ailleurs très facile d'expliquer le jeu de l'appareil pour obtenir une détente variable.

Pour fixer les idées, considérons le déplacement du tiroir de droite à gauche et supposons que, par suite du mouvement de la manivelle, l'admission de la vapeur soit sur le point de commencer, ce qui aura lieu évidemment si le tiroir s'est écarté de sa position moyenne d'une quantité égale au recouvrement extérieur. Pendant la marche de la machine, la plaque de gauche, entraînée dans le mouvement du tiroir, laissera les lumières c complètement ouvertes, et la vapeur s'introduira dans le cylindre par la partie de l'orifice O que la bande de recouvrement aura démasquée, de sorte que, si la plaque n'existait pas, la machine serait à détente fixe. Le piston étant arrivé à un point quelconque de sa course, si l'on fait tourner la tige sur laquelle est montée la double came, la plaque de gauche viendra buter contre cette came par un talon ou mentonnet dont elle est munie et cessera de participer au mouvement rectiligne du tiroir. Alors les ouvertures c, pratiquées au dos du tiroir, s'engagent sous les parties pleines de la plaque et finissent par être complètement fermées, et, la vapeur ne pouvant plus s'introduire dans le cylindre, la période de détente commence. Quand le tiroir se meut en sens inverse, la plaque sera de nouveau entraînée et les orifices resteront fermés, jusqu'au moment où l'extrémité c de la plaque viendra buter contre le taquet t, fixé, comme nous l'avons dit, à l'un des fonds de la boîte à tiroir; la longueur et la position du taquet doivent être réglés de manière que, après la rencontre du taquet et de la plaque, celle-ci reprenne exactement sa position primitive par rapport au tiroir. Ce que nous venons de dire pour la plaque de gauche s'applique exactement à la plaque de droite qui, d'ailleurs, se comporte comme celle de gauche. Cette description nous fait connaître que l'admission de la vapeur sera d'autant plus restreinte ou la détente plus étendue que les lumières c, c' seront plus étroites par rapport à la course du tiroir, puisque, pour la fermeture complète des orifices, le tiroir doit se déplacer au moins d'une quantité égale à leur largeur, dès l'origine de l'admission de la vapeur dans le cylindre. On peut donc conclure de cette observation relative au mouvement du tiroir que la limite inférieure de la détente correspond au cas où, la manivelle étant au point mort, la plaque vient par un talon buter contre la came, c'est-à-dire lorsque l'orifice O est démasqué d'une quantité égale à l'avance linéaire du tiroir pour l'admission. On peut même descendre au-dessous de cette limite et faire en sorte que les orifices c soient déjà recouverts lorsque la lumière commence à s'ouvrir. Il est évident que, dans ce cas, la vapeur contenue dans les canaux, quoique peu abondante, suffit, en se détendant, à l'entretien de la marche à vide. En donnant à la came une forme convenable, de manière que, dans une certaine position, elle ne soit pas rencontrée par le mentonnet de la plaque, le tiroir fonctionne comme un tiroir ordinaire, et l'on obtient ainsi le maximum d'admission de la vapeur. Au moyen de l'appareil imaginé par M. Farcot en 1838, et malgré le degré de perfection qu'il a acquis entre les mains de cet habile ingénieur, on ne peut, en aucun cas, faire commencer la détente au delà de la moitié de la course du piston; car, quel que soit le diagramme adopté pour l'étude du mouvement du tiroir, on voit parfaitement que, le piston ayant à peu près accompli la moitié de sa course, à cet instant le tiroir commence à rétrograder. Il est donc manifeste que, si alors les orifices ne sont pas fermés, ils ne sauraient l'être pendant l'autre partie de la course du piston, puisque, en vertu du changement de sens du mouvement du tiroir, les talons des plaques s'éloignent de plus en plus de la came. Dans l'établissement de la distribution de M. Farcot, la partie la plus importante consiste dans la détermination de la courbure qu'il convient de donner à la came afin que, entre les limites indiquées, on puisse faire commencer la détente en un point donné de la course du piston. Cette première question étant résolue, il y aura lieu de chercher quelle position en travers devra occuper la came, pour que la condition du degré de détente soit satisfaite. On donne généralement à la came la forme d'une développante de cercle, et comme les mêmes phénomènes doivent se produire pour les deux courses opposées du piston, on comprend la nécessité d'une came double.

Sur la forme de la came adoptée par les constructeurs, M. Resal, dans son *Traité de Mécanique générale*, fait l'observation suivante :

« Les praticiens emploient la développante de cercle, ce que rien ne justifie; de sorte que, comme il n'y a pas d'élément géométrique commun entre la came et le taquet, la percussion n'a lieu que sur le bord de ce dernier. »

Le même savant ajoute :

« La forme la plus convenable à donner aux cames, en

supposant qu'elles doivent être identiques, est la spirale loga-
rithmique, qui est également inclinée sur ses rayons vecteurs, en donnant la même inclinaison aux taquets. Il en
résulte, il est vrai, des composantes transversales, des per-
cussions; mais cela est sans inconvénient, en raison du mode
de guidage adopté; toutefois, jusqu'à nouvel ordre, nous lais-
serons indéterminée la forme des cames. »

Quand le mouvement de la came n'est pas automatique,
elle est manœuvrée extérieurement à la boîte à tiroir par une
manivelle, montée sur son axe et munie d'une aiguille, assujettie à parcourir les divisions d'un limbe fixé sur cette boîte.
La graduation de ce limbe indique la position que doit occuper
l'aiguille, selon le point de la course du piston où doit commencer la détente.

De même que pour une distribution simple par tiroir à coquille, on peut appliquer les diagrammes étudiés plus haut à
l'établissement d'une détente variable, au moyen du tiroir de
M. Farcot.

25. *Application du diagramme orthogonal de M. Fauveau
à la détente variable de M. Farcot.* — Par la méthode indiquée plus haut, traçons le diagramme, en tenant compte des
obliquités de la bielle. Soit AMNP (*fig.* 44) la courbe qui le
représente. Puisque la came doit être construite de manière que la machine puisse être arrêtée au moment même
où le piston est parvenu à fond de course, et, d'autre part,
que la vapeur soit à volonté admise pendant toute la durée de
cette course, on comprend que l'on doit *a priori* chercher le
rayon de la circonférence à développer pour que ces deux conditions soient satisfaites. Il est manifeste que la dernière condition sera remplie si le talon de la plaque n'a pas buté contre
la came, au moment où le tiroir commence son mouvement
rétrograde, ce qui ordinairement a lieu quand le piston a
parcouru la moitié de sa course; donc le rayon de la circonférence à développer, le tiroir étant dans sa position moyenne,
sera égal à la moitié de la distance comprise entre les deux
plaques, diminuée de la demi-course du tiroir. Quant à la
première condition, c'est-à-dire pour empêcher la machine
de marcher, il faut que le point le plus éloigné de la came se

trouvè sur la tangente bx au cercle de rayon O b ($fig.$ 45), à une distance bc égale au rayon O b augmenté de la demi-course

Fig. 44.

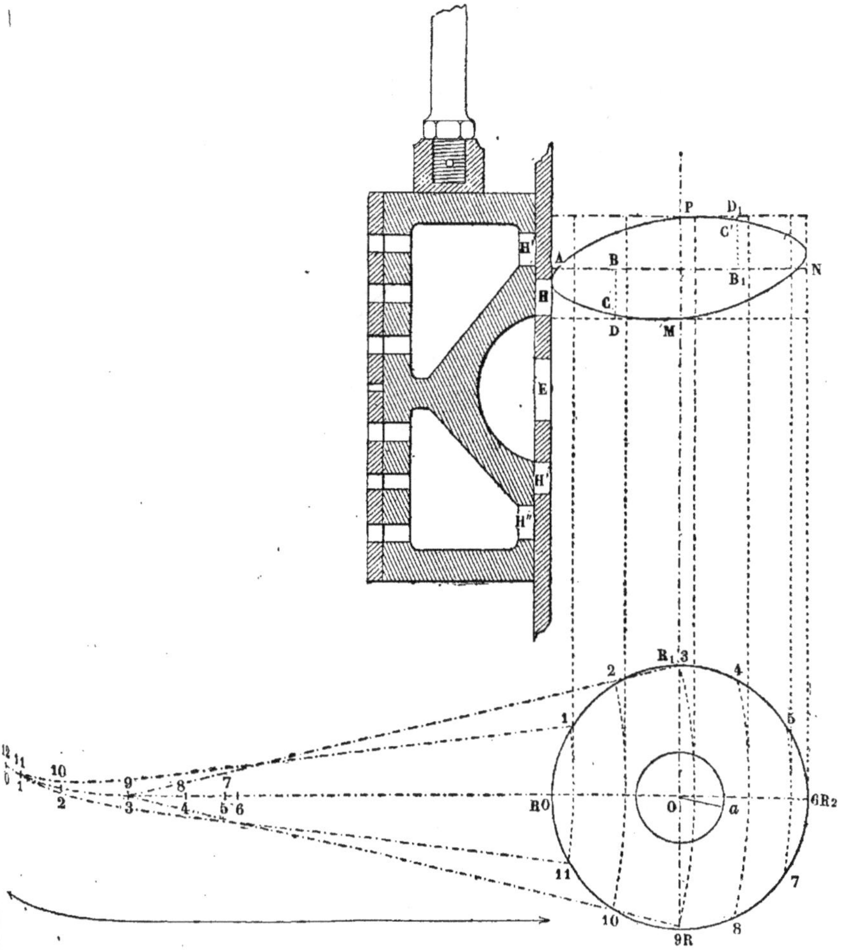

du tiroir. Il est visible en effet que, dans cette position, le talon de la plaque porte sur la came et qu'il y aura arrêt, au moment même où le piston commencera à se mouvoir. On obtiendra l'origine d de la développante par l'enroulement de la tangente *bc*, à partir du point *b* sur la circonférence de rayon O*b*. Pour trouver la position de la came correspondant à l'admission de la vapeur pendant toute la durée de la course, remarquons que, dans ce cas, la plaque doit participer au mouvement du tiroir sans fermeture des orifices; ce qui aura lieu si l'on fait tourner la came, de manière à permettre au talon de la plaque d'arriver à une distance de l'axe égale au rayon O*b* de la circonférence à développer. Si donc, à partir du point *d*, nous prenons un arc *dm* de longueur égale au rayon O*b*,

Fig. 45.

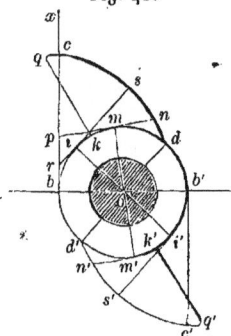

la tangente *mn* limitée à la développante sera égale à O*b* et devra remplacer la tangente *bc* dans la position occupée par cette dernière, afin que la machine marche à pleine vapeur pendant la course entière du piston. En prolongeant *mn* jusqu'à la rencontre de *bc* au point *p*, on détermine un angle *cpn* qui représente la rotation de la came, à partir de la position d'arrêt, afin que la marche de la machine ait lieu sans détente, abstraction faite de celle produite par le recouvrement extérieur du tiroir principal. Pour éviter le choc du talon de la plaque sur l'angle de la came, on prolonge la développante d'une petite longueur *cq* et en joignant *q* au point O, on aura la forme définitive de la came.

Nous renvoyons le lecteur à l'épure, relative au paragraphe suivant, où nous donnons la théorie de la détente. Farcot par l'application de la sinusoïde. Le tracé de la came a été opéré avec toute la précision désirable.

Proposons-nous maintenant de trouver les points de la développante, qui correspondent à divers degrés de détente. La solution exige l'emploi du diagramme orthogonal que nous avons tracé. S'il s'agit, par exemple, de trouver la position de la came pour une détente commençant au quart de la course du piston, prenons sur AN (*fig.* 42) une longueur $AB = \dfrac{AN}{4}$ et menons l'ordonnée BC, que nous prolongerons jusqu'à la rencontre en D de la tangente, menée au point le plus bas M de la courbe de réglementation. Ainsi, quand l'écart du tiroir, à partir de sa position moyenne, est mesuré par l'ordonnée BC, il lui reste encore à parcourir le chemin CD pour atteindre la limite inférieure de sa course; mais, à cet instant, les orifices pratiqués au dos du tiroir doivent être fermés, pour que la détente puisse commencer au quart de la course du piston; il est donc évident que le talon de la plaque devra buter contre la came à une distance de l'axe O égale à CD, augmentée de la hauteur de l'une des ouvertures et du rayon O b. En prenant, à partir de l'origine d de la développante, un arc di égal à la somme de ces longueurs, la tangente is représentera le rayon vecteur de la développante qui devra occuper la position bc pour une détente au quart de la course du piston, et l'angle crs sera l'angle de rotation de la came. En procédant d'une manière identique, on déterminera également les points de la développante correspondant à des détentes au $\frac{1}{3}$, au $\frac{1}{5}$, au $\frac{1}{6}$, etc., de la course du piston.

Mais, pour que la came puisse opérer la détente quand la vapeur agit sur la face opposée du piston, la courbure doit être modifiée de manière à tenir compte des obliquités de la bielle. Examinons en quoi consiste cette modification. Lorsque la tangente bc sera verticale, la tangente de sens opposé au point b' du cercle O b sera parallèle à bc et, comme on doit aussi pouvoir arrêter la glissière quand le tiroir est dans sa position moyenne, la longueur de cette tangente sera égale à bc. Le point d', diamétralement opposé au point d, sera l'origine de la développante qui convient à la seconde came, et l'on obtiendra encore d'autres points de la courbe en prenant, par exemple, pour une détente commençant au quart de la course ascendante, une longueur $c's' = C_1 D_1 + O b$, augmentée de l'une des ouvertures.

10.

A l'inspection du diagramme, on voit immédiatement que le point le plus élevé P et le point le plus bas M de la courbe rapportés à la droite AN ne se trouvent pas sur la même verticale, ce qui provient de l'obliquité de la bielle, dont nous avons tenu compte. Il suit de là qu'une détente peut ne pas avoir lieu au même point pour deux courses successives du piston. Dans ce cas, on prend pour détente minima celle qui correspond au point extrême le plus rapproché de l'origine de la course. Quelques mécaniciens prennent souvent la moyenne des distances, mais seulement lorsque la différence des distances est relativement grande. D'ailleurs, nous indiquerons plus loin la méthode pratique suivie pour modifier la came de manière que cet inconvénient disparaisse.

26. *Application de la sinusoïde à la même détente.* — Cette courbe, dont nous avons déjà fait connaître l'utilité comme

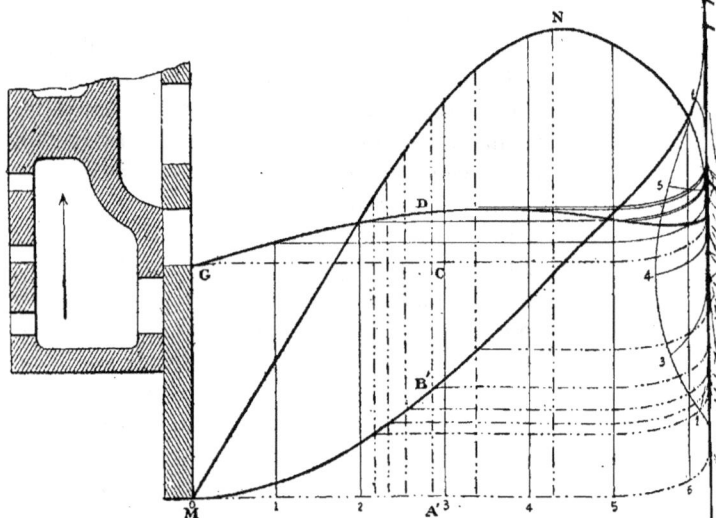

courbe de réglementation, en même temps que nous en avons opéré le tracé, peut, comme le diagramme orthogonal, servir à régler le tiroir de la distribution Farcot. A cet effet,

par les méthodes connues, construisons les trois courbes
suivantes (*fig.* 46) :

1º **MSQ**, loi du mouvement de la manivelle et du piston;

2º **GHI**, sinusoïde représentant la loi du mouvement du
tiroir et de la manivelle;

3º **MNA, APQ**, courbes représentant, par leurs ordonnées,
la vitesse du piston, pour deux pulsations successives.

La came se construit exactement comme nous l'avons indiqué dans le paragraphe précédent, c'est-à-dire en vertu de
ce principe, qu'au moyen du mécanisme Farcot il doit
toujours y avoir possibilité de faire marcher la machine à
pleine vapeur pendant une course entière du piston, de même
que l'on doit pouvoir à volonté arrêter le mouvement. Nous
avons vu comment on arrive ainsi à trouver l'origine de la
développante, et le point de cette courbe le plus éloigné de
l'axe de rotation sur lequel la came est montée. Enfin, par

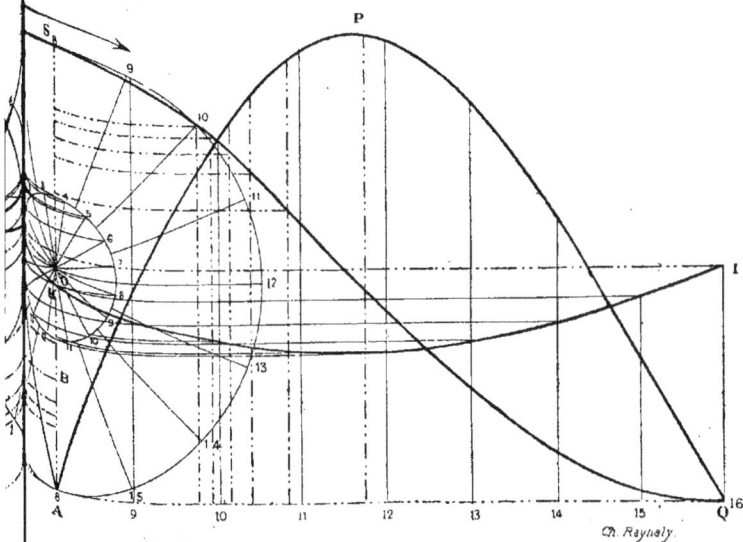

Ch. Raynaly.

l'observation du diagramme orthogonal, nous avons pu trouver
les angles de rotation de la came correspondant à divers degrés
de détente.

Par l'emploi de la sinusoïde comme courbe de réglementation, les choses se passent absolument de la même manière.
Ainsi, pour élucider la question, proposons-nous de trouver la
position de la came, comme dans le paragraphe précédent,
pour une détente commençant au quart de la course du piston.
Prenons, à partir du point A, une longueur AB, égale au quart
de AS qui représente la course totale du piston, et par le point
B menons BB′ parallèle au développement A′AQ de la circonférence de la manivelle. L'ordonnée du point B′ rencontre la
sinusoïde en un point D de cette courbe, tel que son ordonnée
DC représente l'écart du tiroir, à partir de l'axe GI, et la distance du point D à la tangente au point le plus élevé de la
sinusoïde fera connaître le chemin que doit encore parcourir
le tiroir avant de rétrograder. Par conséquent, cette distance,
augmentée de la hauteur de l'un des orifices et du rayon, du
rayon minima de la came, représentera la longueur de la
tangente à la développée, limitée à la développante. Cherchant la position de cette ligne sur la figure et se rappelant
qu'elle doit être verticale pour une détente au quart de la
course du piston, on obtiendra facilement l'angle de rotation
de la came, et par suite la position qu'elle doit occuper. On
procéderait identiquement pour obtenir tous les degrés de
détente compris entre l'origine et la moitié de la course du
piston.

Le mouvement de rotation qui doit amener la came dans la
position correspondante au degré de détente donné est produit à l'extérieur de la boîte à tiroir au moyen d'une manivelle montée sur l'arbre de la came. Cette manivelle est munie
d'une aiguille assujettie à parcourir les divisions d'un limbe
circulaire fixé sur la boîte à tiroir. Pour obtenir un degré de
détente donné entre les limites que comporte la construction
de l'appareil, il suffit de faire tourner l'arbre de la came, de
manière que l'aiguille soit en regard de la division correspondant à la position du piston dans le cylindre. La *fig.* 47 représente le limbe avec sa graduation obtenue au moyen du diagramme et des angles des tangentes à la développante avec
la verticale (*fig.* 48). Sur le cadran (*fig.* 47), la notation O
indique la position de l'aiguille quand il y a arrêt, et PV la
position qu'elle doit occuper pour que la machine marche à

pleine pression. Les divisions intermédiaires comprises dans l'angle formé par les rayons extrêmes se rapportent aux degrés

Fig. 47.

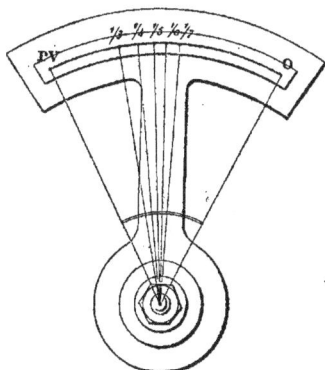

Fig. 48.

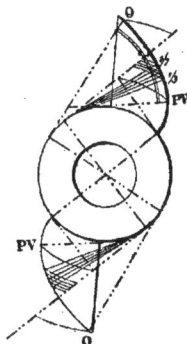

de détente pour lesquels la graduation a été établie d'après le tracé de l'épure. Les *fig.* 49 et 5o représentent respective-

Fig. 49.

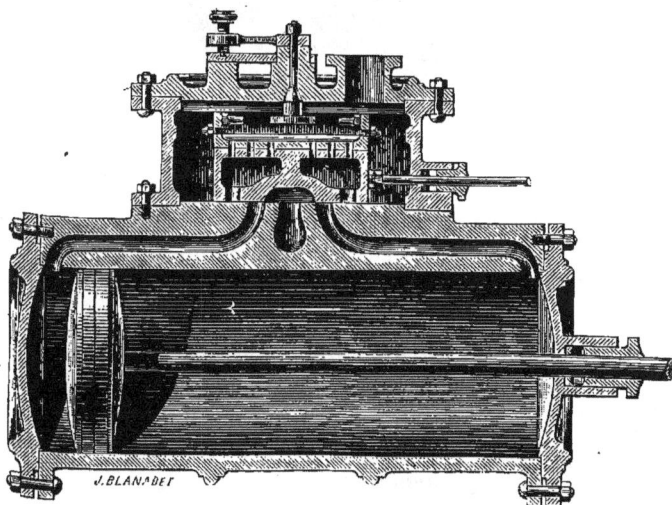

ment les coupes dans le cylindre par un plan vertical et par un plan horizontal.

MM. Guillemin (de Casamène) et Thomas, ingénieur des arts et manufactures, ont proposé de remplacer la double came à développante de cercle par un coin que l'on peut faire descendre plus ou moins profondément et contre les faces latérales duquel viennent buter deux oreilles obliques venues respectivement de fonte avec les deux glissières. Contrairement

Fig. 5o.

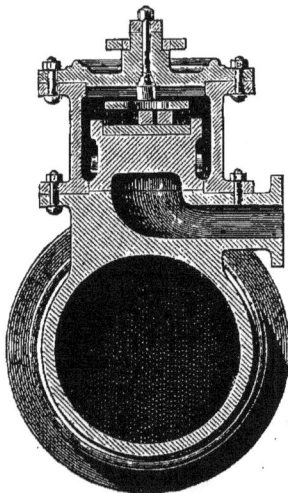

à ce qui se passe dans une distribution simple par tiroir à coquille, la compression reste la même, quel que soit le degré de détente, ce qui n'est pas l'un des moindres avantages que présente le système Farcot.

27. *Application du diagramme polaire de Zeuner à la même distribution.* — Ce diagramme, dans la question dont il s'agit, est d'une application très facile, si toutefois nous négligeons la longueur de la bielle, ce qui peut se faire sans erreur notable. Dans cette hypothèse, les points de détente seront symétriques par rapport aux deux lumières d'admission. Opérons d'abord le tracé graphique relatif au mouvement du tiroir et rappelons, d'après ce qui a été dit plus haut, que les écarts de ce tiroir, à partir de la position moyenne, sont mesurés par les cordes de deux cercles tangents dont les diamètres sont égaux à l'excentricité.

Soient XX, YY deux axes rectangulaires (*fig.* 51). Du point A comme centre décrivons une circonférence de rayon AR égal à la longueur de la manivelle et faisons au point A avec la

Fig. 51.

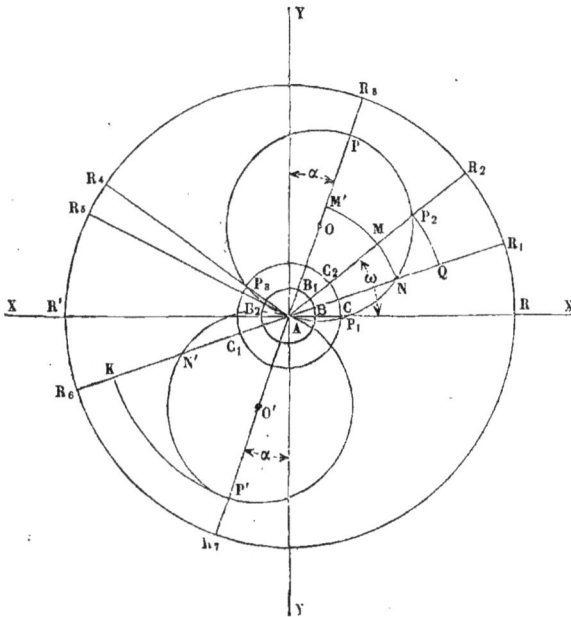

droite AY un angle YAP égal à l'angle d'avance α. Sur les diamètres AP, AP′ égaux à l'excentricité, décrivons les deux cercles tangents dont les rayons vecteurs du point A représentent les écarts linéaires du tiroir correspondant aux diverses positions de la manivelle. Enfin du point A comme centre décrivons deux cercles concentriques de rayons AB, AC respectivement égaux aux recouvrements intérieur et extérieur. Nous aurons ainsi tous les éléments nécessaires pour l'étude du mouvement du tiroir principal, c'est-à-dire que si nous admettons pour un instant la suppression des plaques de détente, nous nous trouverons absolument dans le cas d'une distribution simple par tiroir à recouvrement.

Quand la manivelle est au point mort dans la position AR, l'écart du tiroir, mesuré depuis sa position moyenne, est représenté par la corde AP_1 du cercle supérieur, et l'orifice d'admission du cylindre sera découvert d'une quantité CP_1 égale, comme nous l'avons établi plus haut, à l'écart du tiroir $AP_1 = e$, diminué du recouvrement extérieur AC. Au même instant, ainsi que l'indique le diagramme, l'orifice d'échappement est démasqué d'une quantité BP_1 égale à l'écart du tiroir BP_1, diminué du recouvrement intérieur AB.

Supposons que la manivelle, à partir du point mort, ait tourné d'un certain angle ω et qu'alors elle occupe la position AR_2. Le diagramme montre encore que l'écart du tiroir est mesuré par le rayon vecteur AP_2. Par suite, les orifices d'admission et d'échappement seront démasqués sur des hauteurs respectivement égales à $C_2 P_2$ et $B_1 P_2$. Enfin, par l'observation des longueurs progressives des rayons vecteurs du cercle du tiroir, depuis le point mort de la manivelle, on voit que la valeur maxima de l'écart sera représentée par AP et que la position correspondante de la manivelle se confondra avec cette direction. Le mouvement de rotation de la manivelle continuant, les rayons vecteurs du cercle supérieur du tiroir décroissent graduellement, ce qui indique que les orifices d'admission et d'échappement se rétrécissent de plus en plus et que le mouvement du tiroir a changé de sens. L'orifice d'admission sera complètement fermé lorsque la manivelle occupera la position AR_4, qui passe par le second point d'intersection P_3 du cercle du tiroir avec le cercle de rayon égal au recouvrement extérieur; car, dans ce cas, l'écartement linéaire est précisément égal au recouvrement extérieur. De même l'orifice d'échappement sera recouvert pour la position AR_5 de la manivelle passant par le point d'intersection B_2 du cercle du tiroir avec celui du recouvrement intérieur. Il est très facile de représenter, au moyen du même diagramme, toutes les circonstances du mouvement des plaques de détente.

Remarquons à cet effet que la plaque participe entièrement au mouvement tant qu'elle n'est pas en contact avec la came et que son extrémité ne touche pas l'arrêt disposé au fond de la boîte de distribution. Il suit de là que si, sur la plaque de détente et sur le tiroir proprement dit, nous prenons deux points qui se correspondent, la loi du mouvement commun à ces deux points, c'est-à-dire leurs écarts, à partir de la position moyenne du tiroir, sera représentée par l'un des deux cercles que nous avons tracés, selon le sens du mouvement du piston. Supposons maintenant que, la manivelle ayant décrit un certain angle, le talon de la plaque vienne buter contre la came, ou bien encore que l'extrémité de cette plaque rencontre le taquet du fond de la boîte. En vertu de la constitution organique de la distribution, la plaque passera à l'état de repos, et par suite le point que nous avons considéré restera à une distance constante de l'axe d'oscillation du tiroir. Ainsi, selon les positions de la manivelle correspondant aux butées de la plaque contre la came, les positions successives du point pris sur la plaque, c'est-à-dire ses distances à l'axe d'oscillation, pourront être indiquées, pendant cette phase du mouvement, par un arc de centre A et de rayon égal au rayon vecteur du cercle du tiroir à l'instant même où la glissière a été arrêtée par la came.

Ces considérations générales nous permettront d'expliquer sans peine les conditions dans lesquelles peut être opérée la détente pour une position donnée de la manivelle. Prenons pour exemple la détente qui correspond à la position AR_2. Dans le paragraphe précédent, nous avons vu que la détente commencera à cette position de la manivelle si la plaque est arrêtée par la came à une distance du point de détente égale à la hauteur des orifices pratiqués au dos du tiroir. Portons sur AP_2, à partir du point P_2, une longueur P_2M égale à la hauteur des orifices c et si, du point centre A avec AM pour rayon, on décrit un arc de cercle MN qui coupe le cercle supérieur du tiroir au point N, le rayon vecteur AN sera l'écart du tiroir à partir de sa position moyenne, au moment du choc du talon de la glissière contre la came. En décrivant du point A comme centre avec le rayon AP_2 un arc de cercle limité en Q à sa rencontre avec AR_1, il est évident que, dans l'hypothèse où N représentera le bord gauche de l'orifice c, l'arête de la partie pleine de la glissière sera en Q, puisque $NQ = MP_2 = c$, hauteur de l'orifice. Tandis que la manivelle continue à tourner au delà de la position AR_1 les écarts du rebord N de l'orifice c ne cessent pas d'être représentés par les cordes du cercle supérieur du tiroir, mais le point M, conservant la même position par rapport à la ligne moyenne du tiroir, se trouvera constamment sur un cercle de centre A et de rayon $AQ = AP_2$. Quand la manivelle occupe la position AR_2 passant par le point M, les orifices c du tiroir sont exactement fermés par les parties pleines de la glissière. Depuis le point M jusqu'au point M', c'est-à-dire pour l'angle de rotation $R_2 A R_3$ décrit par la manivelle, la plaque recouvre de plus en plus les orifices, et dès que la manivelle a atteint la position AR_3 correspondant à la fin de cette période du mouvement, le recouvrement de ces orifices est le plus grand possible, ce qui est manifeste, puisque, dans ce cas, l'écart du tiroir est maximum.

On comprend donc que le mouvement de rotation de la manivelle continuant, le recouvrement des orifices du tiroir à partir de M reste constant; car les rayons vecteurs du cercle supérieur diminuent graduellement, ce qui indique que le tiroir rétrograde, et de plus les positions relatives des parties pleines de la glissière et des orifices sont toujours les mêmes. On peut donc, en se basant sur cette observation des particularités présentées par le diagramme, exprimer graphiquement toutes les phases de la détente. Il suffit, à cet effet, de tracer la manivelle dans différentes positions et de porter intérieurement, à partir du point où chaque direction rencontre le cercle du tiroir, des longueurs égales à PM'. La ligne continue passant par les points ainsi obtenus représente le limaçon de Pascal.

En poussant plus loin l'étude du diagramme, nous voyons que le recouvrement des lumières c des orifices du tiroir reste aussi le même jusqu'au moment où la manivelle vient occuper la position AR_6 directement opposée à AR_1; en ce point la plaque de détente, rencontrant le taquet du fond de la boîte de distribution, passe à l'état de repos, mais le tiroir à cet instant étant écarté de sa position moyenne, seulement d'une quantité égale à AN', il lui reste encore à parcourir un chemin représenté par $KN' = AP' - AN'$, c'est-à-dire la hauteur de l'orifice augmentée de la quantité dont il est recouvert. Il suit de là que la manivelle occupant la position AR_7, qui passe par le point P′, les orifices c du tiroir sont entièrement découverts et se trouvent absolument dans la même position qu'avant la butée du talon de la plaque contre la came.

Au moyen du diagramme, on peut trouver tous les éléments indispensables à la construction de la double came. Cet organe peut affecter des formes diverses; mais une des plus commodes est la développante du cercle telle que M. Farcot l'a adoptée. Dans la recherche du diamètre du cercle générateur de cette développante, il importe de fixer *a priori* la grandeur de l'angle dont la came doit tourner pour passer de la détente minima à la détente maxima. Cet angle limite a déjà été déterminé au moyen du diagramme orthogonal ou de la sinusoïde, mais dans le cas seulement où l'appareil peut être manœuvré à la main. Généralement, la question n'est pas traitée ainsi pour les machines où le régulateur commande directement la came de détente.

Appelons :

θ l'angle limite;

d le diamètre du cercle générateur;

e le déplacement du talon de la plaque pour passer de l'une des détentes limites à l'autre.

D'après l'une des propriétés de la développante, le déplacement e représentera la différence des rayons vecteurs de cette courbe pour les positions de la came correspondant aux détentes maxima et minima.

Nous aurons donc la relation suivante :

$$\frac{360}{\theta} = \frac{\pi d}{e},$$

d'où

$$e = \pi d \, \frac{\theta}{360} \quad \text{et} \quad d = e \, \frac{360}{\pi \theta}.$$

Le diamètre du cercle générateur étant connu, pour construire la came, il suffit de connaître un rayon vecteur de la développante. Si l'on se reporte à ce que nous avons dit dans les deux paragraphes précédents, il nous sera bien facile de trouver le rayon vecteur de cette courbe, puisque la came doit pouvoir empêcher la marche de la machine, ce qui implique naturellement le contact du talon de la plaque avec cette came, au moment même où le piston est sur le point de commencer sa course.

Le rayon vecteur maximum est donc égal, le tiroir étant dans sa position moyenne, à la moitié de la distance des talons des deux glissières, diminuée de la demi-course du tiroir.

Si nous rappelons encore qu'au moyen de ce mécanisme il faut que la vapeur puisse agir en plein sur la surface du piston pendant toute la durée de sa course, on comprend que, pour satisfaire à cette condition, le talon des glissières entraînées par le tiroir ne saurait buter contre la came, ce qui existera si le talon peut parvenir librement à une distance de l'axe de la came égale au rayon du cercle générateur. Nous aurons ainsi un second rayon de la développante, et par suite cette courbe pourra être facilement construite. Il est de la plus haute importance, dans l'établissement d'une distribution par le système Farcot, que les talons des glissières ne soient pas trop éloignés de l'axe de l'arbre sur lequel la came est montée ; car, s'il en était autrement, on serait conduit à donner à la came des dimensions exagérées.

De tout ce qui précède, nous pouvons conclure que le diagramme polaire de M. Zeuner peut sans difficulté être appliqué à tous les degrés de détente que comporte l'appareil de M. Farcot. Ainsi, par exemple, si nous voulons que la détente commence au quart de la course du piston, nous cherchons la position correspondante de la manivelle et, après cette première opération, on exécute le même tracé graphique que précédemment.

L'épure polaire que nous avons tracée se rapporte exclusivement au cas où la bielle est supposée infinie, ce qui peut toujours être admis dans la pratique, si la longueur de la bielle motrice est relativement grande par rapport à celle de la manivelle. Cependant, si l'on voulait procéder rigoureusement, c'est-à-dire tenir compte des obliquités de la bielle, il suffirait de recourir à la méthode exposée plus haut. Les épures relatives aux deux paragraphes précédents ont été ainsi exécutées. On peut d'ailleurs corriger l'erreur commise, dans l'hypothèse de la bielle infinie, si l'on a soin, comme le conseille M. Zeuner, de faire la came un peu plus courte d'un côté que de l'autre, la partie la plus longue se trouvant du côté de l'orifice d'admission correspondant à la plus petite partie du cercle décrit par la manivelle pour chaque demi-course du piston, mais cette modification ne dispense en aucune façon de chercher les véritables positions de la manivelle par le tracé graphique que nous avons indiqué. Les constructeurs parviennent au même résultat en faisant les deux parties de la came parfaitement identiques; mais, au moment où ils règlent le tiroir de distribution, ils retouchent à la lime la came qui doit être la plus courte. C'est expérimentalement que l'on détermine les quantités dont les rayons vecteurs de la seconde partie de la came doivent être diminués pour avoir des points de détente symétriques par rapport aux deux orifices ou, en d'autres termes, pour que la détente commence toujours au même point de la course du piston. Supposons, par exemple, que la came qui n'a pas besoin d'être modifiée soit dans une position telle que la détente commence au cinquième de la course du piston; alors, pour modifier la courbure de la seconde partie de la came qui doit servir à opérer la détente au même point, en agissant sur le volant, on fait tourner l'arbre de couche de la machine, de manière qu'à la pulsation suivante le piston parvienne également au cinquième de sa course. Pour que la détente ait lieu, il faut que les orifices du tiroir soient à ce moment exactement fermés bord à bord, par les parties pleines de la came; mais, comme la seconde partie de la came est trop longue, chaque partie pleine de la glissière dépasse l'arête de l'orifice correspondant du tiroir d'une certaine quantité qui représente précisément la longueur dont la came doit être diminuée. En procédant de la même manière pour d'autres points, on obtient exactement la courbure de la seconde partie de la came pour que la détente soit symétrique par rapport aux deux lumières d'admission.

28. *Distribution Meyer.* — Ce constructeur emploie pour ses machines, soit fixes, soit locomotives, une distribution à détente variable que MM. Farinaud et Legavriand (de Lille) ont adaptée à leurs machines vers 1849. Elle a également été adoptée par M. Powell pour les machines de bateaux. Dans cette distribution, appliquée aux machines fixes, on emploie

la coulisse de Stephenson, mais uniquement pour opérer le changement de marche.

Le tiroir proprement dit est formé d'une plaque PP′ percée de deux canaux *cc′* (*fig.* 52 et 53), et présentant en son milieu

Fig. 52.

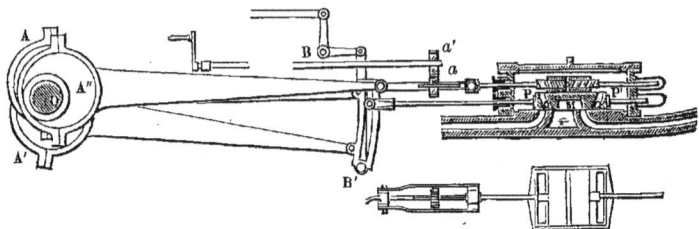

une cavité **M** pour l'échappement de la vapeur. Quand ces canaux sont en regard des lumières du cylindre, la vapeur s'introduit alternativement des deux côtés du cylindre, si l'orifice supérieur correspondant n'est pas masqué par le *tiroir auxiliaire dit de détente.* Ce tiroir est formé par l'assemblage de deux plaques munies de deux écrous filetés en sens contraire. La tige qui commande les plaques est également filetée; le filet est *dextrorsum* pour l'une des plaques et *sinistrorsum* pour l'autre. La hauteur du pas est d'ailleurs la même dans les deux parties filetées de la tige. On comprend donc que si, au moyen d'un mécanisme que nous décrirons plus loin, on fait tourner la tige filetée, les deux plaques de détente s'écarteront ou se rapprocheront, selon le sens du mouvement de rotation. Quand les plaques sont en contact ou à peu près, la somme de leurs longueurs doit être telle qu'il existe entre les bords extérieurs et les bords intérieurs des orifices *c, c′* un espace assez grand pour qu'elles puissent accomplir leur course sans fermer ces orifices, ou du moins sans les couvrir assez pour gêner le passage de la vapeur. Le mouvement du tiroir de distribution, pour chaque position de la barre d'excentrique conductrice, est le même que si le tiroir était directement commandé par cette barre, exactement comme dans une machine à connexion directe. Le tiroir de détente formé par l'assemblage des deux plaques au moyen de la tige filetée reçoit le mouvement d'un excentrique circulaire spécial muni d'une

bielle et dont l'angle d'avance est de 90°, c'est-à-dire que le
calage de cet excentrique est tel que le mouvement des plaques
a toujours lieu en sens contraire du mouvement du piston.
Or, comme le tiroir de distribution marche dans le sens du
piston pendant la première moitié de sa course et en sens inverse pendant l'autre moitié, le mouvement des plaques sera
d'abord opposé à celui du piston, et ensuite ces deux organes
marcheront dans le même sens.

Les *fig.* 53 représentent les deux tiroirs de distribution et

Fig. 53.

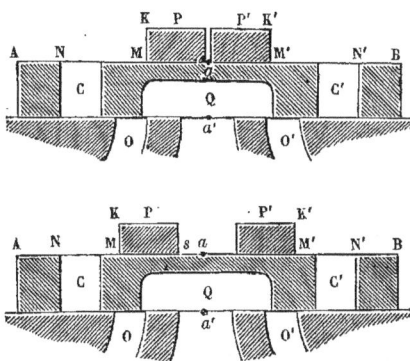

de détente dans leur position moyenne, en supposant toutefois que dans l'une les plaques se touchent ou à peu près,
tandis que dans l'autre elles aient été éloignées d'une cer-

Fig. 54.

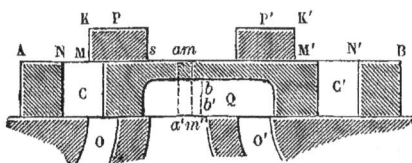

taine quantité; la *fig.* 54 représente les deux tiroirs dans une
position quelconque.

On opère la détente au moyen de ce mécanisme, en écar-
tant les plaques d'une quantité suffisante pour qu'elles ferment

les orifices c, c' au moment où le piston est parvenu en un point donné de sa course. Pour régler les tiroirs, il importe donc de déterminer exactement les points où arrivent les bords extérieurs des orifices c, c', pour en déduire la position correspondante des arêtes des plaques. La théorie de la détente Meyer comprend trois parties distinctes : 1° *longueur qu'il convient de donner aux plaques de détente; 2° distance des arêtes des plaques aux orifices c, c'; 3° mécanisme servant à produire l'écartement des plaques pour une détente donnée.* Comme pour la distribution de M. Farcot, on peut indifféremment faire l'application du diagramme orthogonal de Fauveau, de la sinusoïde ou du diagramme polaire de Zeuner.

Pour éviter toute confusion dans les constructions graphiques que nous allons opérer, nous ferons observer que la course de l'excentrique des plaques de détente est plus grande que celle de l'excentrique du tiroir de distribution; d'autre part, l'excentricité sera diamétralement opposée à la manivelle, puisque nous avons dit que l'angle d'avance de l'excentrique de détente est de 90°. Après avoir construit le diagramme orthogonal pour les deux bords de l'orifice m, n (*fig.* 55) en prenant AA', DD' pour lignes moyennes, cherchons la relation qui existe entre le mouvement des plaques et celui du piston. Comme les espaces parcourus par les plaques sont très approximativement proportionnels aux chemins décrits par le piston, la loi de ce mouvement relatif sera représentée par une droite KK', si l'on suppose la bielle infinie, et par une courbe dont le rayon de courbure sera très grand, dans le cas d'une bielle de longueur déterminée.

La courbe ASA' se rapportant au bord inférieur n de l'orifice supérieur H' du tiroir, et KK' représentant la loi du mouvement de la plaque par rapport à celui du piston, on voit aisément que la plaque pourra être amenée dans une position telle, que le bord N de cette plaque se trouve à la hauteur du bord n de l'orifice, et même le dépasse sans que l'orifice H' du tiroir de distribution soit couvert d'une quantité suffisante pour empêcher l'introduction de la vapeur dans le cylindre. Au moyen du diagramme orthogonal, ces positions relatives du tiroir et des plaques pourront être représentées en traçant la droite K_1K_2 parallèle à KK', de manière qu'elle devienne

Fig. 55.

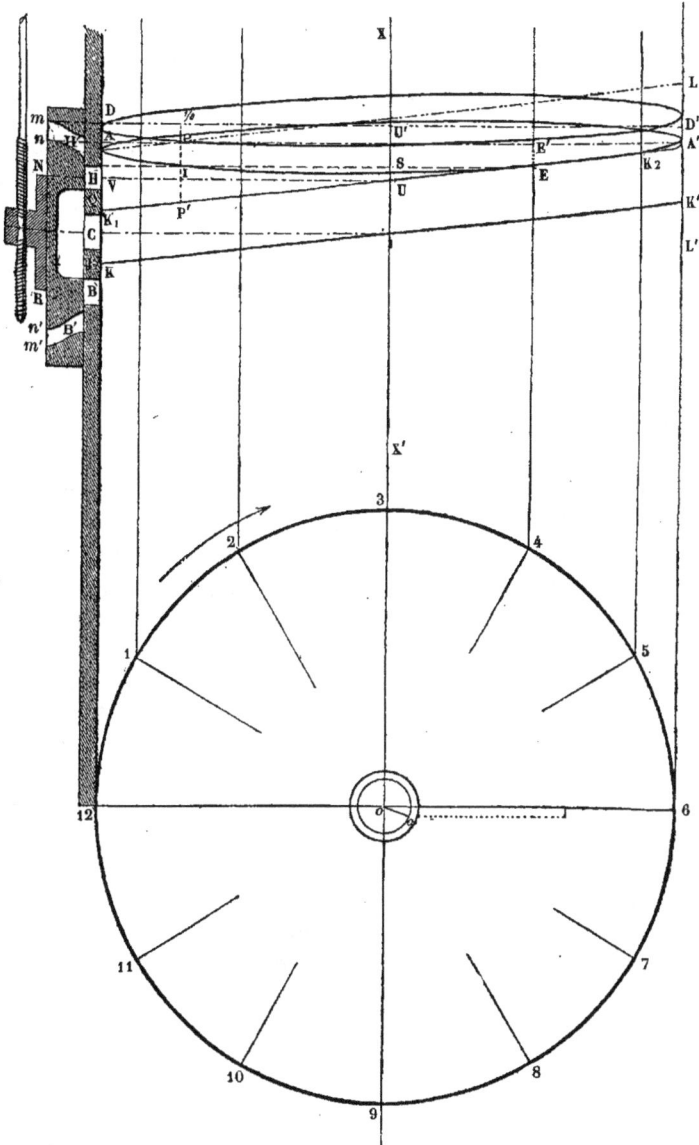

tangente à la courbe ASA' et même la coupe suivant une
corde telle que, dans cette position, l'orifice H' du tiroir de
distribution soit moins rétréci par la plaque que la lumière
H du cylindre par le recouvrement extérieur. Au moment où
la plaque de détente a accompli la moitié de sa course, le
bord supérieur N est à une hauteur U marquée par l'horizontale VU menée au point U, où la droite $K_1 K_2$ rencontre la
verticale XX' du centre de la manivelle. D'autre part, le tiroir
étant dans sa position moyenne, le bord inférieur n de l'orifice H' se trouve à hauteur de l'horizontale AA' et, par suite,
la longueur UU' comprise entre les deux horizontales AA', VU
représentera la distance du bord N de la plaque au bord n de
l'orifice du tiroir, quand ces deux organes de la distribution
sont à la fois dans leur position moyenne. Or, comme cette
même distance doit exister à la partie inférieure, entre l'arête R
de la seconde plaque de détente et le bord n' de l'orifice inférieur B', il s'ensuit qu'en ajoutant à $Nn + Rn'$, ou $2Nn$, la hauteur totale des deux plaques supposées en contact, on aura la
distance des orifices H', B' du tiroir de distribution. Avec ces
données, il sera donc très facile de construire le tiroir. Pour
obtenir la hauteur totale des plaques, rappelons que dans les
machines à haute pression, à détente et à condensation, on
ne fait jamais commencer la détente avant le $\frac{1}{6}$ ou le $\frac{1}{8}$ de la
course du piston. Admettons, pour plus de sécurité, que le
tiroir soit construit de manière à obtenir la détente maxima.

A partir du point A, sur AA' représentant la position
moyenne du tiroir, portons une longueur AP égale à la huitième partie de la course du piston, et par le point P menons
a verticale PP' qui rencontre au point P' la droite $K_1 K_2$ et
aux points P et I les diagrammes relatifs aux bords extérieurs m, n du tiroir. La parallèle PL à $K_1 K_2$ représentera la
nouvelle ligne de réglementation de la plaque supérieure,
lorsque le bord supérieur de l'orifice sera parvenu en P. Dans
l'hypothèse du contact des plaques et quand le piston a accompli la huitième partie de sa course, l'arête N de la plaque
supérieure se trouve à hauteur du point P'; par conséquent,
la longueur PP' représentera, à ce moment, la distance du
bord supérieur de l'orifice du tiroir à l'arête de la plaque,
quand la machine marche à pleine vapeur. Or, si la détente doit

commencer au $\frac{1}{8}$ de la course du piston, l'orifice, à cette limite, doit être couvert par la plaque, ce qui implique que le point N de la plaque se confond avec le point m ou bien le point P' avec le point P. Ainsi, pour une détente commençant à la huitième partie de la course du piston, la plaque doit être écartée de sa position première d'une quantité égale à la longueur PP', et, par suite, l'écart des deux plaques l'une par rapport à l'autre sera représenté par 2PP'. L'observation du diagramme met en évidence ce fait remarquable que la plaque couvre de plus en plus l'orifice et que, si elle n'avait pas une longueur suffisante, il arriverait un instant où, dans son mouvement ascensionnel, elle découvrirait en dessous l'orifice du tiroir. Cet inconvénient sera évité si l'on donne à chaque plaque une hauteur PP' égale à la distance comprise entre les deux parallèles $K_1 K_2$ et PL augmentée de $0^m,002$ ou $0^m,003$. Ainsi la distance comprise entre les deux orifices contournés du tiroir principal sera égale à $2UU' + 2PP' + 0^m,002$. Avec ces données, il sera très facile d'établir la distribution et de déterminer l'écartement des plaques correspondant à une détente quelconque. Supposons, par exemple, qu'il s'agisse de résoudre la question, dans le cas où la détente doit commencer à la moitié de la course du piston. A cet effet, à partir du point A, prenons une longueur AU' égale à la moitié de la course du piston et, au point U', traçons l'ordonnée UU'. Remarquons que, pour cette position du piston, le bord supérieur m de l'orifice se trouve sur l'horizontale du point U' et l'arête N de la plaque sur celle du point U. Donc, l'écartement de la plaque sera UU', puisque, à ce moment, l'arête de cette plaque doit être en regard du bord supérieur m de l'orifice du tiroir. En procédant de la même manière, on déterminerait également l'écartement des plaques pour des détentes commençant au $\frac{1}{6}$, au $\frac{1}{5}$, au $\frac{1}{4}$, etc. de la course du piston. Le diagramme montre encore que la détente ne peut commencer vers les points voisins de l'extrémité de la course du piston; car le point de contact de l'ellipse du tiroir et de la droite qui représente la loi du mouvement des plaques se trouvant, comme l'indique le tracé, à une petite distance de la limite de la course, si, à partir de ce point, correspondant au chemin que le piston doit encore parcourir pour compléter sa course, on ferme l'orifice, il se découvrira aussitôt et la vapeur sera admise dans le cylindre. Donc, pour produire efficacement la détente, il faut que l'orifice, une fois fermé, ne se découvre plus ou du moins ne se découvre que si l'orifice H' du tiroir de distribution a cessé d'être en regard de la lumière d'admission H du cylindre. Les deux orifices H, H' se quittent au point de la course du piston correspondant à l'horizontale menée par le bord supérieur de l'orifice H du cylindre. Or, comme cette horizontale rencontre le diagramme au point E, en projetant ce point sur AA', on obtiendra un point E' tel que sa distance AE' au point A représentera la fraction de la course du piston au delà de laquelle la détente ne pourra pas commencer, ou, en d'autres termes, le point E' correspondra à la détente minima.

L'épure a été construite dans l'hypothèse où la loi du mouvement des plaques est représentée par une ligne rigoureusement droite, ce qui signifie que les bielles sont infinies ou que leur longueur est relativement très grande par rapport à celle de la manivelle ; de plus, nous avons admis implicitement que, pour deux pulsations successives du piston, les choses se passaient absolument de la même manière. Dans la pratique, il n'en est jamais ainsi, attendu qu'en des points symétriques des deux courses du piston les bielles font des angles inégaux avec l'axe du mouvement de rotation. On serait donc amené, pour opérer la détente régulièrement, à donner des pas différents aux deux filets *dextrorsum* et *sinistrorsum* de la tige qui conduit les deux plaques de détente. Pour obvier à cet inconvénient, on se contente de rendre très approximativement égaux les écartements des deux plaques.

La méthode à suivre pour déterminer l'écartement des plaques étant connue, occupons-nous maintenant de l'appareil au moyen duquel on peut l'obtenir. Il est clair que, cet écartement étant exprimé en millimètres, le quotient obtenu, en divisant la longueur de cet écartement par le pas de la vis également exprimé en millimètres, représentera le nombre de tours de la tige filetée pour obtenir l'écartement des plaques qui convient à une détente donnée.

Différents mécanismes ont été employés pour imprimer à la tige le mouvement de rotation en vertu duquel les plaques doivent s'écarter. A l'époque où le mode de distribution qui vient d'être décrit fut adopté par les constructeurs français, M. Meyer proposa l'appareil suivant :

La tige qui commande les plaques de détente se compose de deux parties A et B (*fig.* 56) ; celle qui est filetée, A, porte

Fig. 56.

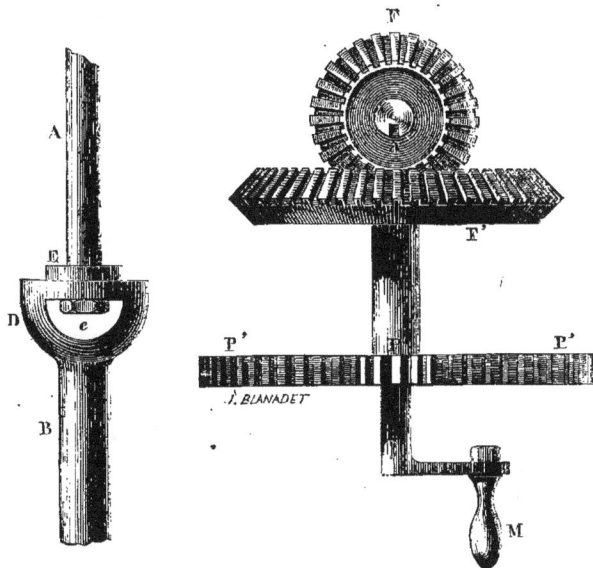

.J. BLANADET

à son extrémité inférieure une embase E, suivie d'une portée cylindrique que l'on introduit dans une ouverture circulaire pratiquée à une douille D, qui termine le haut de la seconde partie de la tige; un écrou *e* disposé dans l'intérieur de la douille empêche la partie A de se séparer de la partie B, tout en lui permettant de tourner par la portée cylindrique dans l'ouverture de la douille. Le mouvement de rotation est communiqué à la tige par une roue conique F, placée en dehors du tiroir à la partie supérieure; un argot rectangulaire, fixé à l'intérieur de la roue, peut se mouvoir dans une rainure *a* pratiquée le long de l'axe, de sorte que la roue conique F peut librement monter et descendre, sans prendre le mouvement de rotation. Cette roue conique engrène avec une autre roue F′, et le rapport des diamètres est $1:2$ ou $1:3$; sur l'axe de la roue F′ est monté un pignon P, engrenant avec une roue cylindrique P′P′ dont le diamètre est cinq ou six fois plus grand que celui du pignon. Le mouvement est imprimé à tout le système au moyen d'une manivelle M adaptée à l'axe du pignon. D'après le rapport des organes de la transmission, on comprend sans peine que, pour un tour de la manivelle M, la roue F et la tige des plaques en font trois; par suite, chaque plaque s'écarte de sa position première d'une quantité égale à deux ou trois fois le pas de la vis. De même, pour une révolution de la manivelle ou du pignon P, la grande roue cylindrique fera $\frac{1}{2}$ ou $\frac{1}{3}$ de tour selon le rapport de la transmission. Réciproquement, quand la tige des plaques fera un tour, la roue conique F′ fera $\frac{1}{2}$ ou $\frac{1}{3}$ de tour, de même que le pignon P qui a le même axe, et, de plus, la grande roue cylindrique fera $\frac{1}{3} \times \frac{1}{5} = \frac{1}{15}$ ou bien $\frac{1}{3} \times \frac{1}{6} = \frac{1}{18}$ de tour. Supposons que le pas de la vis soit de $0^m,008$. Alors les plaques pourront être écartées, pour un tour de la grande roue, de $8 \times 15 = 0^m,120$ ou de $8 \times 18 = 0^m,144$; mais, dans la pratique, on n'a jamais un si grand écartement à obtenir, de sorte que l'appareil, étant construit dans ces conditions, pourra largement suffire à l'indication de tous les degrés de détente.

À l'axe de la grande roue cylindrique est adaptée une aiguille, pouvant parcourir un cadran circulaire dont les divisions indiquent les positions qu'elle doit successivement occuper, pour les différents degrés de détente. Un exemple suffira à faire connaître comment on opère la graduation. S'il s'agit de déterminer la position de l'aiguille, quand la détente doit commencer au quart de la course du piston, on cherche sur le diagramme l'écartement de chaque plaque correspondant à cette détente et, en multipliant cette longueur par le rapport de la transmission $\frac{1}{15}$ ou $\frac{1}{18}$, on aura la fraction de tour que devront à la fois accomplir l'aiguille et la grande roue P′, pour que la détente de la vapeur puisse commencer au quart de la course. Le point zéro du cadran correspond au contact des plaques, c'est-à-dire à la marche de la machine à pleine vapeur. On procéderait exactement de la même manière pour obtenir les divisions correspondant à d'autres degrés de détente.

Pour obtenir l'écartement des plaques, quelques constructeurs emploient la disposition suivante, qui est beaucoup plus simple.

L'extrémité extérieure de la tige du tiroir a une section carrée sur une certaine longueur et traverse à frottement doux une roue dentée a de même axe qu'elle ne peut entraîner, et dans laquelle elle peut glisser longitudinalement pendant le mouvement du tiroir (*fig.* 52). La roue engrène avec un pignon a' monté sur une tige horizontale a'B, terminée par une manivelle au moyen de laquelle on imprime le mouvement de rotation au système pour obtenir l'écartement des plaques.

Aujourd'hui, dans les machines du système Meyer, pour agir de l'extérieur sur la tige filetée et la faire tourner de la quantité qui convient à la détente voulue, les mécaniciens emploient un mécanisme plus commode. Voici en quoi il consiste :

La tige traverse la boîte à tiroir par une seconde garniture, et son prolongement l (*fig.* 57) vient s'engager dans une douille D fixe, qui sert à guider le mouvement rectiligne. Cette douille est ajustée dans un mamelon M, appartenant à une console qui sert de support et peut y librement tourner sur elle-même, sans se déplacer longitudinalement, attendu qu'elle est arrêtée par des goupilles g, qui, après avoir traversé le mamelon M, s'introduisent dans une gorge circulaire creusée à la circonférence de la douille.

La tige l et la douille étant réunies ensemble au moyen d'une longue clef, on comprend qu'en agissant sur un volant V, calé sur la douille on fait aisément tourner la tige filetée qui commande les plaques de détente, sans mettre obstacle à son mouvement de translation dans le sens longitudinal.

Pour régler le point de détente au moyen de cet appareil, on se sert d'un index I, vissé à la douille D, que l'on a prolongée et filetée à l'extérieur du mamelon M. Cet index porte un petit appendice qui s'appuie contre un arrêt fixe rendu solidaire du mamelon M et l'empêche d'être entraîné par la douille, lorsqu'on imprime à celle-ci le mouvement de rotation. De cette disposition, il résulte donc que le mouvement circulaire étant imprimé à la douille, immédiatement l'index se meut longitudinalement et, par les positions qu'il occupe,

Fig. 57.

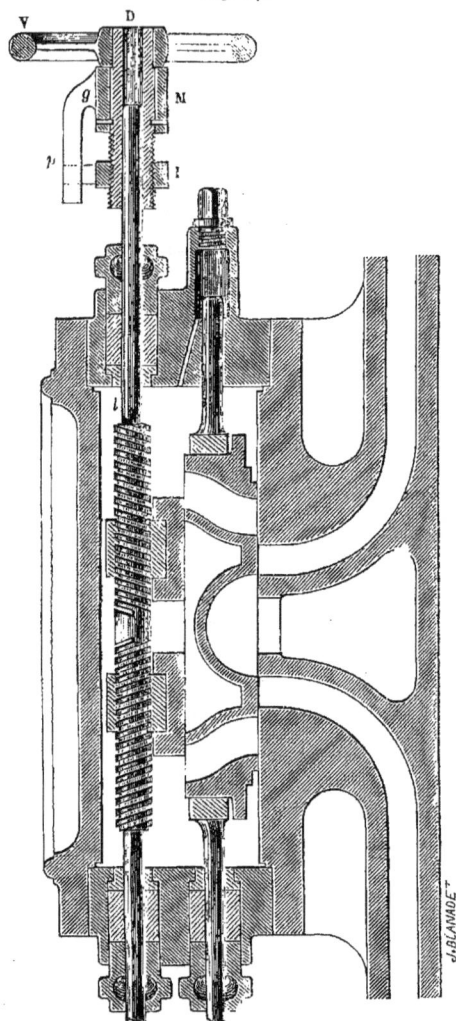

indique tous les degrés de détente possibles dans les limites
que comporte la construction du tiroir. En procédant d'une

manière analogue à celle que nous avons déjà employée pour la graduation du premier dispositif, on trouverait facilement les divisions que doit successivement parcourir l'index, selon les degrés de détente que l'on se propose d'obtenir; mais, dans tous les cas, il faut, au moyen du diagramme, chercher d'abord l'écartement de chaque plaque à partir de sa position première, et, en divisant la longueur de cet écartement par la hauteur du pas de la vis, on aura le nombre de tours que doit faire la tige de commande. Cette question une fois résolue, on trouve sans difficulté les différents points de division où l'index doit être amené pour les divers degrés.de détente.

Le système de distribution adopté par M. Meyer, dès 1849, a été l'objet de vives controverses entre les ingénieurs les plus renommés de notre époque. Quelques-uns prétendent qu'avec ce mode de distribution la détente de la vapeur dans le cylindre est forcément resserrée entre des limites fort étroites, tandis que d'autres, notamment M. Zeuner, après de sérieuses études, constatent que, pour les machines fixes, on ne peut employer une distribution meilleure que celle de M. Meyer, surtout quand on veut opérer la détente au moyen de deux tiroirs. On ne saurait contester cependant que cet appareil simple et ingénieux n'est pas exempt de défauts. Ainsi on lui reproche avec raison de ne pas permettre, comme dans la détente Farcot, d'atténuer les inégalités dues à l'influence de la bielle. A la rigueur, on pourrait y parvenir, en donnant aux parties filetées de la tige de commande des pas différents, comme nous l'avons déjà indiqué, ce qui aurait pour résultat de déplacer les plaques de quantités inégales, à partir du contact, et de rendre les erreurs commises presque insensibles. Mais cette correction n'empêcherait pas l'usure des parties frottantes et, par suite, le jeu qui se produit toujours, entre les écrous et la vis, après un certain temps de marche. On sait, d'ailleurs, combien il est difficile de conserver les enduits lubrifiants dans l'intérieur de la boîte à tiroir, où règne constamment une température très élevée par la présence de la vapeur. Ces inconvénients sont largement compensés par les avantages qu'ont mis en lumière de longues et consciencieuses observations, et, dans l'état actuel de l'art de la construction des machines à vapeur, on s'accorde à reconnaître que le système Meyer produit de longues détentes, lorsque les dimensions des divers organes de la distribution ont été convenablement choisies.

29. *Application du diagramme polaire à la distribution Meyer.* — Considérons une machine fixe dont le mouvement a toujours lieu dans le même sens.

Soient (*fig.* 58) :

Fig. 58.

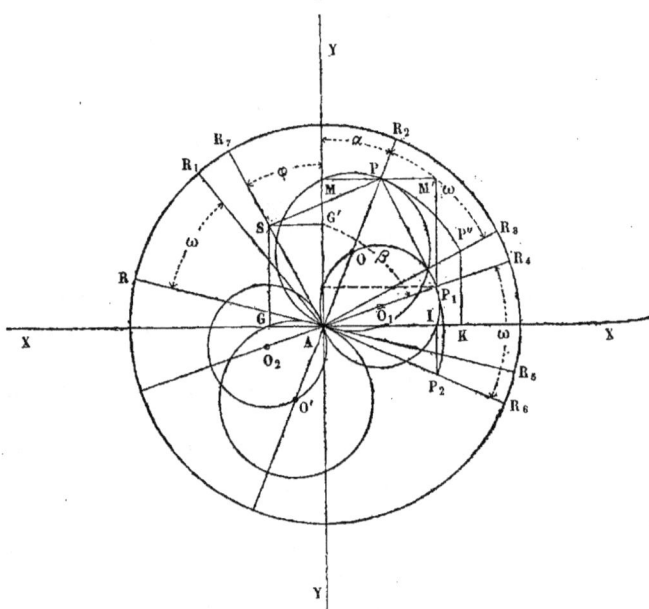

A le centre de rotation de la manivelle ;

AX la direction du mouvement du tiroir ;

AR la position de la manivelle à l'un des points morts ;

$AP = r$ le rayon d'excentricité de l'excentrique du tiroir ;

$XAP = 90° + \alpha$ l'angle obtus, formé par cette excentricité avec le plan de mouvement du tiroir ;

$YAR_2 = \alpha$ l'angle d'avance ;

$AP_1 = r_1$ l'excentricité de l'excentrique conduisant les plaques de détente ;

$YAP_1 = \beta$ l'angle d'avance de cet excentrique;

ω l'angle de rotation pour une position quelconque de la manivelle;

e l'écart du tiroir de sa position moyenne correspondant à l'angle de rotation ω;

e' l'écart de la plaque de détente correspondant au même angle.

Supposons que la manivelle tourne, à partir du point mort, d'un angle $RAR_1 = \omega$ et vienne occuper la position AR_1. De même l'excentricité $AP = r$ viendra en AP'', correspondant à la position AR_3 de la manivelle, et l'excentricité $AP_1 = r_1$ en AP_2, après avoir décrit l'un et l'autre le même angle ω. Si, des points P'' et P_2, nous abaissons les perpendiculaires $P''K$, P_2I sur AX, dans l'hypothèse des barres d'excentriques infinies, les écarts du tiroir de distribution et des plaques de détente, à partir de leur position moyenne, seront respectivement représentés par les longueurs AK, AI. En considérant le triangle rectangle AKP'', on aura, pour la valeur $AK = e$ du premier écart,

$$e = AP'' \sin A\,P''K = r \sin A\,P''K.$$

Or l'angle

$$A\,P''K = YAP'' = \alpha + \omega;$$

donc, en substituant,

$$e = r \sin(\alpha + \omega).$$

Pareillement, du triangle $A\,P_2I$, on déduit pour la valeur de $AI = e'$

$$e' = AP_2 \sin A\,P_2I = r_1 \sin A\,P_2I.$$

Les deux angles $A\,P_2I$ et YAP_2 étant supplémentaires, leurs sinus seront égaux et de même signe, et il viendra par substitution

$$e' = r_1 \sin YAP_2 = r_1 \sin(\beta + \omega).$$

Avant de représenter par une construction graphique ces deux équations du mouvement du tiroir et des plaques, il importe d'étudier *a priori* les positions relatives du tiroir de distribution et des lpaques de détente, de même que leurs dispositions, dans les trois cas différents que nous avons déjà indiqués (p. 171).

D'après la première figure (*fig.* 53), le tiroir et les plaques sont dans leur position moyenne; mais il ne peut en être ainsi que dans l'hypothèse où ces deux tiroirs ne sont pas reliés à leurs excentriques; car, dans ce cas, ils ne pourraient occuper sur la glace du cylindre les positions indiquées; de plus, la figure montre que les deux plaques de détente sont en contact ou à peu près.

Désignons par l la longueur des plaques, représentée sur la figure par $a\mathrm{M} = a\mathrm{M}'$, et par L la distance du centre d'oscillation a du tiroir au bord extérieur de chacun des orifices $\mathrm{L} = a\mathrm{N} = a\mathrm{N}'$. Si nous considérons la deuxième figure (*fig.* 53), on voit que les deux tiroirs sont encore dans leur position moyenne, mais les plaques de détente ne sont plus en contact, de sorte qu'en représentant par x le déplacement as de chacune d'elles vers l'extérieur, et par y la distance du bord extérieur d'un orifice à la nouvelle position de l'arête extérieure de la plaque, on aura

$$y = \mathrm{L} - l - x.$$

Supposons maintenant que les deux tiroirs ne soient pas dans leur position moyenne et que, pour un angle de rotation ω décrit par la manivelle, leurs positions relatives soient représentées par la *fig.* 54. Remarquons que, le tiroir de distribution et les plaques de détente, quel que soit l'écartement de celles-ci, étant dans leur position moyenne, les milieux de la distance des deux plaques et de la longueur du tiroir se confondront au point a situé sur l'axe d'oscillation, ou, en d'autres termes, pour cette position du tiroir, le point a est sur la perpendiculaire élevée sur le plan de la glace du cylindre au point a', milieu de la hauteur du canal d'échappement. Il sera donc facile de trouver au moyen de la figure les écarts du tiroir et des plaques correspondant à leurs positions relatives; car, le centre d'oscillation étant constamment fixe, pour mesurer les écarts, il suffira de chercher les distances respectives des milieux du tiroir et de l'écartement des plaques à l'axe d'oscillation. Ainsi, pour les positions indiquées par la figure, l'écartement du tiroir est représenté par $a'b' = ab$ et celui de chaque plaque par $a'm' = am$.

A l'inspection de la figure, on reconnaît sans difficulté que, au même instant, la hauteur h de l'ouverture du canal de passage, augmentée de l'écart du tiroir, est égale à la quantité désignée précédemment par $y = L - l - x$ augmentée de l'écart de chaque plaque, de sorte que nous pourrons poser

$$h + e = y + e',$$

d'où

$$h = y + e' - e,$$
$$h = y - (e - e'),$$

et, en remplaçant y par sa valeur, on aura

$$h = L - l - x - (e - e').$$

Les relations que nous venons d'établir permettent donc de résoudre deux questions fort importantes, relatives à la distribution de M. Meyer. L'écart des deux tiroirs, pour une position quelconque de la manivelle, est représenté par la formule d'une distribution simple; et pour la même rotation, on obtient facilement la quantité h dont l'orifice de la plaque est découvert; car, la distribution étant établie et fonctionnant. les valeurs de L et l sont connues. Quant à la valeur de x, on voit que, pour une distribution donnée, elle est toujours égale à la moitié de la distance comprise entre les deux plaques de détente. Cette théorie diffère essentiellement de celle qui a été donnée par l'application du diagramme orthogonal; elle est, en quelque sorte, la réciproque de la première, puisque l'on suppose connus tous les éléments constitutifs du tiroir. Toutefois, nous verrons plus loin que, par une étude plus approfondie du diagramme polaire, on peut résoudre les questions que nous nous sommes déjà proposées. Il sera d'ailleurs facile de reconnaître que, par l'emploi du diagramme polaire, on détermine plus rapidement les écarts des deux tiroirs et l'ouverture des orifices que par l'application des formules précédentes.

Méc. D. — **V.**   12

Soient (*fig*. 59) **XX**, **YY** deux axes rectangulaires, **A** l'axe de rotation et **AX** la direction du mouvement du tiroir. Au point **A**, menons une droite **AP** qui forme avec **AY** un angle **YAP** égal à l'angle d'avance α du tiroir de distribution, et au même point traçons une autre droite **AP$_1$**, telle que **YAP$_1$** soit

Fig. 59.

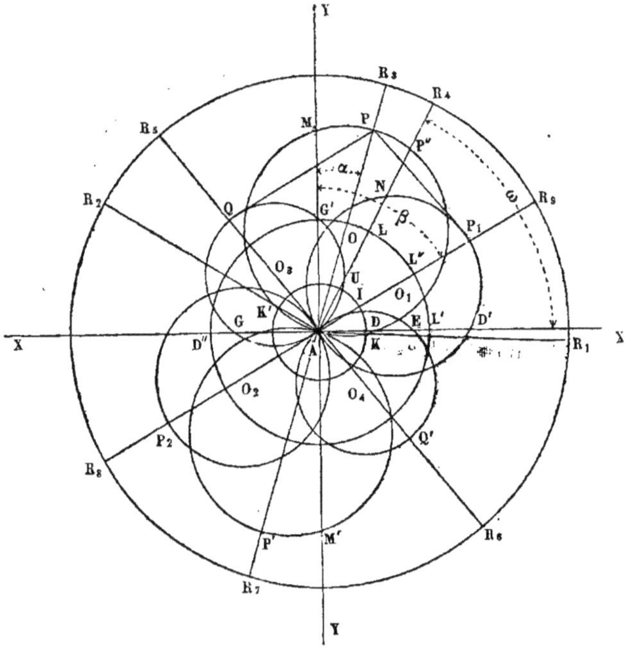

l'angle d'avance β de l'excentrique qui commande les plaques de détente. Les cercles décrits sur les diamètres **AP**, **AP$_1$**, respectivement égaux aux excentricités r et r_1, seront les cercles du tiroir et des plaques. Dans le cas actuel, le recouvrement intérieur étant nul, pour compléter le diagramme polaire, il suffira de décrire du point **A** comme centre un cercle dont le rayon **AI** soit égal au recouvrement extérieur. Comme nous l'avons fait déjà plusieurs fois, par l'observation de la grandeur des rayons vecteurs du cercle supérieur, nous déterminerons les écarts du tiroir à partir de sa position moyenne et, par suite, les quantités dont l'orifice du cylindre est ouvert ou fermé pour des positions données de la manivelle. Il est donc inutile de revenir sur cette étude ; nous nous contenterons de faire remarquer que, la manivelle occupant la position AR_1, qui correspond au point d'intersection K du cercle du tiroir et du cercle du recouvrement, l'orifice d'admission du cylindre commencera à se découvrir, puisque, à cet instant, l'écart linéaire est précisément égal au recouvrement extérieur. Au second point d'intersection K' des mêmes cercles, qui correspond à la position AR_2 de la manivelle, l'orifice sera fermé de nouveau.

Considérons maintenant le mouvement des plaques de détente et supposons, pour en apprécier l'influence sur l'introduction de la vapeur, que la manivelle ait tourné, à partir de AX, d'un angle $XAR_4 = \omega$. Le rayon vecteur AP'' représentant l'écart du tiroir qui correspond à la position AR_4 de la manivelle, par analogie, le rayon vecteur AN du cercle des plaques de détente représentera l'écart de celles-ci, compté depuis la position moyenne.

Nous avons trouvé plus haut, pour la valeur de l'ouverture du canal de passage,

$$h_1 = L - l - x - (e - e').$$

Avec un peu d'attention, on voit immédiatement que NP'' représente sur le diagramme, à l'échelle adoptée pour le tracé, la différence $e - e'$ des écarts du tiroir de distribution et de la plaque de détente, lorsque la manivelle occupe la position AR_4.

Puisque la distribution est établie, on peut relever directement sur le tiroir la longueur représentée par

$$L - l - x = y,$$

et l'on aura, pour la valeur de l'ouverture,

$$h_1 = y - P''N.$$

Dans la pratique, il est beaucoup plus commode de relever directement sur l'épure la valeur de h_1, sans déterminer préalablement la valeur de y. Voici en quoi consiste le procédé proposé par M. Zeuner. A partir du centre de rotation A sur la direction AR_4 de la manivelle, on porte une longueur $AU = NP''$, égale à la différence $e - e'$ des écarts du tiroir et des plaques de détente, qui correspondent aux angles de rotation décrits par la manivelle, et les longueurs telles que AU, ainsi que nous allons le démontrer, sont les rayons vecteurs d'un troisième cercle dont la fonction consiste à faire connaître toutes les valeurs que peut prendre la variable $e - e'$. Remarquons sur la figure représentant la troisième position du tiroir que la différence $e - e'$, que, pour plus de simplicité, nous appellerons e'', n'est autre chose que la distance comprise entre le milieu du tiroir de détente et le milieu du tiroir de distribution pour une position donnée de la manivelle. En se servant des formules trouvées plus haut, nous aurons

$$e - e' \quad \text{ou} \quad e'' = r \sin(\alpha + \omega) - r_1 \sin(\beta + \omega)$$

ou

$$e'' = r \sin\alpha \cos\omega + r \sin\omega \cos\alpha - r_1 \sin\beta \cos\omega - r_1 \sin\omega \cos\beta,$$

que l'on peut encore mettre sous la forme suivante :

$$e'' = -(r_1 \sin\beta - r \sin\alpha) \cos\omega + (r \cos\alpha - r_1 \cos\beta) \sin\omega.$$

Au moyen de cette relation, on trouvera pour chaque déplacement de la manivelle le mouvement relatif de la plaque de détente par rapport au tiroir de distribution. On peut donc conclure de là que, le tiroir de distribution étant supposé à l'état de repos, il n'y aura absolument aucune modification apportée aux phénomènes qui se produisent, si les plaques de détente se meuvent sur la glace du cylindre suivant la loi représentée par l'équation précédente. Pour donner à cette équation une forme plus simple, faisons

$$r_1 \sin\beta - r \sin\alpha = A \quad \text{et} \quad r \cos\alpha - r_1 \cos\beta = B,$$

on aura

$$e'' = -A \cos\omega + B \sin\omega.$$

En se reportant à ce qui a été dit (p. 52), on reconnaît que cette dernière relation représente l'équation polaire de deux cercles tangents dont le pôle se confond avec le point de contact. Pour construire les cercles dont les cordes représentent

$e'' = e - e'$, à partir du centre de rotation A (*fig.* 59), portons sur AX une longueur AG égale au facteur A de la formule, et, comme la valeur de A est affectée du signe —, cette longueur doit être prise à gauche du centre de rotation. De même, à partir du point A, prenons sur AY au-dessus de XX une longueur AG′ égale à la quantité B de la formule ; le cercle passant par les trois points A, G, G′ donnera immédiatement par ses cordes les distances telles que $e - e'$, du milieu du tiroir de détente au milieu du tiroir de distribution. En prolongeant AQ au-dessous de XX d'une quantité AQ′ = AQ, et en faisant la même opération, on obtient un second cercle dont les cordes représentent les écarts sur la droite, tandis que le cercle supérieur AQ se rapporte aux écarts sur la gauche. On reconnaît d'ailleurs que les écarts ont lieu sur la gauche ou sur la droite à partir de l'axe d'oscillation, selon que la manivelle, en tournant, passe dans le cercle supérieur AQ ou dans le cercle inférieur AQ′. Au moyen de ces deux cercles auxiliaires, on peut certainement résoudre toutes les questions relatives à la marche des plaques de détente, comparée à celle du tiroir de distribution ; mais leur tracé, tel que nous l'avons indiqué, est peu commode, puisqu'il faut *a priori* résoudre les deux équations

$$A = r_1 \sin\beta - r \sin\alpha,$$
$$B = r \cos\alpha - r_1 \cos\beta.$$

Il est donc de la plus haute importance pour le praticien d'avoir à sa disposition un procédé plus simple et plus expéditif.

A cet effet (*fig.* 58), prenons deux longueurs AG, AG′ respectivement égales à A et B, puis menons les coordonnées GS, G′S et la distance polaire SA du point S. Du triangle rectangle GSA, on déduit

$$\overline{AS}^2 = \overline{AG}^2 + \overline{AG'}^2 = A^2 + B^2,$$

d'où

$$AS = \sqrt{A^2 + B^2}.$$

Remplaçant A et B par leurs valeurs trouvées plus haut, nous aurons

$$AS = \sqrt{(r_1 \sin\beta - r \sin\alpha)^2 + (r \cos\alpha - r_1 \cos\beta)^2}.$$

Développant les carrés des quantités placées sous le radical, il viendra

$$AS = \sqrt{r_1^2 \sin^2\beta + r^2 \sin^2\alpha - 2rr_1 \sin\beta \sin\alpha + r^2 \cos^2\alpha + r_1^2 \cos^2\beta - rr_1 \cos\alpha \cos\beta}.$$

Mettant sous le radical r^2, r_1^2 et $2rr_1$ en facteur commun, on aura

$$AS = \sqrt{r^2(\sin^2\alpha + \cos^2\alpha) + r^2(\sin^2 + \cos^2\beta) - 2rr_1(\cos\alpha \cos\beta + \sin\alpha \sin\beta)}$$

ou

$$AS = \sqrt{r^2 + r_1^2 - 2rr_1 \cos(\beta - \alpha)}.$$

Remarquons présentement que, sur les *fig.* 58 et 59, les excentricités r et r_1 sont représentées par AP, AP_1; de plus, l'angle PAP_1 étant égal à $YAP_1 - YAP$, on pourra directement le relever sur l'épure et, d'après les notations adoptées,

$$PAP_1 = \beta - \alpha.$$

On a donc ainsi les valeurs de toutes les quantités placées sous le radical, et, par suite, le diamètre AS du cercle auxiliaire sera connu. C'est ici le lieu de faire observer que la solution de ce problème est conforme à ce que nous avons dit sur les mouvements relatifs et, notamment, sur la vitesse relative d'introduction de l'eau dans les récepteurs hydrauliques (t. III, p. 175). Ainsi, le tiroir de distribution glissant sur la glace du cylindre, les plaques de détente se meuvent sur le dos du tiroir. Partant de ces considérations générales, le diagramme peut fournir directement la grandeur du diamètre du cercle auxiliaire; il suffit de joindre les extrémités P, P_1 des deux excentricités $AP = r$ et $AP_1 = r_1$, pour obtenir la longueur PP_1 de ce diamètre AS (*fig.* 58), que nous désignerons par r_2. En effet, du triangle PAP_1, on déduit

$$\overline{PP_2}^2 = \overline{AP_1}^2 + \overline{AP}^2 - 2AP \times AP_1 \times \cos PAP_1;$$

or

$$AP = r, \quad AP_1 = r_1 \quad \text{et} \quad PAP_1 = YAP_1 - YAP = \beta - \alpha;$$

d'où, en substituant,

$$\overline{PP_1}^2 = r^2 + r_1^2 - 2rr_1 \cos(\beta - \alpha)$$

et

$$PP_1 = \sqrt{r^2 + r_1^2 - 2\,rr_1 \cos(\beta - \alpha)},$$

expression identique à celle trouvée plus haut pour la valeur de AS.

Donc, sur l'épure, PP_1 représente, à l'échelle adoptée, le diamètre r_2 du cercle qui donne le mouvement relatif des plaques de détente par rapport au tiroir de distribution.

Pour compléter la solution de cette intéressante question, il reste encore à déterminer la position de ce diamètre sur le diagramme. A cet effet, désignons par φ (*fig*. 58) l'angle SAY, supposé connu, que ce diamètre doit former avec l'axe vertical AY. Si nous considérons le triangle rectangle SAG', on pourra poser

$$SG' = AG' \times \tang SAG' \quad \text{ou} \quad A = B \tang \varphi,$$

d'où

$$\tang \varphi = \frac{A}{B}.$$

Remplaçant A et B par leurs valeurs trouvées plus haut, il viendra

$$\tang \varphi = \frac{r_1 \sin\beta - r \sin\alpha}{r \cos\alpha - r_1 \cos\beta}.$$

Maintenant, par les points P, P_1, menons les perpendiculaires PM, P_1V à l'axe vertical AY, et par le point P_1 une parallèle au même axe. Si nous prolongeons MP jusqu'au point M', on pourra poser

$$PM' = P_1 V - PM;$$

or, du triangle rectangle AVP_1 on déduit

$$P_1 V = r_1 \sin\beta,$$

et du triangle MAP,

$$PM = r \sin\alpha.$$

En substituant, on aura

$$PM' = r_1 \sin\beta - r \sin\alpha.$$

Pareillement,

$$P_1 M' = AM - AV.$$

Les deux triangles rectangles MAP, VAP$_1$ donnent les relations suivantes

$$AM = r \cos\alpha, \quad AV = r_1 \cos\beta$$

et, par suite,

$$P_1 M' = r \cos\alpha - r_1 \cos\beta.$$

Divisant les deux équations membre à membre, et remarquant que $P_1 M' = MV$, on aura

$$\frac{PM'}{P_1 M'} = \frac{r_1 \sin\beta - r \sin\alpha}{r \cos\alpha - r_1 \cos\beta}.$$

Comme le rapport $\dfrac{PM'}{P_1 M'}$ n'est autre chose que la tangente de l'angle $P P_1 M'$, il s'ensuit que cet angle est égal à l'angle φ que doit former le diamètre du cercle auxiliaire avec l'axe vertical AY.

De cette théorie, due à M. Zeuner, on déduit un procédé aussi simple que commode pour trouver la grandeur et la position du diamètre du troisième cercle, qui doit compléter le diagramme polaire appliqué à la distribution de M. Meyer.

A cet effet, on trace d'abord la direction de la manivelle quand elle est à l'un des points morts, puis les angles d'avance $YAP = \alpha$ et $YAP_1 = \beta$ des deux excentriques du tiroir de distribution et des plaques, et l'on porte sur les positions AR_2, AR_4 correspondantes de la manivelle des longueurs respectivement égales aux excentricités r, r_1. Achevant le parallélogramme dont la diagonale est l'excentricité $AP = r$, et l'un des côtés l'excentricité $AP_1 = r_1$, l'autre côté de ce parallélogramme représentera, en grandeur et en direction, le diamètre du troisième cercle du tiroir.

Proposons-nous maintenant de trouver de quelle quantité est découvert le canal de passage de la vapeur. Cette ouverture est donnée par la formule générale

$$h_1 = L - l - x - (e - e').$$

Pour relever la valeur de h_1 sur le diagramme, décrivons du point A comme centre (*fig.* 59) un cercle de rayon AL ou AL′ égal à la quantité $L - l - x$. Supposons que la manivelle, à partir du point mort, ait tourné d'un angle ω et soit venue occuper la position AR₄. Du tracé, on déduit immédiatement

$$LU = AL - AU.$$

Par construction $AL = L - l - x$, et AU représente la différence des écarts $e - e'$. On aura donc

$$LU = L - l - x - (e - e') = h_1,$$

ce qui signifie que l'arête M de la plaque (*fig.* 54) est éloignée du bord extérieur N de l'orifice du tiroir de distribution d'une quantité représentée par la longueur LU. Remplaçant la différence des écarts $e - e'$ par sa valeur trouvée plus haut (p. 188), la formule deviendra

$$h_1 = L - l - x + (r_1 \sin \beta - r \sin \alpha) \cos \omega - (r \cos \alpha - r_1 \cos \beta) \sin \omega.$$

Lorsque l'ouverture h_1 est supérieure à la hauteur totale h de l'orifice, il est évident que cet orifice est démasqué en grand et au delà de cette dimension.

Si nous supposons la manivelle au point mort, auquel l'angle de rotation ω est nul, $\cos \omega = 1$ et $\sin \omega = 0$, la formule devient

$$h_1 = L - l - x + r_1 \sin \beta - r \sin \alpha.$$

Sur l'épure, le rayon AL′ représente le terme $L - l - x$, et les cordes AD, AD′ qui mesurent les écarts des plaques et du tiroir, quand la manivelle est au point mort, ont pour valeurs respectives

$$r_1 \sin \beta \quad et \quad r \sin \alpha :$$
donc
$$r_1 \sin \beta - r \sin \alpha = AD' - AD = DD'$$

et, par suite, l'ouverture de l'orifice sera représentée par

$$AD'' + DD',$$

et, comme $DD' = AE$, on aura encore

$$AD'' + AE = D''E.$$

D'après cela, pour déterminer, dans la marche en avant du piston, les ouvertures de l'orifice, il suffit de relever sur l'épure la longueur de la partie de la manivelle comprise entre la circonférence de rayon $AD'' = L - l - x$ et l'intersection de cette manivelle avec le troisième cercle du tiroir. Il est à remarquer que cette intersection peut se trouver à droite ou à gauche du centre de rotation, selon que l'on considère la marche en avant ou la marche en arrière ; mais, dans ce dernier cas, bien que les cercles du diagramme servant à l'étude de la distribution soient placés au-dessous de l'axe horizontal XX, les phénomènes qui se produisent sont identiques dans la marche de la machine en sens opposés, en ne perdant pas de vue toutefois que, pour la marche en avant, on doit considérer le canal à gauche de l'axe du tiroir, tandis que pour la marche en arrière on prend le canal de droite.

Pour faire ressortir la généralité que comporte le diagramme polaire appliqué à toutes les distributions par tiroir, à détente fixe ou à détente variable, proposons-nous de résoudre la question qui a déjà été traitée au moyen du diagramme orthogonal, c'est-à-dire d'établir une distribution du système Meyer. En nous reportant à ce qui a été dit, nous voyons qu'il s'agit encore de déterminer la hauteur totale des plaques, ainsi que les quantités dont elles doivent être écartées, de manière à fournir tous les degrés de détente, entre les limites que permet le tiroir de distribution.

Commençons d'abord par déterminer l'excentricité et l'angle d'avance de l'excentrique qui fait mouvoir les plaques de détente. A cet effet, du point origine A (*fig.* 60) décrivons une circonférence de rayon AR, égale à la longueur de la manivelle, et au point A faisons avec l'axe vertical un angle YAP égal à l'angle d'avance α de l'excentrique qui commande le tiroir de distribution. Le cercle de diamètre AP, égal à l'excentricité r, est le cercle supérieur du tiroir qui convient à l'une des courses du piston, et le cercle de diamètre $AP' = AP$ et de centre O' se rapporte à la course opposée. Du même point A, pour compléter le diagramme relatif au tiroir proprement dit, décrivons un cercle de rayon AD égal au recouvrement extérieur. En unissant au centre de rotation A le point d'intersection D' des cercles du recouvrement et du tiroir de distribution, on aura la position AR_3 de la manivelle correspondant au moment où le recouvrement extérieur du tiroir proprement dit interrompt l'introduction de la vapeur dans le cylindre. Comme le diamètre du troisième cercle du tiroir doit se confondre avec la direction AR_3 de la manivelle correspondant à la fin de l'admission de la vapeur, si, à partir du point A, nous portons sur AR_3 une longueur AQ égale au

Fig. 60.

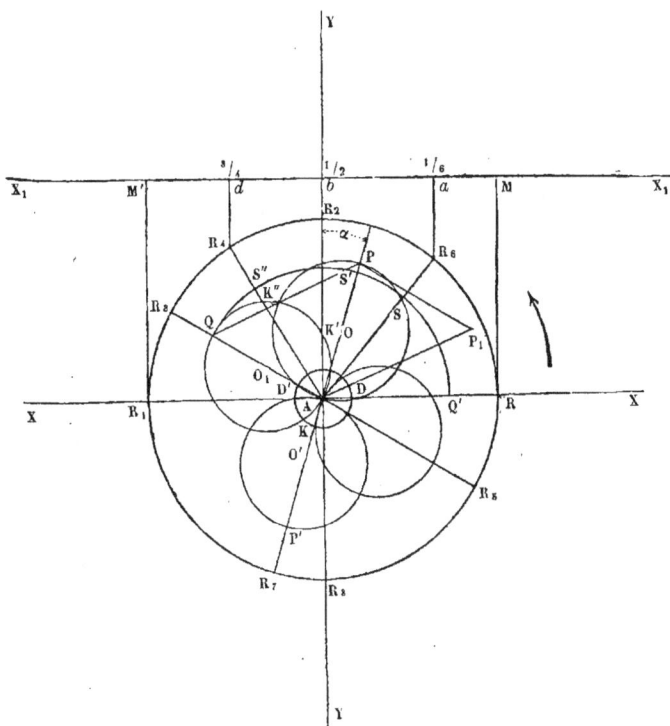

diamètre de ce cercle, en achevant le parallélogramme dont AP est la diagonale et AQ l'un des côtés, il s'ensuit, d'après ce qui a été démontré, que AP_1 représentera la grandeur et la direction de l'excentricité de l'excentrique des plaques de détente; de plus, l'angle YAP_1 sera l'angle d'avance de cet excentrique.

Avec les données linéaires que nous avons prises, on voit

que les deux excentricités AP, AP$_1$ ne sont pas égales et que l'angle d'avance de l'excentrique des plaques n'est pas de 90°, selon la règle suivie par beaucoup de constructeurs. Dans la pratique, on fait égale au diamètre AQ du troisième cercle la différence L — l qui existe entre la distance de l'axe d'oscillation, au bord extérieur d'un orifice, et la hauteur totale d'une plaque de détente. Cherchons maintenant les écartements des plaques pour les divers degrés de détente. que comporte l'agencement des parties du tiroir. Proposons-nous, par exemple, de régler le tiroir de manière que la détente commence à partir de la sixième partie de la course du piston. Pour ne pas compliquer la figure, menons une droite X$_1$X$_1$ parallèle à l'axe horizontal XX et menons à la circonférence de la manivelle, aux extrémités du diamètre RR$_1$, deux tangentes limitées à la rencontre de X$_1$X$_1$; la partie interceptée MM' représentera évidemment la course totale du piston. Le mouvement de la manivelle ayant lieu de droite à gauche, à partir du point origine M, prenons une longueur Ma égale à $\frac{1}{6}$ de la course du piston, et la verticale du point a rencontrera la circonférence de la manivelle en un point R$_6$, tel que AR$_6$ sera la position correspondant à $\frac{1}{6}$ de la course du piston, dans l'hypothèse de la bielle infinie. Du point A, décrivons avec AQ = L — l pour rayon un arc de cercle QS'Q'; la partie SK de la direction de la manivelle comprise entre ce cercle et le point d'intersection K du troisième cercle du tiroir sera le terme que nous avons désigné par x et représentant, d'après ce qui a été vu précédemment, l'écartement des deux plaques vers l'extérieur pour une détente commençant à la sixième partie de la course du piston.

De même, pour trouver les écartements des plaques pour des détentes à la moitié et aux trois quarts de la course du piston, nous prenons successivement M$b = \frac{1}{2}$MM', M$d = \frac{3}{4}$MM'. Les positions correspondantes de la manivelle étant respectivement AR$_2$, AR$_4$, les écartements des plaques seront mesurés par les longueurs S'K', S"K", comprises entre les deux cercles dont il vient d'être question. On procéderait exactement de la même manière pour les autres degrés de détente que peut fournir le tiroir.

Pour la position AR$_3$ de la manivelle qui correspond au

point de contact Q des deux cercles, la valeur de x est visiblement nulle, ce qui indique que la plaque de détente ferme l'orifice du tiroir, en même temps que le recouvrement extérieur ferme la lumière d'admission du cylindre. Ce phénomène ne dure que quelques instants ; la plaque démasque bientôt le canal de passage, sans qu'aucun changement soit apporté à la distribution de vapeur,

De tout ce qui précède, nous pouvons conclure qu'il sera très facile, par le diagramme orthogonal ou par le diagramme polaire, de résoudre toutes les questions relatives au mode de distribution adopté par M. Meyer. Il y a lieu cependant de faire observer que les conditions cessent absolument d'être les mêmes lorsque ce système est appliqué aux locomotives ou à des machines fixes à renversement. Dans son remarquable *Traité des distributions par tiroirs*, M. Zeuner, à qui l'on doit d'ailleurs de très grands progrès accomplis dans la construction des machines à vapeur, conseille d'opérer identiquement pour les deux sens du mouvement, en ayant soin toutefois de disposer les excentriques des plaques de détente, de manière que l'angle d'avance de l'excentrique d'avant soit supérieur à celui obtenu par le tracé, dans le problème que nous venons de résoudre. M. Meyer, dans ses machines, faisait invariablement l'angle d'avance φ de l'excentrique de détente égal à 90°. Par cette disposition, la distribution est la même pour la marche en avant et la marche en arrière, si les angles des deux excentriques d'avant et d'arrière sont égaux. L'expérience a fait connaître qu'en opérant ainsi les limites inférieures de la détente sont notablement réduites, de sorte qu'il est préférable, pour conserver ses avantages à cet ingénieux appareil, de faire l'angle d'avance φ inférieur à 90°. Enfin, contrairement à l'opinion de quelques constructeurs, il convient que les excentricités des deux excentriques ne soient pas égales, et que l'excentricité des plaques soit plus grande que celle de l'excentrique du tiroir de distribution.

30. *Distribution Gonzenbach.* — Cet appareil se compose d'un tiroir à coquille ordinaire (*fig.* 61 et 62) conduit par une coulisse de Stephenson BB', dont A et A' sont les excentriques, correspondant à la marche en avant et à la marche en arrière.

Contrairement à ce qui a lieu dans la distribution de Stephenson, dans le cas actuel, la coulisse ne sert pas à faire
varier le degré de détente, mais uniquement à opérer le
changement de marche ou à maintenir la machine au repos,
de sorte que le bouton se trouve toujours à l'une ou à l'autre
extrémité de la coulisse, et le tiroir de distribution fonctionne
absolument dans les mêmes conditions que s'il recevait directement le mouvement d'un seul excentrique. Le tiroir de
détente qui se meut dans une boîte à vapeur spéciale est
percé de deux lumières c, c', un peu plus grandes que les
lumières d, d' pratiquées au dos du tiroir de distribution.

Fig. 61.

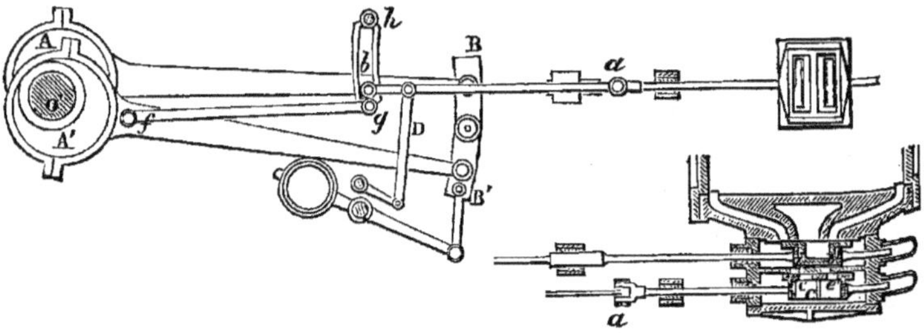

D'une part, une tige fg est articulée à la naissance f de l'excentrique de marche en arrière, et de l'autre, à l'extrémité
inférieure d'un axe évidé gh, pouvant tourner autour d'un
axe fixe h. La tige du tiroir de distribution est articulée en a,
à une bielle ab terminée à l'autre extrémité par un coulisseau
ou bouton b, pouvant occuper diverses positions dans l'arc hg,
au moyen d'un système de relevage, selon le degré de détente que l'on veut obtenir.

Fig. 62.

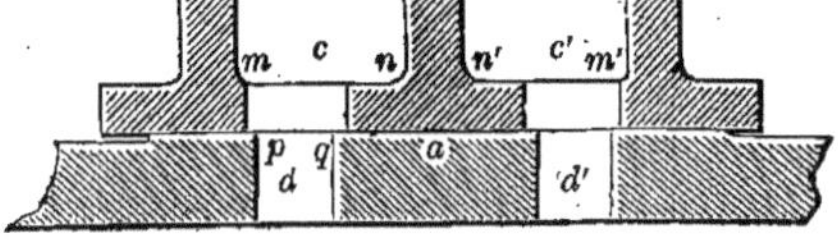

31. *Application du diagramme polaire à la distribution de
Gonzenbach.* — La *fig.* 62 se rapporte au cas où le tiroir oc-

cupe sa position moyenne, tandis que la *fig.* 63 représente la position du tiroir quand il s'est écarté vers la droite d'une certaine quantité.

Fig. 63.

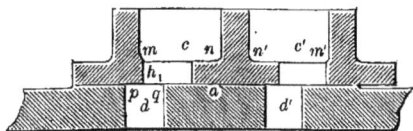

Pour plus de simplicité, supposons que le tiroir de détente soit directement commandé par un excentrique circulaire, ce qui ramène la distribution au cas d'une détente fixe.

Appelons :

e_0 la quantité dont les parois m, n dépassent les parois p, q ;

h_0 la hauteur totale des orifices d, pratiqués dans la cloison qui sépare les deux boîtes;

h_1 l'ouverture partielle de ces orifices;

e_1 le déplacement du tiroir de détente vers la droite, comme l'indique la *fig.* 63.

À l'inspection de cette figure, on reconnaît sans difficulté que l'on peut établir la relation suivante :

$$e_1 + h_1 = e_0 + h_0 ;$$

par suite, l'ouverture h_1 du canal de circulation qui correspond à un écart e_1 du tiroir s'obtiendra au moyen de l'équation

$$h_1 = e_0 + h_0 - e_1.$$

De la construction même de l'appareil de distribution il résulte que les quantités e_0 et h_0 sont constantes, tandis que le déplacement e_1 du tiroir varie avec l'angle de rotation que décrit la manivelle. En suivant la méthode que nous avons exposée pour une distribution simple, il sera facile de trouver l'écart e_1 du tiroir en fonction de l'angle de rotation ω.

Soient (*fig.* 64) AR la position de la manivelle à l'un des points morts, $AD = r$ l'excentricité de l'excentrique qui, dans l'hypothèse admise, conduit le tiroir de détente, AX_1 la direction de la glace du cylindre ou du mouvement du tiroir et

$R''AX = 90° — \alpha_1$ l'angle de retard de l'excentrique. A ce sujet,
nous ferons observer que, dans une distribution ordinaire,
l'angle $R''AX$ est obtus et a pour valeur $90° + \alpha$; mais, dans
le cas actuel, ainsi que nous l'établirons plus loin, il convient
que cet angle soit aigu et, par suite, que l'excentrique du
tiroir de détente soit en retard au lieu d'être en avance.

Fig. 64.

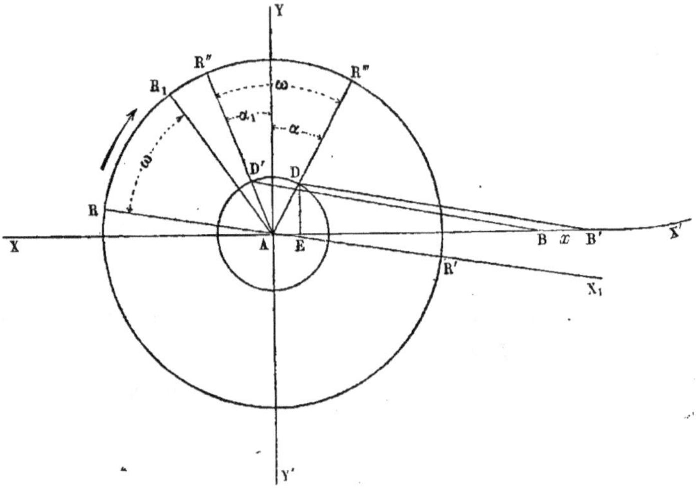

Présentement, supposons que la manivelle ait tourné d'un
angle $RAR_1 = \omega$ pour occuper la position AR_1. L'excentrique,
étant invariablement calé par rapport à la manivelle, se dé-
placera de la même quantité angulaire $D'AD = \omega$, et l'excentricité viendra se placer en AD. De plus, si le point x
correspond à la position moyenne du tiroir, quand l'excentricité r sera venue en AD, l'écart e_1 de ce tiroir sera représenté par $B'x$, que l'on pourra confondre avec la projection AE
de l'excentricité AD, dans l'hypothèse où la bielle du tiroir
de détente est très grande par rapport à l'excentricité. Du
triangle rectangle ADE on déduit

$$AE \quad \text{ou} \quad e_1 = AD \times \sin ADE = r \sin DAY$$
$$e_1 = r \sin(\omega — \alpha_1).$$

Remplaçant e_1 par cette valeur dans l'équation qui donne la valeur de l'ouverture partielle h_1, on aura

$$h_1 = e_0 + h_0 - r \sin(\omega - \alpha_1).$$

Comme dans les différentes distributions que nous avons précédemment étudiées, il est très facile de représenter cette équation par un diagramme fort simple. Si l'on se reporte à ce qui a été dit sur le mouvement d'un tiroir, on reconnaît, en effet, que, l'écart du tiroir de détente, à partir de sa position moyenne, étant représenté par la formule

$$e_1 = r \sin(\omega - \alpha_1),$$

la question se réduit à construire l'équation polaire de deux cercles tangents de rayon égal à l'excentricité r, le pôle des deux cercles étant leur point de contact.

Soient **XX**, **YY** (*fig.* 65) les deux axes rectangulaires; au point origine A faisons, avec la verticale AY, un angle YAR'' égal à l'angle de retard α_1 de l'excentrique du tiroir de détente et prolongeons AR'' jusqu'à la rencontre au point R''' de la circonférence de la manivelle. Si, à partir du point A, nous portons des longueurs AP, AP' égales à l'excentricité r, les cercles décrits sur ces lignes comme diamètres seront les deux cercles dont les cordes donnent immédiatement les écarts du tiroir de détente correspondant aux angles de rotation décrits par la manivelle. Pour le démontrer, du centre de rotation A, menons une perpendiculaire AR_1 à la direction AR'' de la manivelle qui correspond à l'angle de retard $YAR'' = \alpha_1$, et nous déterminerons ainsi un autre angle RAR_1 qui lui sera égal comme ayant les côtés perpendiculaires. La manivelle occupant au point mort la position AR, tandis que AX est la direction de la barre de l'excentrique dans l'hypothèse admise en commençant, si la manivelle tourne de l'angle $RAR' = \omega$, la corde AP_1 du cercle du tiroir représentera l'écart e_1 à partir de la position moyenne, pour cet angle de rotation; car, en joignant le point P au point P_1, on détermine un triangle rectangle PAP_1, d'où l'on déduit

$$AP_1 = AP \sin APP_1.$$

Or AP est égal à l'excentricité r et l'angle APP_1 est égal à l'angle $R'AR_1 = (\omega - \alpha)$ comme ayant les côtés perpendiculaires : on aura donc, en substituant dans l'équation,

$$AP_1 = r \sin(\omega - \alpha_1),$$

ou

$$e_1 = r \sin(\omega - \alpha_1) :$$

c'est précisément ce qu'il fallait établir.

Présentement, du point A comme centre, décrivons un

Fig. 65.

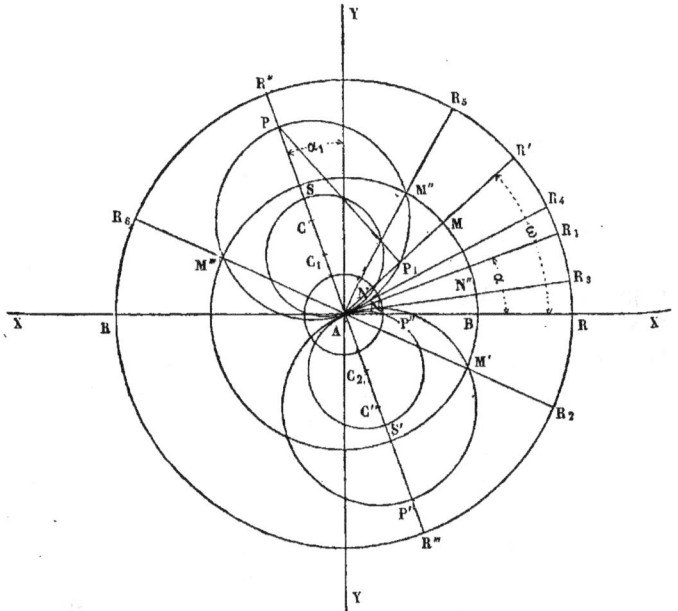

cercle de rayon $AB = h_0 + e_0$. Si nous considérons la manivelle dans sa position AR', après avoir décrit l'angle de rotation ω, on aura la relation suivante entre le rayon AM du dernier cercle décrit et l'écart correspondant du tiroir :

$$MP_1 = AM - AP_1,$$

ou, en remplaçant les quantités du second membre par leurs valeurs,

$$MP_1 = h_0 + e_0 - e_1,$$

ou

$$MP_1 = h_0 + e_0 - r\sin(\omega - \alpha_1),$$

ce qui prouve que la longueur MP_1 représente, à l'échelle adoptée, la quantité dont le canal de circulation est découvert lorsque la manivelle, partant du point mort, a décrit un angle de rotation RAR'.

En résumé, pour trouver les ouvertures partielles du canal d'introduction de la vapeur, il suffit de prendre sur les positions correspondantes de la manivelle les longueurs interceptées par le cercle du tiroir et par le cercle de rayon $AB = h_0 + e_0$. A l'inspection du diagramme, on voit sans peine que l'on peut ainsi se rendre compte de toutes les circonstances de l'introduction de la vapeur, dans l'hypothèse où le tiroir de détente est conduit par un excentrique de distribution ordinaire.

Si nous considérons, par exemple, la direction AR_2 de la manivelle passant par le point d'intersection M' du cercle de rayon AB et du cercle inférieur du tiroir, nous remarquons que la manivelle se trouve en avant du point mort R d'une quantité angulaire RAR_2 et qu'à cet instant même le tiroir de détente commence à découvrir l'orifice d'introduction, puisque, pour cette position de la manivelle, la partie de sa longueur comprise entre les deux cercles est nulle.

Quand la manivelle est parvenue au point mort R, l'écart correspondant du tiroir est représenté par le rayon vecteur AP'' du cercle du tiroir de détente et, par suite, l'ouverture du canal sera $AB - AP'' = BP''$.

Pour compléter le diagramme, décrivons du centre de rotation A un cercle de rayon AN égal à la distance e_0, qui représente la quantité dont les parois m, n dépassent les parois p et q (fig. 63).

Supposons maintenant que la manivelle ait tourné à partir du point mort R d'un angle RAR_3, tel que la nouvelle direction AR_3 passe par le point d'intersection N du petit cercle et du cercle inférieur du tiroir. Après ce déplacement angulaire de la manivelle, le canal d'introduction de la vapeur sera complètement démasqué, car, d'après la construction du diagramme, on a

$$NN'' = AN'' - AN = h_0.$$

Quand la manivelle décrit l'angle $R_3 A R_4$, le canal d'introduction reste ouvert en plein, attendu que, pour la position AR_4 passant par le point d'intersection N' du petit cercle et du cercle supérieur du tiroir, on a encore

$$N'M = NN'' = h_0.$$

A partir de la position AR_4 de la manivelle, le tiroir de détente couvre graduellement la lumière d'admission jusqu'à la position AR_3 de la manivelle pour laquelle, l'introduction de la vapeur cessant complètement, la période de détente commence. Lorsque la direction de la manivelle AR_6 passe par le point d'intersection M''' des deux cercles, le tiroir de détente démasque la lumière d'admission, et les mêmes phénomènes se reproduisent dans la marche du piston en sens inverse.

Des considérations qui précèdent et de la construction même du diagramme, il résulte que, dans les conditions admises, on peut non seulement étudier toutes les particularités de l'admission de la vapeur, mais encore indiquer la méthode d'après laquelle on peut trouver les dimensions principales de l'appareil de distribution.

Bien que les problèmes divers que comporte la construction de cet appareil ne présentent aucune difficulté et puissent être résolus au moyen du diagramme, il nous semble cependant utile de faire connaître quelques cas singuliers.

Proposons-nous, par exemple, d'étudier l'influence des variations de l'excentricité r sur le degré de détente dans l'hypothèse où les dimensions du tiroir sont données *a priori*. D'après la description du jeu de l'appareil de détente, on comprend que, dans la question dont il s'agit, on connaît à l'avance la hauteur totale h_0 de l'orifice d'admission, ainsi que la quantité d dont les parois m, n dépassent les parois p, q (*fig.* 63). Supposons que, l'angle de retard α_1 étant invariable, on fasse croître l'excentricité $AP = r$. Sans opérer le tracé des nouveaux cercles du tiroir, on voit immédiatement que les points d'intersection M', M'' se rapprocheront d'autant plus que l'excentricité AP sera plus grande. Or, comme la détente commence au moment où la direction de la manivelle passe par le point M'', nous pouvons en conclure que le degré de détente croît en même temps que l'excentricité r. Au contraire, si l'on fait décroître l'excentricité, les points M′, M″ s'éloignent du point B, qui correspond au point mort de la manivelle, et par suite la détente de la vapeur commence en un point plus éloigné de l'origine de la course du piston, c'est-à-dire que la durée de la détente devient moins longue. Admettons encore que l'excentricité AS soit inférieure au rayon AB. Dans ce cas, puisque les deux cercles ne se coupent pas, il ne saurait y avoir aucune détente de la vapeur. Il est manifeste, en effet, que le tiroir de détente laisserait pénétrer la vapeur dans la boîte de distribution pendant toute la durée de la course du piston, et que son rôle consisterait uniquement à rétrécir plus ou moins les lumières d'introduction. Une distribution étant donc établie dans ces conditions, non seulement le tiroir de détente serait un organe absolument inutile, mais encore il deviendrait nuisible par les pertes de travail inhérentes au frottement. Ainsi, pour que la détente de la vapeur puisse être produite par l'emploi d'un appareil de ce système, il est indispensable que l'excentricité de l'excentrique qui conduit le tiroir de détente soit plus grande que le cercle de rayon $AB = h_0 + e_0$.

Lorsque ce système est exclusivement affecté à une détente fixe, il est toujours très facile d'obtenir une excentricité plus grande que le rayon $AB = h_0 + e_0$; mais il n'en est pas de même si l'on se propose, selon le besoin, de faire varier le degré de la détente, ce qui ne peut être réalisé, comme nous l'avons vu pour la coulisse de Stephenson, qu'en augmentant ou en diminuant la course de l'excentrique. Nous aurons occasion de revenir plus loin sur les difficultés que présente l'application du tiroir de Gonzenbach aux détentes variables.

Poussons cette discussion plus loin, et admettons que le rayon $AB = h_0 + e_0$ devienne plus grand que celui représenté sur l'épure. Il est visible, et sans tracer un nouveau cercle, que, les dimensions du tiroir restant les mêmes, les points d'intersection M′, M″ se rapprocheront des points P, P′ ou bien, ce qui est absolument la même chose, s'éloigneront du point B correspondant au point mort de la manivelle. Or, comme l'admission de la vapeur commence lorsque la manivelle occupe la position AR_2 et finit à la position AR_5, il est évident que cette admission de vapeur aura lieu sur une plus grande étendue du chemin parcouru par le piston ou, en d'autres termes, la détente sera moins longue. On arrivera à un résultat inverse si l'on suppose que le rayon AB devienne inférieur à sa longueur représentée sur le diagramme. Dans ce cas, les points d'intersection M', M'' s'éloigneront des points P, P' ou se rapprocheront du point B; par suite, la durée de l'admission diminuera et la détente sera plus prolongée. Cette discussion met donc en lumière ce fait remarquable que, la relation $h_0 + e_0 < r$ étant satisfaite, il est toujours possible d'obtenir une détente plus ou moins longue en faisant varier le rayon $AB = h_0 + e_0$.

Avec un peu d'attention on voit que les choses se passent, dans le phénomène de l'admission, d'une manière sinon identique, du moins analogue à ce que nous avons vu dans la distribution Meyer. On pourrait encore, par l'observation du diagramme, étudier les modifications apportées à la distribution par les variations de l'angle α_1. Ainsi, en supposant que l'excentrique du tiroir de détente soit en avance au lieu d'être en retard, l'angle formé par l'excentricité r avec la direction du mouvement du tiroir sera égal à $90° + \alpha_1$, tandis que, dans l'hypothèse d'abord admise, cet angle a pour valeur $90° - \alpha_1$. Les particularités que présentent dans ce cas l'admission et la détente de la vapeur sont si nettement indiquées par le diagramme qu'il serait superflu de s'y arrêter.

Tout ce qui vient d'être dit se rapporte exclusivement au mouvement du tiroir de détente; mais, comme le tiroir de distribution est lui-même conduit par un excentrique circulaire, il nous reste encore à construire un double diagramme qui permette de se rendre compte de toutes les phases de la distribution, produites par les mouvements relatifs des deux tiroirs.

Pour fixer les idées, considérons la *fig*. 64, à laquelle nous supposerons quelques changements pour rendre plus intelligible ce qui va être dit. Les deux excentriques de détente et de distribution sont calés sur l'arbre de rotation A dans une position invariable; les excentricités AD', AD sont respectivement désignées par r_1 et r; elles sont égales, et la première r_1, qui se rapporte à l'excentrique de détente, forme, avec la direction AX du mouvement du tiroir, un angle égal à XAY — D'AY ou $90° - \alpha_1$, tandis que l'excentricité $AD = r$ de l'excentrique de distribution fait, avec la même droite AX, un angle droit XAY augmenté de l'angle d'avance α ou $90° + \alpha$. Cette modification de la figure précédente, uniquement relative à la signification qui doit être donnée à l'excentricité AD et à l'angle YAR''', représente exactement la disposition de la distribution, si l'on combine le diagramme du tiroir de détente avec celui du tiroir de distribution. Cependant, nous ferons observer que ce cas purement idéal ne se rencontre jamais dans la pratique, du moins dans les distributions de vapeur appliquées aux locomotives et que si nous l'avons admis, c'est uniquement pour mettre en lumière toutes les particularités de l'introduction de la vapeur.

Partant de ces considérations générales, on comprend que, pour construire le double diagramme indiquant les mouvements relatifs des deux tiroirs, il suffira de reporter sur le diagramme relatif au tiroir de distribution les cercles déjà tracés (*fig.* 65), pour étudier le mouvement du tiroir de détente. Le mouvement de distribution étant supposé indépendant de celui du tiroir de détente, il est évident que le diagramme se construira par la méthode indiquée dans l'étude d'une distribution simple.

Soient XX, YY (*fig.* 66) les deux axes rectangulaires et AR la position de la manivelle à l'un des points morts. Au point A traçons une droite AR' telle que YAR' égale l'angle d'avance α de l'excentrique de distribution et une seconde droite AR'' formant avec AY un angle égal à l'angle α_1 de l'excentrique de détente. En décrivant deux cercles sur les droites AP, AQ comme diamètres et prises égales à l'excentricité $r = r_1$, le premier sera le cercle dont les cordes mesureront les écarts du tiroir de distribution à partir de la position moyenne, et le second celui du tiroir de détente. Pour que le diagramme puisse servir à l'étude de la distribution pour deux courses successives du piston, reportons les mêmes cercles au-dessous de XX dans le prolongement des droites AP, AQ. Enfin du centre A décrivons deux cercles, l'un de rayon AS, égal à la hauteur h de la lumière d'admission du cylindre, augmentée du recouvrement extérieur b du tiroir, et l'autre de rayon AD, égal au même recouvrement.

Présentement, supposons que la manivelle partant du point mort décrive l'angle RAR_1 et vienne occuper la position AR_1.

Fig. 66.

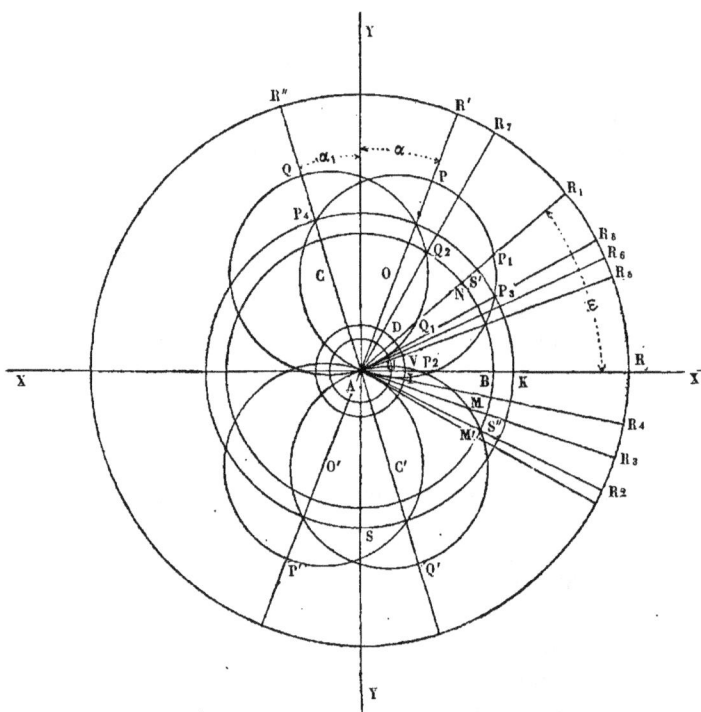

Au moyen du diagramme, on pourra relever immédiatement les valeurs linéaires des éléments constitutifs de la distribution. Ainsi, pour la position indiquée de la manivelle, AP_1 représentera l'écart du tiroir de distribution à partir de sa position moyenne, et par suite DS' sera l'ouverture de la lumière d'admission, puisque $DS' = AS' - AD$ ou $h + b - b = h_0$, c'est-à-dire qu'à cet instant cette lumière sera entièrement démasquée et de plus l'arête extérieure du tiroir de distribuion se trouvera en arrière du bord intérieur de l'orifice d'admission d'une quantité $S'P_1$, comprise entre le cercle supérieur du tiroir et le cercle de rayon $AS = h + b$. Si nous considérons le mouvement du tiroir de détente l'épure, indique que, pour le même déplacement angulaire de la manivelle, l'écart e_1 est égal à AQ_1, et l'ouverture de l'orifice à $Q_1N = AN - AQ_1$. Il est donc visible que, les deux diagrammes étant réunis en un seul, on peut immédiatement connaître les ouvertures des orifices des deux tiroirs, quand la manivelle, à partir du point mort, a décrit un angle quelconque de rotation.

Pour mieux encore faire ressortir toutes les conséquences qui découlent de la réunion en un seul des diagrammes des deux tiroirs, continuons l'étude de la distribution dans les cas particuliers qui se rapportent à certaines positions de la manivelle. D'après ce que nous avons vu précédemment, lorsque cet organe occupe la position AR_2, passant par le point d'intersection M' du cercle inférieur du tiroir de détente et du cercle de rayon $AB = h_0 + e_0$, il est éloigné du point mort d'une quantité angulaire RAR_2, et, à ce moment, le tiroir de détente commence à démasquer le canal de passage, tandis que le tiroir de distribution ferme complètement les deux orifices d'admission. La droite AP représentant l'excentricité de l'excentrique de distribution à l'origine du mouvement de rotation de la manivelle, en élevant au point A la perpendiculaire AR_3 à cette excentricité, on aura précisément la position de la manivelle qui correspond à la moitié de la course du tiroir de distribution. A ce moment, le tiroir de détente a déjà démasqué le canal de passage d'une quantité égale à $M'S''$. Quand la manivelle prend la direction AR_4, passant par le point d'intersection du cercle du tiroir et du cercle AD du recouvrement extérieur, le tiroir de distribution commence à découvrir l'une des lumières d'admission, et alors a lieu l'introduction de la vapeur dans le cylindre. Au point mort, la manivelle occupe la position AR et la lumière d'admission a été démasquée par le tiroir d'une quantité VP_2 : c'est ce que nous avons appelé l'*avance* à l'admission, c'est-à-dire la partie de l'orifice déjà découverte au moment où le piston va commencer sa course. Pour la même position de la manivelle, le tiroir de détente a découvert le canal de passage sur une longueur égale à

$AB - AU = UB$. Élevant au point A une perpendiculaire à l'excentricité AQ, nous aurons la position AR_5 de la manivelle, lorsque l'excentrique du tiroir de détente sera parvenu à la moitié de sa course. Quand la manivelle occupe la position AR_6, passant par l'intersection du cercle supérieur du tiroir de détente et du petit cercle de rayon AU, le canal de passage commence à se rétrécir, de sorte que, pendant le déplacement angulaire RAR_6 de la manivelle, ce canal est entièrement démasqué par le tiroir de détente. Dans la position AR_8 de la manivelle, passant par l'intersection P_8 du cercle supérieur du tiroir de distribution et du cercle AS, ce tiroir, qui découvrait graduellement l'orifice d'admission depuis la position AR_4, l'a complètement démasqué à ce moment, et cet orifice reste ouvert en grand jusqu'à la position AR'' de la manivelle, qui passe par le second point d'intersection du cercle de rayon $AS = h + b$ et du cercle supérieur du tiroir de distribution. Si l'on considère la manivelle dans la position AR_7, passant par le point d'intersection Q_2 du cercle de rayon AB et du cercle supérieur du tiroir de détente, on voit que la corde de ce cercle est précisément égale à ce rayon AB et, par suite, l'admission de la vapeur dans la boîte de distribution étant supprimée, la période de détente commence. Enfin, quand la direction AR' de la manivelle coïncide avec l'excentricité AP, formant avec AY l'angle d'avance α, le tiroir de distribution est parvenu à l'extrémité de sa course. Nous nous abstiendrons de discuter le diagramme au point de vue de l'échappement de la vapeur, tel qu'il est réglé par le tiroir de distribution, attendu que cette partie de la question a été longuement développée dans l'étude d'une détente fixe, produite par le recouvrement extérieur du tiroir.

Les cas particuliers que nous venons de traiter servent d'introduction à l'étude de la distribution Gonzenbach proprement dite. Comme ils offrent, en combinant les deux diagrammes, une grande analogie avec la distribution Meyer, on pourrait les représenter aussi, soit par le diagramme orthogonal, soit par la sinusoïde décrite au moyen de la circonférence de la manivelle et des déplacements linéaires du tiroir.

Abordons maintenant l'étude du cas général, et, pour rendre

la discussion du diagramme polaire plus intelligible, repro-
duisons la figure qui a servi à la description de la distribution,
mais réduite à de simples lignes (*fig.* 67).

A cet effet, de l'origine A des deux axes rectangulaires,
décrivons une circonférence de rayon égal à l'excentricité *r*,
laquelle est la même pour les deux excentriques d'avant et

Fig. 67.

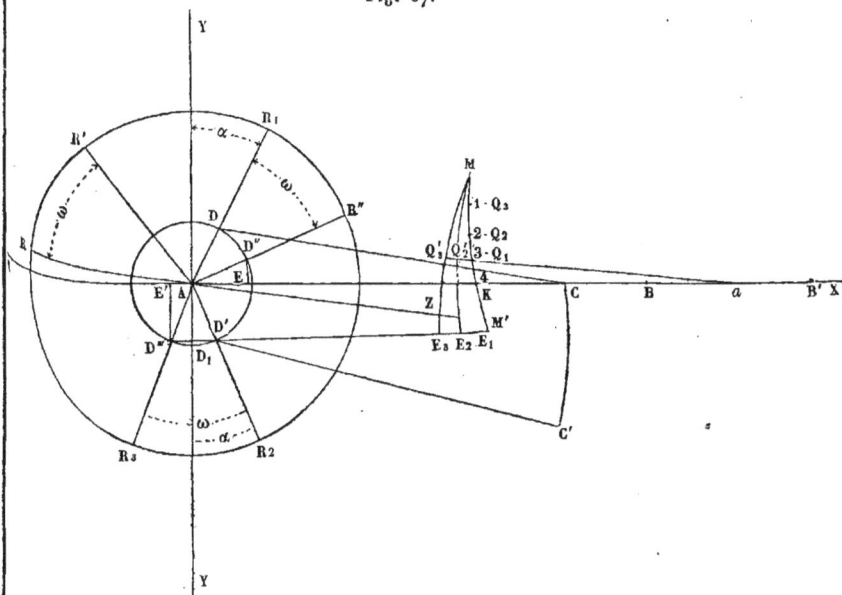

d'arrière. L'axe XX représentant la direction du mouvement,
les excentricités des deux excentriques d'avant et d'arrière formeront avec cette direction deux angles, XAR_1, XAR_2, égaux
entre eux, et chacun d'eux aura pour valeur $90° + \alpha$. Telle que
la figure a été dessinée, l'excentrique dont la barre est DC commande à la fois le tiroir de distribution et la coulisse CC';
comme, dans cet état, celle-ci est complètement abaissée, il
s'ensuit que la machine marche en avant. Supposons maintenant que la manivelle, partant du point mort, décrive l'angle
$RAR' = \omega$; alors l'excentricité $AD = r$ viendra occuper la position AD", de telle sorte que les positions correspondantes de

la manivelle formeront entre elles un angle $R_1 A R'' = R A R' = \omega$, et, par suite, l'écart du tiroir, à partir de sa position moyenne, sera représenté par la projection AE de l'excentricité AD'' sur l'axe AX. Du triangle rectangle AED'', on déduira, pour la valeur de cet écart,

$$AE = AD'' \sin AD'' E = r \sin AD'' E.$$

Or l'angle $AD'' E = Y AD'' = \alpha + \omega$. On aura donc, en substituant,

$$AE \text{ ou } e = r \sin(\alpha + \omega).$$

En se reportant aux conclusions que nous avons formulées dans l'étude d'une distribution simple, on voit que le cas actuel est identique. On pourra donc représenter les circonstances du mouvement du tiroir de distribution au moyen d'un diagramme, construit absolument de la même manière. La coulisse CC' étant relevée, l'excentrique d'arrière, représenté par l'excentricité AD', conduit le tiroir de distribution, et alors la machine marche en arrière. Comme pour l'excentrique d'avant, dans l'hypothèse où la manivelle tourne du même angle que précédemment, $R_2 A R_3 = \omega$, l'écart du tiroir de distribution sera encore exprimé par la relation $e = r \sin(\alpha + \omega)$. D'après cela, le mouvement du tiroir étant exactement le même, quel que soit l'excentrique de commande, on comprend qu'un seul cercle pourrait, à la rigueur, le représenter au moyen de ses cordes; mais il y a lieu cependant de faire une restriction, attendu que la marche de la machine change de sens. Aussi, le cercle du tiroir qui convient à l'excentrique d'avant étant tracé au-dessus de l'axe AX, celui de l'excentrique d'arrière devra être placé au-dessous du même axe dans la construction du diagramme. L'équation du mouvement du tiroir de distribution étant connue, cherchons maintenant celle du mouvement du tiroir de détente. Du fonctionnement de l'appareil et de la disposition des pièces qui le composent, il résulte que le dernier mouvement est subordonné à la position de la tige de traction et qu'il varie selon que le point conducteur Q se trouve à une distance plus ou moins grande du point M, autour duquel s'opère le mouvement de rotation de l'arc MM'

pendant la manœuvre. Il importe donc, dans les calculs que nous allons établir, de ne pas négliger l'influence de la distance variable MQ de l'extrémité de l'arc au point conducteur. Appelons c la longueur totale de l'arc conducteur, c' la distance du centre de rotation au point le plus éloigné K où puisse être amenée l'extrémité Q de la tige de traction et s la distance MQ du centre de rotation de l'arc au point conducteur, laquelle varie selon le degré de détente qu'on veut obtenir. Pour faciliter l'étude du mouvement du tiroir, divisons en quatre parties égales la partie de l'arc ME_1 comprise entre le centre de rotation et la position extrême K du point conducteur. Au moyen de cette graduation, ainsi que nous l'avons vu dans la théorie de la coulisse de Stephenson, on pourra sans difficulté reconnaître l'influence de la position de l'arc ME_1 sur la distribution de la vapeur.

Lorsque le bouton de la tige de traction est au point le plus bas, cas auquel la coulisse est complètement abaissée de telle sorte que la machine marche en avant, si la manivelle partant du point mort décrit l'angle $RAR' = \omega$, l'excentricité AD' de l'excentrique d'arrière, qui correspond à la position AR_2 de la manivelle, décrira aussi un angle $D'AD''' = \omega$ et prendra la position AD'''. Or, le mouvement de rotation de l'arc ME_1 ayant lieu autour du centre M, la nouvelle position du point E_1 sera sur cet arc en un point E_3, que l'on obtiendra en décrivant de l'extrémité D''' un arc de rayon $D'E_1$ qui coupe le premier. Pour trouver la position de l'arc conducteur ME_1 dans la position moyenne, remarquons que, à ce moment, l'excentricité se trouvant en AD_1, il suffira de décrire du point D_1 un arc de rayon $D'E_1$, qui coupe E_1E_3 au point E_2. Le rayon de courbure de l'arc ME_1 étant connu, on obtiendra aisément la position moyenne de cet arc. Du point D''', abaissons sur AX la perpendiculaire $D''E'$, et remarquons que, la longueur de la tige $D'E_1$ étant très grande par rapport à l'excentricité $AD = r$, la distance E_3E_2 du point E_3 à sa position moyenne, ou D_1D''', sera très approximativement égale à la projection AE' de l'excentricité AD''' sur l'axe horizontal AX. Du triangle rectangle $AD''E'$ on déduira

$$AE' \text{ ou } E_2E_3 = r\sin AD''E'.$$

Or, $AD'''E' = D'''AD_1 = \omega - \alpha$; donc, en substituant, on aura

$$E_2 E_3 = r \sin(\omega - \alpha).$$

Tandis que l'extrémité E_1 de la coulisse décrit l'arc $E_1 E_2$, le point Q_1 décrit un arc semblable, de sorte que, à la fin du déplacement, la position du point Q_1 sera Q'_3 et sa position moyenne Q'_2. La distance de Q_3 à la position moyenne Q_2, en confondant l'arc avec sa corde, pourra donc être obtenue approximativement par la relation suivante :

$$\frac{Q'_2 Q'_3}{E_2 E_3} = \frac{MQ'_2}{ME_2},$$

d'où l'on déduit

$$Q'_2 Q'_3 = \frac{MQ'_2 \times E_2 E_3}{ME_2}.$$

Or, d'après les notations adoptées plus haut, MQ'_2, distance du point conducteur Q'_2 au point M, est représenté par s, et ME_2 est la longueur totale c de l'arc ME; de plus, nous avons trouvé que l'écart $E_2 E_3 = r \sin(\omega - \alpha)$. Nous aurons donc, en substituant,

$$Q'_2 Q'_3 = \frac{s}{c} r \sin(\omega - \alpha).$$

Comme nous avons admis précédemment que la bielle qui commande le mouvement de traction est suffisamment grande par rapport à l'excentricité, la quantité $Q_2 Q_3$ sera aussi très approximativement l'écart du tiroir de détente, à partir de sa position moyenne. En le désignant par e_1, nous pourrons donc poser

$$e_1 = \frac{s}{c} r \sin(\omega - \alpha).$$

Nous avons établi plus haut (p. 199) la relation

$$e_1 + h_1 = e_0 + h_0,$$

la quantité e_0 représentant l'excès des parois m, n sur les parois p, q (_fig._ 63), h_0 la hauteur totale de l'orifice et h_1 l'ouverture partielle. Nous en avons déduit

$$h_1 = e_0 + h_0 - e_1$$

et, en remplaçant e_1 par la valeur que nous avons trouvée,

$$h_1 = e_0 + h_0 - \frac{s}{c} r \sin(\omega - \alpha).$$

Dans le cas particulier qui sert de préliminaire au cas général, nous avons obtenu une équation semblable. Cependant, pour éviter toute confusion, nous ferons observer que la graduation de la coulisse indiquant quatre degrés de détente, rigoureusement il y aurait lieu de considérer quatre distributions différentes. Ainsi, puisque le facteur $\frac{s}{c} r$ ne conserve pas la même valeur, on peut admettre qu'il représente une excentricité variable, que nous appellerons r_1 et qu'il faudra calculer séparément, pour les divers degrés de détente, avant de l'introduire dans la formule générale. On aura ainsi

$$h_1 = h_0 + e_0 - r_1 \sin(\omega - \alpha).$$

Supposons maintenant que le point conducteur soit placé au point **K**, c'est-à-dire au quatrième degré de détente; dans ce cas, la variable s devient égale à la distance c' du centre de rotation **M** au point extrême **K** de la tige de traction et, par suite, on a

$$\frac{s}{c} r = \frac{c'}{c} r$$

et

$$h_1 = h_0 + e_0 - \frac{c'}{c} r \sin(\omega - \alpha).$$

Quand la coulisse a tourné autour du centre **M**, de manière que le point conducteur **K** se trouve au troisième degré de la détente, la quantité $s = \frac{3}{4} c'$, et l'on a successivement

$$\frac{s}{c} r = \frac{3 c'}{4 c} r$$

et

$$h_1 = h_0 + e_0 - \frac{3}{4} \frac{c'}{c} r \sin(\omega - \alpha).$$

Pour le deuxième degré, $s = \frac{1}{2} c'_1$ et $\frac{s}{c} r = \frac{1}{2} \frac{c'}{c} r$, et l'ouverture du canal de passage sera représentée par l'équation

$$h_1 = h_0 + e_0 - \frac{1}{2} \frac{c'}{c} r \sin(\omega - \alpha).$$

Enfin, si nous supposons le point conducteur au premier degré de détente,

$$s = \frac{1}{4} c' \quad \text{et} \quad \frac{s}{c} r = \frac{c'}{4c} r;$$

d'où, pour l'ouverture,

$$h_1 = h_0 + e_0 - \frac{1}{4} \frac{c'}{c} r \sin(\omega - \alpha).$$

Maintenant, en nous basant sur les considérations que nous avons développées, il nous reste à opérer la construction du diagramme double, de manière à pouvoir nous rendre exactement compte de la distribution de la vapeur dans le cylindre.

Du point A, origine (*fig.* 68) des deux axes, décrivons un cercle de rayon AR égal à la longueur de la manivelle, et au même point A faisons avec la droite AY un angle YAR₁ égal à l'angle d'avance α du tiroir de distribution. En portant sur AR₁, à partir du point A, une longueur AP égale à l'excentricité r, on décrira sur AP, comme diamètre, le cercle de ce tiroir.

Pour compléter le diagramme, du point A décrivons deux cercles concentriques, le premier, de rayon AD, égal au recouvrement extérieur b du tiroir, et le second, de rayon AB, égal à $b + h_0$, c'est-à-dire au recouvrement extérieur augmenté de la hauteur de l'orifice. Ainsi que nous l'avons fait observer plus haut, pour la marche en arrière de la machine, le cercle du tiroir doit être placé au-dessous de l'axe horizontal AX. A cet effet, au point A, nous ferons YAR₁ = α et sur AP′ = AP, comme diamètre, nous décrirons le cercle du tiroir qui convient au renversement de marche. Pour trouver le cercle supérieur du tiroir de détente au point A, faisons l'angle YAR′ = α₁ et portons, à partir du point A, sur la direction AR′ de la manivelle, une longueur AQ égale à l'excentricité $\frac{s}{c} r = \frac{c'}{c} r$, lorsque le point conducteur est au quatrième degré de détente ; le cercle de diamètre AQ donnera, par ses cordes, les écarts du tiroir de détente pour la marche

en avant de la machine. Afin que le diagramme puisse servir
à l'étude de la distribution pendant la marche en arrière, sur

Fig. 68.

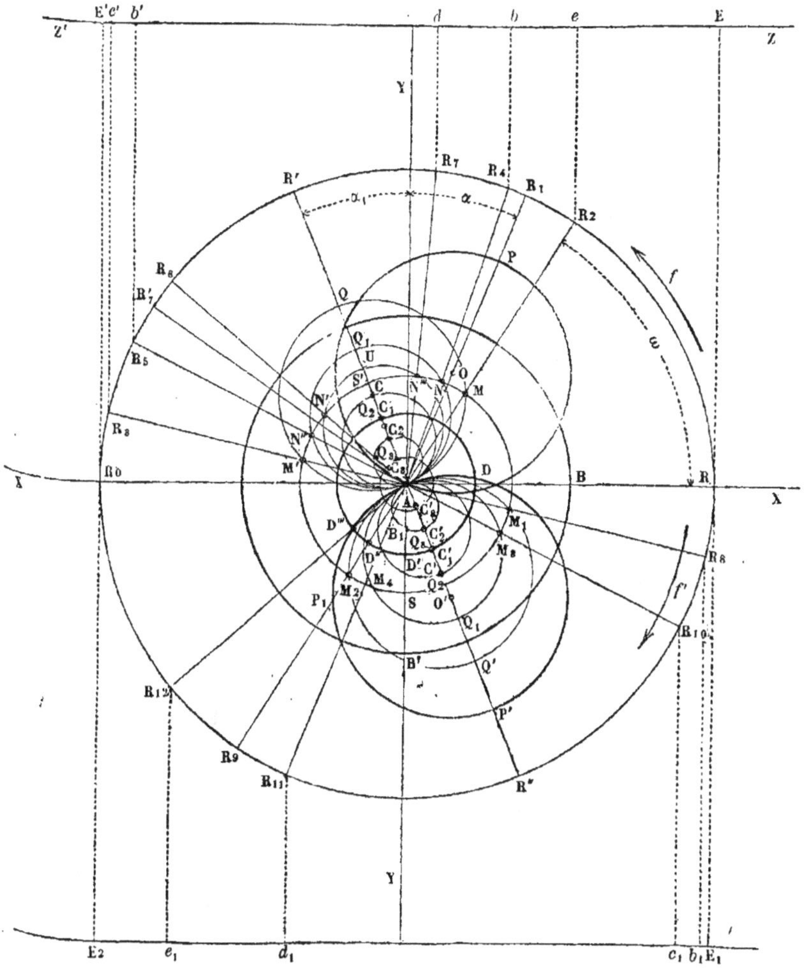

le prolongement de AQ, nous reporterons le même cercle de
diamètre $AQ' = AQ$. Par analogie à ce qui a été fait pour
le tiroir de distribution, on décrit, en outre, du centre A

deux cercles ayant respectivement pour rayons $AB_1 = e_0$ et
$AS = e_0 + h_0$.

Le diagramme étant ainsi construit, les cercles des tiroirs
de distribution et de détente, par leurs intersections, serviront
à se rendre compte de toutes les circonstances de la distribution de la vapeur, lorsque le point conducteur (*fig.* 67)
se trouve au quatrième degré de détente. On y parviendra
sans difficulté, en suivant, comme nous l'avons fait pour le
diagramme du cas particulier, les positions successivement
occupées par la manivelle ; les longueurs comprises entre les
cercles des tiroirs et les cercles auxiliaires représenteront
les grandeurs des ouvertures de passage produites par les
mouvements simultanés des deux tiroirs pour le degré de
détente que nous avons considéré.

Lorsque le point conducteur est placé au troisième degré,
l'excentricité a pour valeur, d'après ce qui a été vu,

$$\frac{s}{c} r = \frac{3}{4} \frac{c' r}{c}.$$

Donc, les nouveaux cercles du tiroir de détente auront
pour diamètre les $\frac{3}{4}$ de AQ, et, par suite, les deux cercles de
diamètre $AQ_1 = \frac{3}{4} AQ$, décrits sur les directions AR', AR'' de
la manivelle, conviendront concurremment, avec les cercles
auxiliaires, à l'étude de l'admission de vapeur pour le troisième degré de détente, pendant la marche en avant de la
machine.

Nous avons encore trouvé précédemment pour la valeur de
l'excentricité au deuxième degré $\frac{1}{2} \frac{c'}{c} r$, ce qui indique que le
diamètre AQ_2 du nouveau cercle du tiroir de détente est égal
à la moitié de AQ. Si donc on prend les milieux des longueurs
AQ, AQ' et si, de ces deux points, comme centres, l'on décrit
les deux cercles de rayons égaux à $\frac{1}{2}$ AQ, on aura encore tous
les éléments de la distribution, relatifs au deuxième degré de
la marche en avant de la machine.

Enfin, le cercle du tiroir de détente au premier degré ayant
pour diamètre l'excentricité $\frac{s}{c} r = \frac{1}{4}$ AQ, on décrira ces deux
cercles au-dessus et au-dessous de l'axe XX sur la direction

R'R'', et l'étude de la distribution due aux mouvements simultanés des deux tiroirs se fera absolument de la même manière que pour les autres degrés de détente.

Pour élucider la question qui nous occupe, examinons avec attention ce qui se passe, lorsque la manivelle occupe certaines positions. Comme le jeu du tiroir de distribution et son influence sur l'admission sont suffisamment connus, nous nous bornerons à l'étude des effets produits par le tiroir de détente.

Considérons le cas où la manivelle partant du point mort aura tourné d'un angle RAR_2, tel que sa nouvelle position AR_2 passe par le point d'intersection M du cercle de rayon $AS = e_0 + h_0$ et du cercle supérieur, qui correspond au quatrième degré de la marche en avant. A ce moment, le canal de passage est complètement fermé par le tiroir, et la détente commence. Pour trouver le chemin déjà parcouru par le piston, menons au-dessus du centre de rotation et à une distance arbitraire une parallèle ZZ' à l'axe XX, et des points R et R_0 abaissons des perpendiculaires RE, R_0E' sur cette parallèle ; la longueur interceptée EE' sera, à l'échelle de l'épure, la course totale du piston, puisqu'elle est égale au diamètre de la circonférence décrite par la manivelle. En projetant sur EE' le point R_2, on déterminera une longueur Ee qui, dans l'hypothèse de la bielle infinie, représentera le chemin parcouru par le piston, depuis le point mort de la manivelle jusqu'à la position AR_2 qui correspond au commencement de la détente produite par le second tiroir pendant la marche en avant. D'après ce qui a été dit plus haut, le rapport $\dfrac{Ee}{EE'}$ de la course partielle à la course totale exprimera le rapport de détente, lorsque le point conducteur sera au quatrième degré de la coulisse. Le cercle de diamètre AQ du tiroir de détente coupe le cercle de rayon AS en un second point M', qui correspond à la position AR_3 de la manivelle. A ce moment, le tiroir de détente commence à découvrir l'orifice de passage, de telle sorte que la vapeur peut s'introduire dans la boîte de distribution et de là pénétrer dans le cylindre pour agir sur la face opposée du piston. Si du point R_3 l'on abaisse une perpendiculaire R_3e' sur EE', la partie ee', mesurée depuis le point e, représentera le chemin parcouru par le piston pendant la période de détente, et Ee', comptée depuis le point origine E, sera le déplacement du même organe, quand la manivelle passe du point mort à la position qui correspond à la fin de la détente.

Occupons-nous maintenant de la détente au troisième degré de la coulisse : dans ce cas, nous devons prendre le cercle de diamètre AQ_1, lequel coupe le cercle de diamètre AS aux deux points N, N''. Par analogie à ce qui vient d'être dit pour la détente au quatrième degré, AR_4 sera la position de la manivelle au commencement de la détente au troisième degré et AR_5 celle qu'elle occupera à la fin de cette détente, c'est-à-dire au moment où l'orifice de passage s'ouvrira de nouveau, pour permettre à la vapeur de pénétrer dans la boîte du tiroir de distribution. Si du point R_4 on abaisse sur EE' la perpendiculaire $R_4 b$, la longueur Eb sera le chemin parcouru par le piston, depuis le point mort de la manivelle jusqu'à la position AR_4, et $\dfrac{Eb}{EE'}$ représentera le rapport de détente au troisième degré de la coulisse. La comparaison de ce rapport avec le précédent, de même que la construction graphique, met en évidence ce fait remarquable : *la détente la plus prolongée a lieu au quatrième degré du point conducteur; mais, dans le passage du quatrième degré au troisième, la variation de détente n'est pas très considérable.*

Quand le point conducteur se trouve au chiffre 2 de la coulisse, le cercle correspondant du tiroir de détente ne rencontre pas le cercle de rayon AS, ce qui indique que, au deuxième degré, il n'y a pas de détente ou, en d'autres termes, les positions successivement occupées par le tiroir sont telles, que la vapeur peut s'introduire d'une manière continue dans la boîte à tiroir. On comprend donc que la vapeur, après avoir subi le jeu du tiroir de distribution, s'introduira dans le cylindre, et que la seule détente possible est produite par le recouvrement extérieur. Le rôle du tiroir de détente se borne donc, dans ce cas, à rétrécir ou à élargir plus ou moins l'orifice de passage, pendant toute la durée de la course du piston. Les parties des cordes comprises entre les deux cercles donnent immédiatement les quantités dont le canal de passage est découvert pour les différentes positions de la manivelle. Ces largeurs d'ouverture sont d'autant moindres que ces parties sont moins longues. Le diagramme indique nettement que l'ouverture minima est représentée par $S'Q_2$, qui correspond à la position AR' occupée par la manivelle, après avoir décrit l'angle RAR'. On procéderait exactement de la même manière si la coulisse était relevée de manière à faire occuper le premier degré de l'arc au point conducteur. Dans ce cas, sur la figure, la quantité dont le canal de passage est démasqué a pour valeur $S'Q_3$.

Les développements qui précèdent font ressortir que, dans ce mode de distribution, il y a impossibilité absolue de produire la détente de la vapeur pour les premier et deuxième degrés de la coulisse. Ainsi, les limites de la détente étant très restreintes, quand on veut marcher à pleine vapeur, il importe d'éviter avec soin que le point conducteur occupe ces positions sur la coulisse. Pour obvier à cet inconvénient, on cherche d'abord, soit expérimentalement, soit au moyen du diagramme, quel est le point de la coulisse où le second tiroir cesse de fonctionner comme appareil de détente. On reconnaît aisément sur le diagramme que ce point se trouve placé entre le deuxième et le troisième degré, de sorte que, entre cette position du point conducteur et le centre de rotation M de la coulisse, il n'existe pas de position intermédiaire pour laquelle puisse avoir lieu la détente de la vapeur, et de plus, si, entre ces limites, le mécanicien voulait marcher à pleine vapeur, il en résulterait des étranglements du canal de passage, qui nuiraient à la bonne marche de la machine.

Proposons-nous maintenant de déterminer la détente minima. Comme on le voit, la question se réduit à déterminer le point de la coulisse où doit être amené le point conducteur pour que cette condition soit satisfaite. Puisque la discussion précédente nous a appris que la détente au troisième degré est moins prolongée que la détente au quatrième, admettons que le bouton qui se meut dans la coulisse soit placé au troisième degré et faisons tourner la manivelle AR, à partir du point mort. Dès qu'elle occupera la position AR_6, passant par

le point d'intersection du cercle auxiliaire de rayon AD et
du cercle supérieur du tiroir de distribution, la lumière d'admission de la vapeur dans le cylindre sera fermée par la bande
de recouvrement. Quand la manivelle occupe la position AR_5,
passant par le point de rencontre N'' du cercle de rayon AS et
du cercle supérieur du tiroir de détente au troisième degré de
la coulisse, d'après ce que nous avons vu plus haut, le canal
de passage est de nouveau découvert, et la vapeur peut être
admise sur la face opposée du piston. Pour que la distribution de vapeur dans le cylindre s'accomplisse régulièrement,
il faut que l'ouverture de ce canal ne puisse avoir lieu avant
la fermeture de l'orifice d'admission sur la face opposée du
piston par la bande de recouvrement du tiroir de distribution. Cette condition sera évidemment satisfaite, si l'angle
$R_5 AR$ est plus grand que l'angle $R_6 AR$. S'il n'en était pas
ainsi, la vapeur, à chaque pulsation du piston, serait admise
deux fois dans le cylindre ; mais cet inconvénient sera évité
si les pièces qui composent l'appareil sont proportionnées et
agencées de manière que, tout au plus, le tiroir de détente
découvre le canal de passage pour l'admission de la vapeur
sur l'une des faces du piston, au moment où le tiroir de distribution vient de fermer la lumière d'admission de vapeur du
cylindre sur l'autre face du piston, ce qui aura lieu dès que
la manivelle occupera la position AR_6. Cette direction de la
manivelle rencontre le cercle de rayon AS en un point N',
tel que si, par ce point et par l'origine A des axes, on fait
passer un cercle dont le centre soit sur la droite AQ, on aura
le cercle du tiroir de détente correspondant à la limite au
delà de laquelle la vapeur ne pourrait plus se détendre, si l'on
relevait la tige qui commande le mouvement du tiroir. Il est,
d'ailleurs, très facile de trouver sur la coulisse ce point limite.
En effet, l'excentricité pour cette position du point conducteur étant représentée par le diamètre AU du cercle du tiroir
de détente, d'après ce que nous avons vu, on aura

$$AU = s \frac{r}{c},$$

s représentant la distance inconnue du point limite au centre de rotation M. D'où l'on déduit

$$s = \mathrm{AU} \; \frac{c}{r}.$$

Ce point limite étant ainsi déterminé sur la coulisse, le mécanicien doit éviter avec soin de relever la tête de la tige de traction un peu au-dessus de ce point; à la suite de cette manœuvre, la distribution de vapeur deviendrait très défectueuse, et, comme nous l'avons déjà fait observer, le diagramme montre que la vapeur est admise deux fois à chaque coup de piston. On voit, en effet, que, dans ce cas, à partir de N', situé sur la position $\mathrm{AR_6}$ de la manivelle, le tiroir de détente découvre le canal de passage, tandis que le tiroir de distribution ferme seulement l'orifice d'admission de la vapeur dans le cylindre, quand la manivelle occupe la position $\mathrm{AR_5}$, c'est-à-dire quand celle-ci, à partir de la position $\mathrm{R_6A}$, aura décrit un angle $\mathrm{R_5AR_6}$. De cette disposition, il résulte donc que, vers le milieu de la course du piston, de la vapeur saturée venant de la chaudière s'introduit une seconde fois dans le cylindre et vient se mélanger avec la vapeur préexistante à une pression moindre, puisque celle-ci a déjà accompli par détente un certain travail.

En continuant à relever le point conducteur au-dessus du point limite de la coulisse, le tiroir de détente, dans la position qu'on lui fait successivement occuper, permet à la vapeur de s'introduire sans interruption dans la boîte de distribution. Par les mêmes considérations que précédemment, on peut sans difficulté trouver le point de la coulisse, qui correspond à cette position du tiroir de détente. En effet, le cercle de diamètre AU se rapportant à ce degré de détente, si nous désignons par s' la distance AU du point conducteur à l'extrémité fixe M de la coulisse, on aura

$$\mathrm{AU} = s' \frac{r}{c}, \quad \text{d'où} \quad s' = \mathrm{AU} \; \frac{c}{r}.$$

Au moyen de cette relation, on pourra donc calculer la distance du point cherché au centre de rotation M de la coulisse. On pourrait facilement rapporter la position de ce point à l'une des divisions; il suffit de se rappeler que, la distance MK (*fig*. 67) ayant été divisée en quatre parties égales, chaque division a pour valeur $\dfrac{c'}{4}$.

De cette discussion, nous pouvons donc conclure que le point conducteur ne doit jamais être placé entre les points limites, dont nous venons de fixer la position. S'il en était autrement, ainsi que nous l'avons mis en évidence, la vapeur affluerait d'une manière continue dans la boîte du tiroir de distribution. Pour compléter l'étude du système de Gonzenbach, dans le cas de la marche en avant de la machine, il nous reste encore à faire ressortir les particularités que présente la détente, entre les limites qui lui sont assignées. A cet effet, remarquons que le cercle du tiroir AU qui correspond au premier point limite coupe le cercle auxiliaire de rayon AS aux deux points N′, N‴, situés respectivement sur les directions AR₆, AR₇ de la manivelle. D'après ce qui a été établi plus haut, au delà de la position AR₇ de la manivelle, il y a impossibilité de faire détendre la vapeur. Si, du point R₇, on abaisse la perpendiculaire R₇d sur EE′, la longueur Ed sera le chemin parcouru par le piston, depuis le point mort de la manivelle jusqu'à la limite de la détente, et $\dfrac{\mathrm{E}d}{\mathrm{EE'}}$ représentera le rapport de cette détente à la course totale du piston. Lorsque le point conducteur est placé au quatrième degré de la coulisse, la manivelle occupe la position AR₂, passant par le point de rencontre M du cercle AQ du tiroir de détente avec le cercle auxiliaire, de sorte qu'en projetant R₂ sur EE′ le chemin parcouru par le piston, à l'origine de la détente, sera représenté à l'échelle de l'épure par la longueur Ee, et le rapport de détente aura pour valeur $\dfrac{\mathrm{E}e}{\mathrm{EE'}}$. On voit immédiatement sur l'épure que E$e <$ Ed; donc $\dfrac{\mathrm{E}e}{\mathrm{EE'}} < \dfrac{\mathrm{E}d}{\mathrm{EE'}}$, et, par suite, la détente maxima correspond à la position AR₂ de la manivelle et la détente minima à la position AR₇, ou, en d'autres termes, la détente doit être comprise entre les deux fractions $\dfrac{\mathrm{E}e}{\mathrm{EE'}}$ et $\dfrac{\mathrm{E}d}{\mathrm{EE'}}$ de la course totale du piston. Quand on applique ce système aux locomotives, les limites sont si voisines l'une de l'autre, que l'on se demande s'il est rationnel de considérer cette distribution comme une détente variable. On est donc obligé de faire marcher la machine à pleine vapeur ou avec une détente très prolongée, en relevant la coulisse de manière que l'extrémité de la tige de traction soit placée au quatrième degré. Selon l'opinion des ingénieurs les plus compétents, la coulisse de Stephenson est préférable pour les locomotives, et le système de Gonzenbach, malgré sa simplicité, ne peut être employé efficacement que pour les machines fixes sans changement de marche, mais avec détente, commençant toujours au même point de la course du piston.

Proposons-nous maintenant, pour justifier la conclusion qui vient d'être formulée, d'appliquer le diagramme à la marche en arrière de la locomotive. Comme les cercles du tiroir de détente correspondent aux divers degrés de la coulisse, soit pour la marche en avant, soit pour la marche en arrière, ceux qui ont déjà été décrits pourront également servir dans le cas actuel; mais le tiroir de distribution fonctionnant dans les mêmes conditions qu'un tiroir simple, on comprend que le cercle supérieur ne saurait convenir dans la marche en arrière, et que sa position ne peut être la même que dans le premier cas, par rapport au cercle du tiroir de détente. Aussi, nous l'avons placé au-dessous de l'axe horizontal AX, et l'observation du diagramme va nous montrer les changements apportés à l'admission de la vapeur par la nouvelle position de ce cercle.

À cet effet, admettons que la coulisse soit relevée de manière que le point conducteur soit au quatrième degré, la manivelle occupant la position AR à l'un des points morts; d'après le diagramme, les orifices, à ce moment, sont démasqués par les deux tiroirs. Supposons que la manivelle tourne dans le sens de la flèche f' et vienne occuper la position AR_8, passant par le point d'intersection M_1 du cercle de rayon AS et du cercle inférieur du tiroir de détente, correspondant au quatrième degré de la coulisse. D'après l'épure, à ce moment, le canal de passage est fermé par le tiroir de détente, et, par suite, la vapeur admise va commencer à se détendre. Pour trouver le chemin parcouru par le piston

pendant le déplacement angulaire RAR_8 de la manivelle,
au-dessous de l'axe AX, menons à cet axe une parallèle $E_1 E_2$
égale à la course totale du piston et abaissons du point R_8 la
perpendiculaire $R_8 b_1$. La bielle étant supposée infinie, $E_1 b_1$
représentera le chemin parcouru par le piston, depuis le
point mort de la manivelle jusqu'à l'origine de la détente. Le
mouvement de rotation de la manivelle continuant, il arrivera
un moment où elle occupera la position AR'' qui coïncide
avec le diamètre AP' du cercle inférieur du tiroir de distribution. Les études précédentes nous ont appris que, dans
cette position, l'orifice d'admission de la vapeur dans le cylindre est ouvert en grand, et que ce tiroir est aussi éloigné
que possible de sa position moyenne, tandis que le canal de
passage est complètement fermé par le tiroir de détente. Dès
que la manivelle est parvenue à la position AR_9, passant par
le second point d'intersection M_2 du cercle AS et du cercle
inférieur du tiroir de détente pour le quatrième degré de la
coulisse, ce tiroir commence à découvrir une seconde fois
le canal de passage; mais, comme, au même instant, le tiroir
de distribution laisse encore l'orifice d'admission ouvert sur
une largeur représentée sur l'épure par $D'P_1$, il s'ensuit que
de la vapeur saturée venant de la chaudière s'introduit de
nouveau dans le cylindre, absolument comme dans la marche
en avant, et vient se mélanger avec la vapeur préexistante,
qui a déjà travaillé par détente.

Si, au moyen du diagramme, nous étudions les diverses
phases de la distribution au troisième degré de la coulisse,
nous reconnaissons encore l'existence des mêmes phénomènes. Ainsi, lorsque la manivelle occupe la position AR_{10},
passant par le point d'intersection M_3 du cercle auxiliaire AS
et du cercle AQ'_1 du tiroir de détente au troisième degré de la
marche en arrière, l'introduction de la vapeur est supprimée,
mais la manivelle venant occuper la position AR_{11}, passant
par le second point d'intersection M_4 des mêmes cercles, le
tiroir de détente découvre de nouveau le canal de passage,
tandis que, au même moment, la bande du tiroir de distribution laisse la lumière d'admission au cylindre complètement ouverte. Comme pour le quatrième degré de la coulisse, il se produit donc une nouvelle admission de vapeur

dans le cylindre, pendant le déplacement angulaire $R_{11}AR_{12}$ de la manivelle. Théoriquement, la détente commence au point d_1 de la course du piston, mesurée à partir du point origine E_1, et finit au point e_1, correspondant à la position AR_{12} de la manivelle, mais il est à remarquer que cette détente de la vapeur n'est absolument d'aucune utilité, puisque une certaine quantité de vapeur venant de la chaudière s'introduit encore dans le cylindre, tandis que le piston accomplit la fraction de sa course représentée par $d_1 e_1$.

De la discussion du double diagramme pour les deux mouvements en avant et en arrière de la machine, la tête de la tige de traction étant successivement placée aux quatrième et troisième degrés, il résulte que, dans la marche en avant, la détente se produit avec toute la régularité possible, mais que, dans la marche en arrière, la distribution devient très défectueuse, si le point conducteur se trouve à ces deux degrés de la coulisse. Aussi le mécanicien ne doit pas chercher à les utiliser, et, comme il y a pour lui impossibilité de relever en même temps la coulisse, il doit se borner à faire marcher la machine à pleine vapeur. La distribution Gonzenbach, d'abord préconisée par quelques ingénieurs, a été, peu de temps après son application aux locomotives, l'objet des plus vives critiques. Expérimentée en France, en Allemagne et en Suisse, on n'a pas tardé à reconnaître, malgré la simplicité de sa construction, combien le système de Stephenson lui est supérieur. L'étude approfondie du diagramme polaire a révélé la gravité de ses défauts, mieux encore que les résultats pratiques fournis par l'expérience. Néanmoins, malgré le jugement peu favorable qu'en ont porté des ingénieurs de grand mérite, elle peut recevoir une utile application dans les cas que nous avons indiqués.

32. *Distribution Polonceau.* — Le système de distribution adopté par Polonceau est à double tiroir et présente une grande analogie avec celui de Meyer; mais la détente s'opère au moyen d'une seule plaque (*fig.* 69, 70 et 71). On imprime le mouvement au tiroir au moyen d'une coulisse renversée DD', qui est double, pour recevoir les coulisseaux de deux bielles de traction articulées à l'extrémité B de la tige du tiroir. Deux systèmes de relevage correspondent aux deux bielles de traction. Quand les deux boutons M, M' qui forment les coulisseaux sont au même point de la coulisse DD', les

Fig. 69.

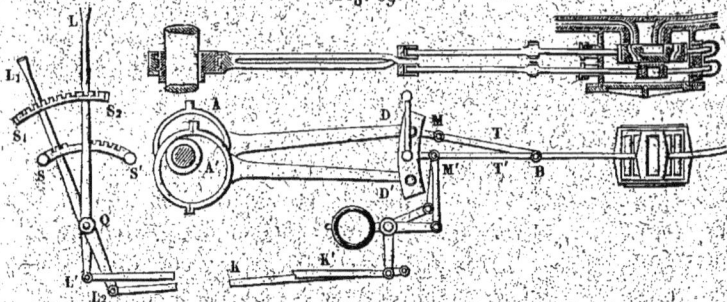

plaques de détente et le tiroir de distribution ont des mouvements identiques de sorte que la détente de la vapeur se fait exactement comme si la distribution était à un seul tiroir. On fait prendre cette disposition à l'appareil pour des mouve-

Fig. 70.

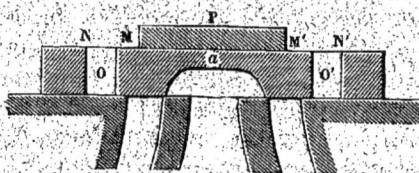

Fig. 71.

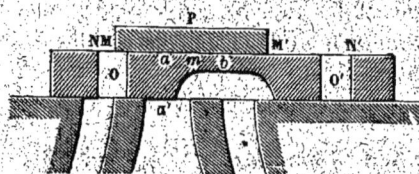

ments de va-et-vient de la locomotive ayant peu d'étendue, comme dans les manœuvres des gares. De même que dans la coulisse de Stephenson, les divers degrés de détente s'obtiennent par le déplacement des boutons M, M' que l'on opère en soulevant ou en abaissant les deux tiges de traction

T, T'. Pour produire ces mouvements, le mécanicien agit sur des leviers de distribution LL', $L_1 L_2$, reliés par leurs extrémités L_1', L_2' à des leviers articulés, à des tiges agissant sur les bielles de traction T, T'. Puisque l'appareil, tel que nous venons de le décrire, a deux leviers de relevage indépendants, on comprend que le mécanicien est obligé de se servir à la fois des deux mains, ce qui rend la manœuvre difficile et incommode. Pour éviter ce grave inconvénient, M. Krauss a appliqué, il y a quelques années, la disposition suivante sur les machines du chemin de fer Nord-Ouest suisse.

Le levier de commande du tiroir $L_1 L_2$ se trouve maintenu, par un axe fixe à encoches SS', au moyen d'un taquet, dans diverses positions comprises entre celles qui correspondent aux limites extrêmes de la marche en avant et de la marche en arrière. A ce levier est fixé un autre arc $S_1 S_2$, dans les encoches duquel peut s'engager le levier de commande LL' de la plaque de détente. Le jeu de l'appareil ainsi modifié s'explique facilement. Si, par exemple, le mécanicien veut supprimer l'effet du tiroir de détente et marcher dans les mêmes conditions qu'avec la distribution à simple tiroir, il suffit de fixer le taquet du levier de détente LL' dans l'encoche de son axe situé sur la direction de l'autre levier, de sorte que le mouvement du levier $L_1 L_2$ du tiroir de détente se trouve partagé.

33. *Application du diagramme polaire.* — De la description qui précède il résulte que les conclusions que nous avons déjà formulées pourront nous être d'une grande utilité pour l'étude du système Polonceau.

Soient (*fig.* 72)

XX, YY deux axes rectangulaires;

AR le rayon de la manivelle;

$r = $ AD les excentricités égales des deux tiroirs;

α l'angle d'avance commun aux deux excentriques;

$l = $ CD $= $ C'D' les longueurs des bielles des deux excentriques;

$c = $ CI la demi-longueur de la coulisse;

$s = $ MI la distance du point mort I de la coulisse au point M de la tige de traction qui commande le mouvement du tiroir de distribution.

Supposons que la manivelle, à partir du point mort, décrive un angle $RAR' = \omega$. Par les mêmes considérations que pour

Fig. 72.

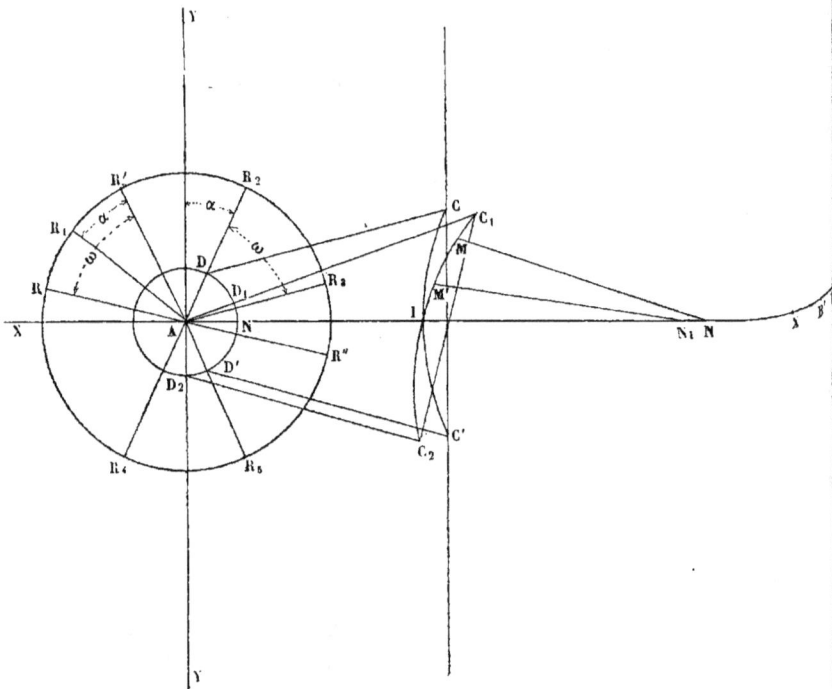

l'excentrique de Stephenson, on trouve, pour la valeur e de l'écart du tiroir de distribution,

$$e = r\left(\sin\alpha + \frac{c}{l}\cos\alpha\right)\cos\omega + \frac{sr}{c}\left(\cos\alpha - \frac{c}{l}\sin\alpha\right)\sin\omega$$

dans le cas des bielles ouvertes, qui est le plus général, et

$$e = r\left(\sin\alpha + \frac{c}{l}\cos\alpha\right)\cos\omega - \frac{sr}{c}\left(\cos\alpha + \frac{c}{l}\sin\alpha\right)\sin\omega$$

pour les bielles croisées.

Bien que le tiroir de détente soit commandé par la même

coulisse que le tiroir de distribution, les mouvements ne sont pas cependant identiques, parce que, dans la coulisse, les deux boutons M, M′ de ces deux tiroirs occupent généralement des positions différentes. A part cette restriction, les deux formules précédentes peuvent servir à mesurer les écarts de la plaque de détente correspondant à une position donnée de la manivelle. En appelant s′ la distance du point mort I de la coulisse au bouton M′ correspondant aux plaques, on aura, pour les deux dispositions de bielles d'excentriques,

$$e' = r\left(\sin\alpha + \frac{c}{l}\cos\alpha\right)\cos\omega + \frac{s'r}{c}\left(\cos\alpha - \frac{c}{l}\sin\alpha\right)\sin\omega,$$

$$e' = r\left(\sin\alpha - \frac{c}{l}\cos\alpha\right)\cos\omega - \frac{s'r}{c}\left(\cos\alpha + \frac{c}{l}\sin\alpha\right)\sin\omega.$$

Connaissant les déplacements absolus du tiroir de distribution et de la plaque de détente, en procédant de la même manière que pour la distribution Meyer, on obtiendrait facilement l'équation du mouvement de la plaque par rapport au tiroir de distribution; mais ce qu'il importe avant tout de préciser exactement, c'est la position des boutons M, M′ sur la coulisse pour les divers degrés de détente que peut fournir l'appareil.

Supposons que la plaque de détente P et le tiroir de distribution soient dans leur position moyenne (*fig.* 70); désignons par 2 L la longueur totale MM′ de la plaque de détente, et par *d* la distance de chacune des arêtes M, M′ de cette plaque aux bords N, N′ des canaux de passage O, O′ du tiroir de distribution. Comme pour la distribution Meyer, il s'agit de déterminer d'abord quelle est la quantité dont l'un des canaux est découvert lorsque le tiroir et la plaque se sont écartés de leur position moyenne pour un angle de rotation quelconque ω décrit par la manivelle. En examinant avec attention la *fig.* 71, on voit que, pendant ce mouvement de la manivelle, le tiroir s'est écarté de sa position moyenne d'une quantité $ab = e$, et la plaque de détente P d'une autre quantité $am = e'$, puisque, avant le mouvement qui a produit ce déplacement, les milieux *b* et *m* du tiroir et de la plaque se confondaient avec le centre d'oscillation *a* (*fig.* 70). Si nous appelons h_1 l'ouverture du canal de passage correspondant à cette position du tiroir, on aura donc

$$h_1 + e = d + e',$$

d'où

$$h_1 = d + e' - e = d - (e - e').$$

De même que pour la distribution Meyer, les quantités du second membre de l'équation s'obtiennent par l'application des formules établies plus haut, de sorte que le mode de distribution de la valeur dont il est question ne présente absolument aucune difficulté. Il est cependant beaucoup plus commode de faire usage du diagramme polaire. Le mouvement relatif de la plaque par rapport au tiroir étant représenté par la différence des écarts $e - e' = e''$, nous aurons

$$h_1 = d - e''.$$

Remplaçant e et e' par leurs valeurs, l'équation du mouvement relatif sera

$$e - e' \text{ ou } e'' = \quad r\left(\sin\alpha + \frac{c}{l}\cos\alpha\right)\cos\omega$$

$$+ \frac{sr}{c}\left(\cos\alpha - \frac{c}{l}\sin\alpha\right)\sin\omega$$

$$- r\left(\sin\alpha + \frac{c}{l}\cos\alpha\right)\cos\omega$$

$$- \frac{s'r}{c}\left(\cos\alpha - \frac{c}{l}\sin\alpha\right)\sin\omega,$$

et, toutes réductions faites,

$$e'' = \frac{(s - s')r}{c}\left(\cos\alpha - \frac{c}{l}\sin\alpha\right)\sin\omega.$$

Cette valeur de e'' se rapporte au cas où les bielles sont ouvertes. On trouverait de la même manière la valeur de e'' dans le cas des bielles croisées. Elle représente encore l'équation polaire de deux cercles tangents dont les rayons vecteurs sont les positions relatives de la plaque par rapport au tiroir de distribution.

Si nous posons encore

$$r\left(\sin\alpha + \frac{c}{l}\cos\alpha\right) = A,$$

$$\frac{sr}{c}\left(\cos\alpha - \frac{c}{l}\sin\alpha\right) = B,$$

l'équation du mouvement du tiroir prendra la forme abrégée ordinaire

$$e = A\cos\omega + B\sin\omega.$$

Occupons-nous maintenant de représenter ce mouvement au moyen du diagramme polaire. A partir du point A (*fig.* 73),

Fig. 73.

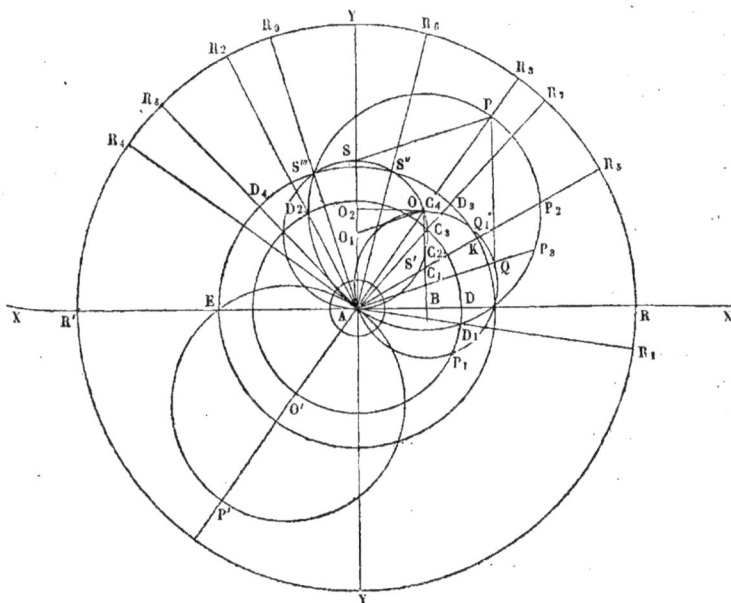

portons sur l'axe AX une longueur AB égale à la moitié du facteur A qui multiplie cos ω, et sur la perpendiculaire menée à l'axe AX, au point B, portons une longueur égale à la moitié du facteur B de la formule. On obtiendra ainsi les coordonnées du centre O du cercle AP dont les cordes mesurent les écarts du tiroir de distribution, comptés depuis la position moyenne, dans l'hypothèse où le mouvement de ce tiroir correspond au quatrième degré de détente indiqué par la graduation de la coulisse. Du centre A, décrivons un cercle de rayon AD égal au recouvrement extérieur du tiroir, et traçons les deux rayons vecteurs AD_1, AD_2 des points D_1 et D_2 où ce cercle rencontre le cercle du recouvrement; d'après ce qui a été déjà dit, dans ce cas particulier, les positions AR_1, AR_2 de la manivelle correspondront au commencement et à la fin de l'admission de la vapeur, si la plaque de détente toutefois ne venait pas interrompre l'introduction avant la position AR_2 de la manivelle. Dans la distribution Polonceau, le recouvrement intérieur est nul ; le diagramme comprend donc un cercle de moins ; dès lors, la perpendiculaire AR_4 à AR_3 représentera la direction de la manivelle correspondant à la fin de l'échappement et au commencement de la compression sur la face d'arrière du piston. Quand il a été question de la coulisse de Stephenson, chaque moitié de cette coulisse a été divisée en quatre parties égales, correspondant chacune à un degré de détente; il en est de même dans le cas actuel et à chaque degré correspond un cercle particulier. En partageant l'ordonnée en quatre parties égales, BC_1, $C_1 C_2$, $C_2 C_3$, $C_3 C_4$, on aura les centres de ces cercles, et leurs rayons auront pour valeurs respectives les distances de ces points à l'axe de rotation A. Admettons, par exemple, que le bouton de la tige qui commande la plaque de détente corresponde au premier degré de la marche en avant; alors le cercle décrit du point C_1, avec un rayon $C_1 A$, représentera la loi du mouvement de la plaque, tandis que le cercle de diamètre AP fournira celle du tiroir de distribution. Supposons maintenant que la manivelle, partant du point mort, vienne occuper la position AR_5 après avoir décrit l'angle $RAR_5 = \omega$; d'après ce que nous avons vu, le rayon vecteur AP_2 sera l'écart du tiroir, et AQ_1 celui de la plaque de détente. Par conséquent, la longueur $AP_2 - AQ_1 = e''$ représentera le déplacement relatif de la plaque par rapport au tiroir de distribution. Ce mouvement relatif peut être figuré sur le diagramme en suivant la méthode que nous avons indiquée pour le tiroir Meyer. En effet, si, à partir du point A, nous portons une longueur $AS' = P_2Q_1$, les points tels que S' se trouveront sur un cercle auxiliaire dont les cordes seront les écarts de la plaque par rapport au tiroir de distribution pour les positions correspondantes de la manivelle. On obtiendra le diamètre AS de ce cercle en joignant l'extrémité P du diamètre du cercle du tiroir à l'extrémité Q du diamètre du cercle de la plaque, et en achevant le parallélogramme ASPQ, dont AQ est l'un des côtés et AP la diagonale. L'épure a été construite dans l'hypothèse où le tiroir de distribution est commandé par le quatrième degré de la coulisse, tandis que la plaque de détente reçoit le mouvement du premier degré. Dans ces conditions, on peut très rapidement trouver le centre du cercle auxiliaire de diamètre AP : il suffit de mener par le point C_4 une parallèle à C_1A et l'intersection O_1 de cette parallèle avec la verticale AY sera le centre cherché. Pour achever le diagramme, il reste encore à décrire deux cercles, dont le rayon du premier est $AE = d$, distance de chaque arête de la plaque aux bords extérieurs des orifices du tiroir, et celui du second $AD = d - h$, différence entre cette distance et la largeur totale h de chaque orifice de passage. L'épure étant ainsi complétée, on peut facilement relever la grandeur de l'ouverture de l'orifice de passage pour chaque position de la manivelle. Supposons, par exemple, qu'il s'agisse de trouver cette ouverture lorsque la manivelle est parvenue en AR_5, après avoir décrit l'angle RAR_5. Dans cette position, on a

$$S'K = AK - AS'.$$

Remplaçant AK et AS' par leurs valeurs respectives d et $e'' = e - e'$, on aura

$$S'K = d - e'' = d - (e - e')$$

ou

$$h_1 = d - e'' = S'K,$$

valeur déjà trouvée plus haut.

La manivelle continuant son mouvement de rotation à partir de la position AR_5, le diagramme montre que les lignes telles que $S'K$, représentant les ouvertures de l'orifice de passage, diminuent de plus en plus jusqu'à la position AR_6 de la manivelle correspondant au point d'intersection S'' des deux cercles. Alors la corde du cercle de rayon AO_1 devient égale au rayon AD, et, par suite, leur différence h_1 étant nulle, le canal de passage est fermé et la détente de la vapeur commence à cet instant. Dès que la manivelle est parvenue en AR_9, la différence dont il est question étant de nouveau égale à zéro, on voit que, pour cette position, la plaque commence à découvrir l'orifice du tiroir.

Supposons présentement qu'il s'agisse de faire varier la détente. A cet effet, on place au point mort I de la coulisse le bouton M' de la tige qui commande la plaque de détente. Dans ce cas, l'excentricité AQ de l'excentrique de la plaque de détente coïncidant avec l'axe AX, on obtiendra le centre O_2 du cercle qui donne le mouvement relatif, en menant une parallèle à cet axe; puis, en décrivant du point O_2 comme centre un arc qui coupe aux points D_3 et D_4 le cercle de rayon AE, la droite AR_7 sera la position de la manivelle qui correspond au commencement de la détente dans la marche en avant de la machine, et AR_8 celle qu'elle occupera au moment où, pour la seconde fois, la plaque découvre le canal de passage.

En observant attentivement au moyen du diagramme les particularités que présente la distribution Polonceau, on reconnaît sans peine que la détente de la vapeur est d'autant plus prolongée que le bouton de la plaque de détente a été plus descendu dans la coulisse, de sorte que, par l'emploi de ce système, on peut toujours interrompre l'admission de la vapeur en un point de la course du piston aussi rapproché que le comportent les besoins de la pratique.

CHAPITRE V.

34. *Distribution de la vapeur par soupapes.* — Pour qu'une machine marche dans de bonnes conditions, il faut que les orifices que doit traverser la vapeur aient une section assez grande pour éviter les étranglements qui, toujours, donnent lieu à des pertes de travail plus ou moins considérables. Ainsi, quand la lumière d'admission n'est pas complètement démasquée, la vapeur subit ce qu'on appelle un *étirage* ou *laminage*, dont nous avons fait ressortir les inconvénients dans l'étude des machines à vapeur; on serait donc obligé pour les éviter de donner au tiroir, dans les grandes machines, des dimensions considérables. D'autre part encore, si la pression dans la chaudière est très grande, l'effort normal exercé par le tiroir devient considérable, atteint même souvent des centaines de kilogrammes, ce qui donne lieu à un frottement énorme, absorbant en pure perte une partie du travail moteur. On peut cependant atténuer ces inconvénients en équilibrant le tiroir; on dispose, à cet effet, sur le dos du tiroir CD, un cylindre creux A traversant un *stuffing-box*, établi sur le couvercle de la boîte de distribution; on comprend que cette disposition a pour résultat de supprimer la pression de la vapeur sur une partie de la surface du tiroir égale à la surface du cylindre (*fig.* 74).

Généralement, dans les distributions où l'on veut éviter les inconvénients que nous avons signalés, on substitue des soupapes au tiroir, ce qui permet d'obtenir immédiatement de très grandes ouvertures d'admission, et, contrairement à ce qui a lieu pour les tiroirs, les efforts exercés par la vapeur sur chaque soupape disparaissent presque complètement dès que,

la soupape étant levée, l'équilibre de pression tend à s'établir
sur ses deux faces.

Fig. 74.

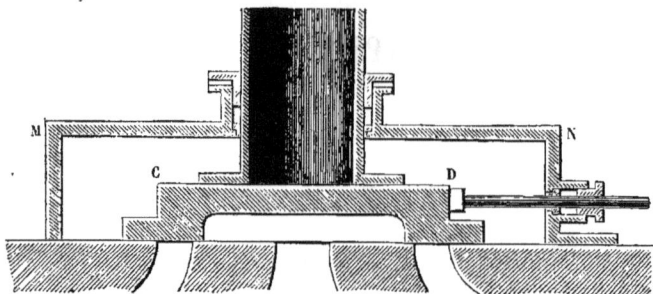

Les soupapes de distribution sont mises en mouvement,
soit par des excentriques, soit au moyen de dispositions particulières, dans lesquelles on fait intervenir une cataracte.
Les soupapes simples se composent d'une seule pièce conique, reliée par une tige à l'excentrique qui commande le
mouvement. Leur forme est représentée par la *fig.* 75. La flèche

Fig. 75.

indique la direction du courant de vapeur venant de la chaudière. Lorsque la soupape repose sur son siège pendant les
périodes de levée et de chute, elle supporte des efforts considérables qui fatiguent les articulations de tout le système qui
la fait mouvoir; mais la perte de travail est relativement faible,

puisque, dans chacune des périodes, le chemin parcouru est très restreint. Cet inconvénient est évité par l'emploi des soupapes dites à double siège.

Un dés principaux types de cet organe de distribution est la soupape dite de *Cornwall*, représentée par la *fig*. 76. L'ori-

Fig. 76.

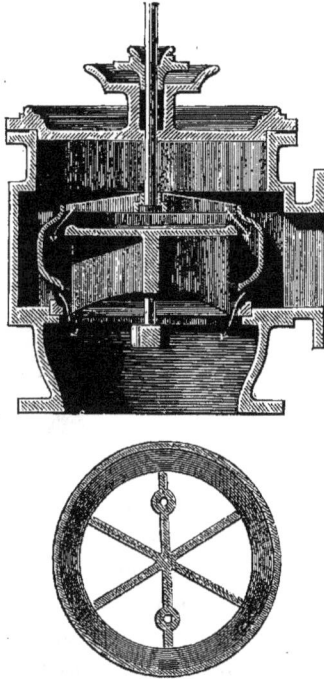

fice, qui doit être alternativement fermé et ouvert, se prolonge par une sorte de lanterne à jour, terminée par un fond plein. La soupape, renflée en son milieu, est ouverte de part en part et présente deux rebords tournés qui s'appuient à la fois sur deux sièges placés, l'un au niveau de l'orifice, et l'autre à la partie supérieure de la lanterne. Dès que la soupape repose sur son double siège, l'orifice d'admission est complètement fermé, et la plus grande partie de la pression est supportée par le fond fixe; aussitôt la soupape soulevée, il se produit une large ouverture qui permet l'introduction de la vapeur dans le cylindre.

Avec le système de Cornwall, il existe deux ouvertures d'admission au lieu d'une seule, ce qui permet de réduire la levée et, par suite, de diminuer le travail absorbé pendant les deux périodes de levée et de chute.

On emploie encore la soupape dite *américaine*, représentée par la *fig.* 77. Elle se compose de deux soupapes ordinaires

Fig. 77.

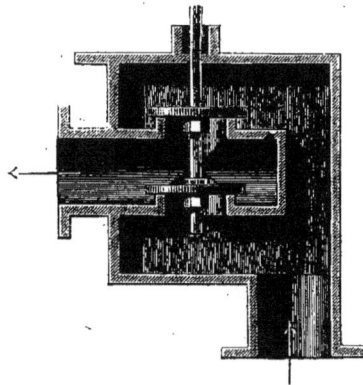

identiques, montées sur la même tige et reposant sur deux sièges opposés l'un à l'autre; ces sièges sont disposés vers l'origine du tuyau de prise de vapeur, et, pour éviter le refroidissement, ce tuyau est renfermé, sur une certaine longueur, dans une boîte où l'on fait arriver la vapeur.

L'intérieur de la soupape où se rend la vapeur est représenté par la *fig.* 78, et le siège forme lanterne.

Au moyen des soupapes équilibrées, on peut établir des systèmes de distribution très variés. Parmi les distributions à soupapes qui ont été adoptées par les constructeurs, nous citerons celle qui consiste dans l'emploi de deux soupapes, une à chaque extrémité du cylindre pour laisser pénétrer la vapeur; elles peuvent se lever à des instants variables, selon le degré de détente que l'on veut obtenir. L'échappement de la vapeur s'opère au moyen de deux autres soupapes de dimensions plus grandes que celles des soupapes d'introduction. On

peut encore n'employer qu'une seule soupape équilibrée
agissant sur l'introduction dans une boîte à vapeur, où se meut
un tiroir simple sans recouvrement, de sorte que la soupape a
pour fonction unique d'opérer la détente de la vapeur.

Fig. 78.

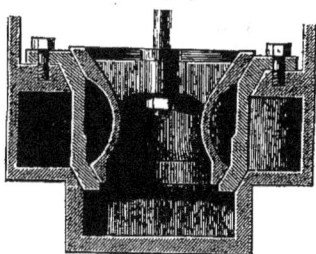

Les distributions par soupapes équilibrées fonctionnent
d'une manière satisfaisante, à la condition toutefois que ces
organes soient construits avec soin et conservés en bon état.
Le moindre jeu à l'un des sièges occasionne des pertes considérables de vapeur. Or on ne saurait méconnaître que ce jeu
ne tarde pas à se produire entre la soupape et son siège, surtout si celle-ci retombe avec un choc plus ou moins fort, ce
qui, d'ailleurs, est très difficile à éviter. D'autre part, comme
la longueur des deux limbes par lesquels la soupape repose
sur la surface annulaire du siège peut, dans les limites impo-
sées par la pratique, être rendue très petite, on comprend que,
l'effort qui presse la soupape sur son siège étant faible, il deviendra impossible d'empêcher les fuites de vapeur par les
joints. Il y a encore lieu de faire observer que les soupapes
équilibrées sont très compliquées et généralement de grandes
dimensions, d'où résultent des difficultés pour l'ajustage des
pièces qui composent cet organe de distribution. Aussi, bien
que les soupapes équilibrées ou à double siège soient rigoureusement conformes à la théorie, de nos jours, peu de constructeurs les emploient dans leurs machines et préfèrent encore les distributions par tiroirs, malgré tous les défauts que
nous avons signalés.

35. *Distribution Maudslay.* — Pour opérer la détente dans

ces machines, cet ingénieur anglais se sert d'un appareil très simple qui a été appliqué soit aux machines industrielles, soit aux machines marines. Un seul tiroir de distribution et une soupape conique placée dans le tuyau qui amène la vapeur au cylindre constituent tout le mécanisme. Le tiroir est à coquille avec recouvrement extérieur, d'une hauteur plus ou moins grande, selon que l'on veut obtenir une détente plus ou moins prolongée. Il est donc inutile de revenir ici sur la forme et la marche de ce tiroir qui, d'ailleurs, comme dans les distributions simples, est commandé par un excentrique circulaire calé sur l'arbre de couche dans la position qui convient à l'avance linéaire du tiroir. Aussi nous nous contenterons d'étudier la détente de la vapeur que peut fournir la soupape d'introduction.

Avant de pénétrer dans la boîte à tiroir, la vapeur est d'abord amenée dans un réservoir ou dans un tuyau vertical A (*fig.* 79) muni d'une tubulure horizontale B communiquant avec l'intérieur de la boîte à tiroir; au-dessous de la section de rencontre des deux tuyaux est pratiqué un siège conique, sur lequel repose une soupape *b* maintenue fermée, malgré la pression de la vapeur venant de la chaudière, par son propre poids et par un ressort en hélice qui s'appuie, d'une part, contre cette soupape et, de l'autre, contre un couvercle *a* placé au haut du tuyau que traverse la tige de la soupape; une came, dont nous indiquerons la construction, sert à soulever la soupape quand la vapeur doit produire son action. On comprend, en effet, que, la soupape étant levée, la vapeur, après avoir successivement traversé les tuyaux A et B, s'introduira dans la boîte de distribution et de là, par le jeu du tiroir, produira alternativement son action sur les deux faces du piston. Immédiatement après la chute de la soupape sur son siège, toute communication étant interrompue entre la chaudière et la boîte à tiroir, la vapeur préexistante agit par détente jusqu'à la fin de la course du piston. Ainsi, selon que le piston sera plus ou moins avancé dans sa course, au moment de la chute de la soupape, la détente sera plus ou moins prolongée. Il s'agit donc de décrire la came qui doit commander la soupape, de telle sorte qu'il soit possible d'obtenir tous les degrés de détente que comporte l'appareil.

Comme la came doit soulever la soupape à chaque pulsation du piston, c'est-à-dire deux fois par révolution du volant,
elle doit être double, à moins que l'arbre sur lequel elle est
montée ne fasse deux tours pour un tour du volant. Cette disposition n'est jamais employée ; car, si la même came agissait
alternativement sur la soupape d'introduction à cause de l'obliquité de la bielle motrice, la détente correspondrait bien, pour

Fig. 79.

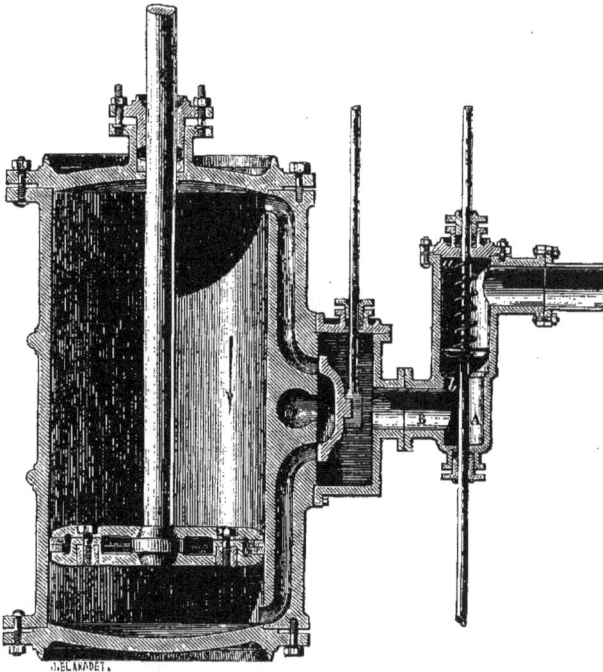

les deux courses simples, à des points diamétralement opposés
de la manivelle, mais à des positions différentes du piston ;
tandis que, par l'emploi d'une came double, on pourra, ainsi
qu'on l'a fait dans la distribution Farcot, modifier les profils
des deux parties, de manière qu'une détente donnée commence, à chaque pulsation du piston, à la même fraction de
la course totale. Pour produire l'ouverture et la fermeture de
la soupape, la came agit sur un galet monté sur un châssis

adapté, soit à l'extrémité de la tige, soit à l'extrémité d'un levier coudé ayant pour objet de manœuvrer cette tige.

Dans quelques machines, le galet est fixe, et le contact avec l'une des parties de la came peut avoir lieu en faisant glisser celle-ci sur l'arbre qui la porte. Quelques constructeurs, au contraire, font glisser le galet de manière qu'il vienne toucher la came au point qui convient à la marche de la distribution. Quel que soit le mode de transmission adopté, la forme de la came est toujours la même.

Pour tracer la came, on décrit d'abord (*fig.* 80) une circonférence d'un rayon O*a*, assez grand pour qu'on puisse la caler

Fig. 80.

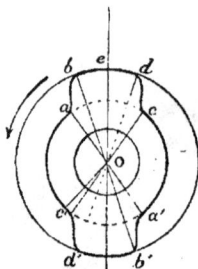

sur son arbre sans danger de rupture ; puis on décrit une autre circonférence concentrique à la première et dont le rayon O*b* surpasse le premier rayon O*a* d'une quantité égale à la levée de la soupape, si le galet est monté sur la tige même, ou d'une quantité proportionnelle à cette levée et au bras du levier quand la tige est manœuvrée par un levier. Au moment du repos, le galet est en contact avec la circonférence de rayon O*a* et avec la circonférence de rayon O*b* quand la soupape est levée. La forme de la came est une courbe dont la propriété est d'imprimer au galet un mouvement d'abord uniformément accéléré, puis uniformément retardé pour faire passer ce galet de la circonférence O*a* à la circonférence O*b*. Quand on construit la came, il faut avoir soin de tracer la courbe de manière que le point origine soit sur la circonférence O*a* dans une position telle que la soupape commence à être levée quand la manivelle est au point mort. Cette position du premier point de la

courbe étant déterminée, il ne restera plus qu'à chercher celui
où le galet reviendra en contact avec la circonférence intérieure pour que la détente, par la fermeture de la soupape,
puisse commencer en un point donné de la course du piston.
Par ce second point de la circonférence intérieure, on fera
passer une courbe identique à la première, mais en sens inverse; elle représentera le chemin que doit parcourir le galet,
dans son mouvement de descente, pour ramener la soupape
sur son siège.

Soient a le point origine sur la circonférence intérieure
(*fig.* 80) et ab la courbe de montée. De plus, supposons que
la machine soit à mouvement direct et qu'il s'agisse de construire la came de manière que la détente commence au quart
de la course du piston.

Cherchons d'abord, en tenant compte de la longueur de la
bielle, la position de la manivelle quand le piston est parvenu
au quart de sa course.

La manivelle étant au point mort inférieur A (*fig.* 81), prenons, à partir de l'extrémité B de la bielle motrice, une longueur BB' égale au quart de la course du piston. L'arc de
cercle, décrit du point B' comme centre avec un rayon égal
à la longueur AB de la bielle, coupera la circonférence de
la manivelle en un point A' qui sera la position du bouton
de cette manivelle correspondant au quart de la course du
piston.

Comme l'excentrique et la manivelle sont invariablement
liés, il est évident que, pendant le même temps, ces deux organes se déplaceront de la même quantité angulaire. Ainsi,
tandis que la manivelle décrit, à partir du point mort inférieur,
un angle AOA', le rayon Oa (*fig.* 80) de la circonférence intérieure de la came décrira un angle égal aOc. Donc, le point de
départ du galet étant donné, pour trouver le point c de la circonférence intérieure, où le contact aura lieu après la descente,
il suffira de faire, avec la droite Oa, un angle égal à celui décrit par la manivelle quand le piston a accompli le quart de sa
course, de sorte qu'en traçant une courbe cd identique à ab,
mais symétriquement placée par rapport à Oe, on aura le
point c de la circonférence où sera revenu le galet. Pendant
la seconde partie de la course du piston, le galet restant en

contact avec la circonférence intérieure, la soupape d'admission restera fermée et la vapeur préexistante agira par détente.

Pour le tracé de la came qui convient à la course suivante du piston, à partir de l'extrémité C de la bielle correspondant au point mort A_1, portons, comme pour la course précédente,

Fig. 81.

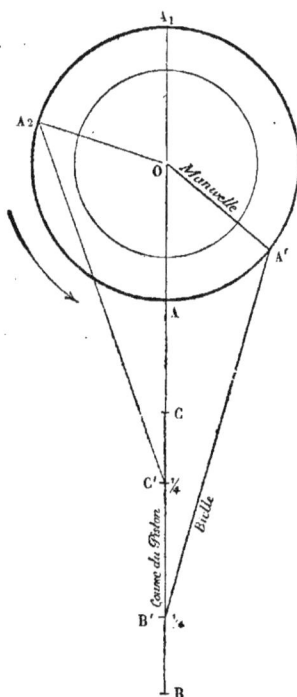

une longueur CC' égale au quart de la course du piston et du point C', avec un rayon égal à la longueur de la bielle ; décrivons un arc qui coupe la circonférence de la manivelle au point A_2, nous aurons ainsi l'angle $A_1 O A_2$ décrit pendant que le piston accomplit le quart de sa course descendante. Le tracé montre que les angles AOA_1 et $A_1 O A_2$ qui correspondent à des fractions égales de la course totale du piston ne sont pas égaux. Il est donc manifeste que, si la forme des deux cames était absolument la même, il n'y aurait pas possibilité, ainsi que nous l'avons déjà fait observer, de faire détendre la vapeur au même point de la course pour deux pulsations successives du piston.

Remarquons que, la manivelle se trouvant au point mort A_1, le galet doit être en contact avec la circonférence intérieure au point a', diamétralement opposé au point a. En décrivant, à partir de ce point, une courbe telle que ab, elle représentera la montée du galet correspondant à l'ouverture de la soupape. Pour avoir le point c' où le galet doit revenir sur la circonférence intérieure au moment où la soupape se ferme, il suffit de faire un angle $a'Oc' =$ l'angle $A_1 O A_2$ décrit par la manivelle. La courbe $c'd'$, symétrique de $a'b'$, sera la courbe de descente, et l'ensemble des deux courbes représentera la forme qui convient à la came pour la seconde demi-révolution du volant.

En répétant cette construction, on obtient facilement les cames qu'il faut employer pour une détente au tiers, au cinquième, au sixième, etc. de la course du piston. Si l'on construit une série de cames pour divers degrés de détente, en les disposant de manière qu'elles puissent commander un galet mobile pouvant successivement passer de l'une à l'autre, nous aurons ainsi un appareil très propre à opérer une détente variable. Ordinairement, l'épaisseur des cames est de $0^m,025$ à $0^m,030$. Comme l'ouverture de la soupape doit toujours correspondre à une position donnée de la manivelle, il faut toujours avoir soin de faire coïncider toutes les courbes destinées à opérer la levée de la soupape.

Cet appareil, de construction simple et facile, présente quelques inconvénients, Si, par exemple, on ferme la soupape au tiers ou au quart de la course du piston, le travail de la détente obtenu théoriquement sera trop faible; car, après la fermeture de la soupape, ce n'est pas seulement la vapeur renfermée dans le cylindre qui se détend, mais encore celle qui existe dans la boîte à tiroir et dans les tuyaux de conduite, de sorte que, le volume de la vapeur étant devenu double dans le cylindre, on ne saurait compter sur une pression réduite de moitié; en réalité, la vapeur s'est moins dilatée, et sa force élastique sera d'autant plus grande que le rapport de la somme des volumes de la boîte de distribution et des tuyaux d'écoulement au volume du cylindre est lui-même plus grand. Dans la recherche du travail produit par la détente, il convient donc de modifier la formule ou, pour éviter l'inconvénient que nous venons de signaler, de fermer la soupape un peu avant le point de la course du piston où doit commencer la détente. Par sa simplicité, cet appareil a acquis une grande vogue, notamment dans les ateliers de la Marine. Ainsi, à Indret, il a été employé pour les machines du *Tanger* et du *Napoléon* de 960 chevaux et, à Lorient, pour les machines de la *Tisiphone*.

Pour l'intelligence de ce qui vient d'être dit, nous avons rassemblé sur une même planche tout ce qui se rapporte au mouvement et à la construction de cet appareil de distribution.

LÉGENDE EXPLICATIVE.

Fig. 79. — Coupe dans le cylindre et agencement de l'appareil de détente par rapport à la boîte de distribution.

Fig. 82. — Détails de l'appareil de détente. La tige M de la soupape est terminée inférieurement par une chape N. Un arbre JJ traverse cette chape.

Fig. 82.

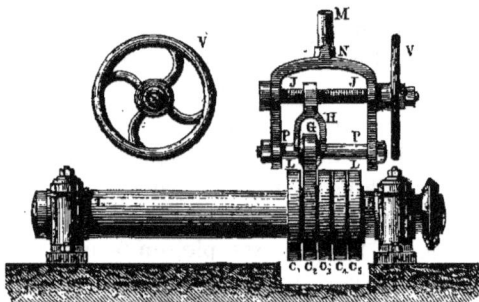

Une seconde chape H, dont la partie supérieure forme l'écrou de l'arbre fileté JJ, est reliée au galet G monté sur un arbre PP. Les cames C_1, C_2, C_3, C_4, C_5, calées sur un arbre LL supporté par deux paliers, peuvent être mises en contact avec le galet G. A cet effet, on agit avec la main sur une mannette Q adaptée à un volant V monté à l'une des extrémités de l'arbre fileté JJ. L'écrou, selon le sens du mouvement, s'avançant de droite à gauche ou de gauche à droite, fait passer le galet, dont il est solidaire, d'une came sur l'autre. Ces cames ont été construites, selon la méthode indiquée, pour fournir tous les degrés de détente possibles. Elles sont calées sur l'arbre qui les porte de manière que toutes les courbes de levée coïncident. Ces courbes de levée et de descente sont formées de deux arcs paraboliques tangents et disposés en sens inverse.

Fig. 83. — Double came construite pour obtenir une détente commençant à la moitié de la course du piston.

Fig. 83.

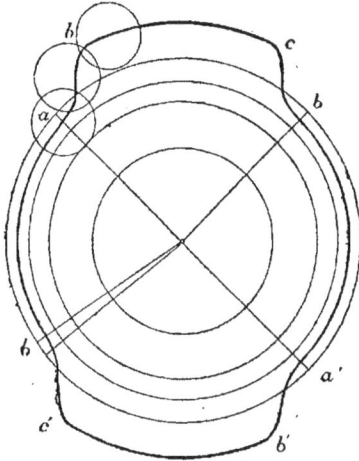

Fig. 84. — Cames superposées pour divers degrés de détente. Angles, tels que *aob*, des rayons extrêmes de la circonférence intérieure, correspondant au repos de la soupape d'introduction. Ces angles ont été tracés d'après les déplacements angulaires de la manivelle pour les divers degrés de détente.

Course ascendante du piston.

AOB, angle pour une détente à $\frac{1}{2}$ de la course du piston.
AOC, angle pour une détente au $\frac{1}{3}$.
AOD, angle pour une détente au $\frac{1}{4}$.
AOE, angle pour une détente au $\frac{1}{8}$.

Course descendante du piston.

A'OB', angle pour une détente à $\frac{1}{2}$ de la course du piston.
A'OC', angle pour une détente au $\frac{1}{3}$.
A'OD', angle pour une détente au $\frac{1}{4}$.
A'OE', angle pour une détente au $\frac{1}{8}$.

La longueur de la bielle et la circonférence de la manivelle étant toujours des données de la question, on peut facilement relever sur l'épure l'angle décrit par la manivelle depuis le point mort pour un déplacement quelconque du piston. Nous obtenons ainsi les limites entre lesquelles doivent être tracées les deux courbes qui représentent la forme de la came. Dans l'hypothèse de la bielle infinie, le tracé de l'épure est bien plus

Fig. 84.

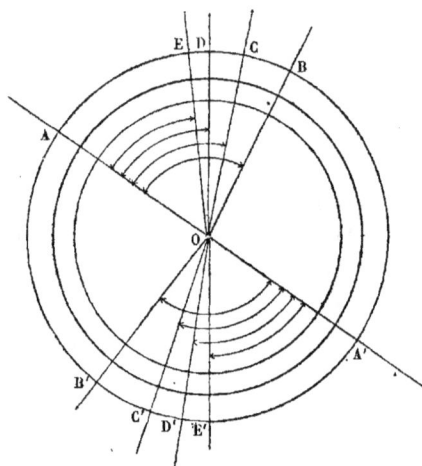

simple; mais, pour mieux faire ressortir la nécessité d'une double came, nous avons cru utile de résoudre le problème tel qu'il se présente dans la pratique. Bien que la distribution Maudslay soit, par sa simplicité, d'un emploi fort commode, elle a été l'objet de vives critiques, que nous avons signalées à l'occasion de l'usure des soupapes au bout d'un temps plus ou moins long et de la difficulté d'obtenir des joints parfaits. A ce sujet, nous empruntons à M. Resal le passage suivant :

« Les objections soulevées contre l'emploi des soupapes paraissent avoir été très exagérées. Nous en citerons un exemple : les machines des bateaux de la Compagnie générale de Navigation de Lyon, dont la puissance varie entre 200 et 1000 chevaux, sont toutes à soupapes; les anciennes machines à tiroir ont été transformées. Le nombre de tours par minute de

l'arbre moteur de chaque machine est de 20 à 50 tours, suivant sa puissance, et la vitesse du piston est de 2^m. Néanmoins,
on ne retouche les soupapes que tous les quatre ou cinq ans,
au minimum. Ce délai a été souvent porté à neuf et dix ans
et quelquefois à quinze. »

FIN DU CINQUIÈME VOLUME.

TABLE DES MATIÈRES.

CINQUIÈME PARTIE.

CHAPITRE I.

CHAPITRE II.

CHAPITRE III.

CHAPITRE IV.

CHAPITRE V.

ERRATUM.

Page 216, ligne 13 en remontant, *au lieu de* $b + h_0$, *lisez* $b + h$.

7432   Paris. — Imprimerie de GAUTHIER-VILLARS, quai des Augustins, 55.

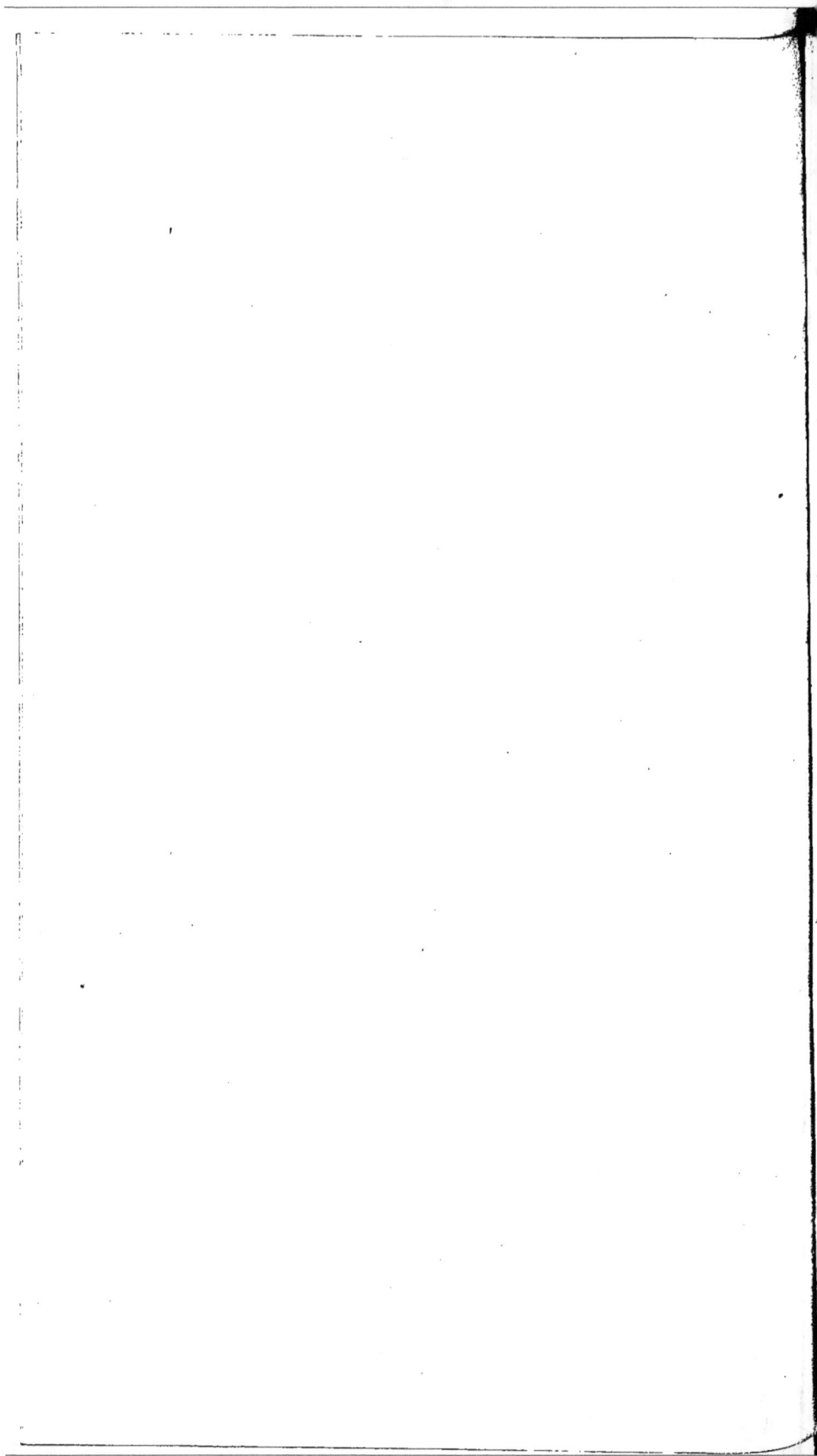

LIBRAIRIE DE GAUTHIER-VILLARS,

QUAI DES GRANDS-AUGUSTINS, 55, A PARIS.

TRAITÉ

ÉLÉMENTAIRE

D'ASTRONOMIE PHYSIQUE,

PAR J.-B. BIOT,

Membre de l'Académie des Sciences, de l'Académie Française et du Bureau des Longitudes;
membre libre de l'Académie des Inscriptions et Belles-Lettres ; professeur de Physique
mathématique au Collége de France ; professeur honoraire d'Astronomie à la Faculté des
Sciences de Paris; membre des Sociétés royales de Londres et d'Édimbourg ; de l'Académie
Impériale de Saint-Pétersbourg ; des Académies royales de Berlin, Stockholm, Upsal, Turin,
Munich, Lucques, Milan, Venise, Naples, Messine, Catane et Palerme; membre honoraire de
l'Université de Wilna ; de l'Institution royale de Londres ; de la Société philosophique de
Cambridge ; Astronomique de Londres ; des Antiquaires d'Écosse ; littéraire et philosophique
de Saint-Andrews ; de Manchester ; de la Société pour l'avancement des Sciences naturelles
de Marbourg ; de Halle ; de la Société helvétique des Sciences naturelles ; de la Société de
Médecine d'Aberdeen ; de la Société italienne des Sciences résidante à Modène, et des Lincei de
Rome ; de l'Académie américaine des Sciences et Arts de Boston ; de la Société littéraire et
historique de Québec ; des Académies de Nancy, d'Arras, et de la Société philomathique de
Paris.

5 Volumes in-8, avec 94 Planches. — Prix : 40 francs.

Envoi franco dans toute l'Union postale contre mandat de poste
ou valeur sur Paris.

Cet Ouvrage, dont la première édition a paru en 1805 en un seul volume de 582 pages, a été entrepris sur la demande de Laplace, et pour seconder les intentions du Gouvernement impérial, qui, voulant relever le niveau de l'instruction publique, avait décidé que les éléments de l'Astronomie seraient exposés dans les Lycées nationaux et dans les Écoles secondaires. L'Auteur, déjà professeur de Physique mathématique au Collége de France, avait été chargé, à la création de l'Université, de l'enseignement de l'Astronomie à la Faculté des Sciences. Il n'avait pas alors l'habitude des observations astronomiques, ainsi qu'il l'avoue dans sa Préface, et sa seule ambition était de présenter une exposition du système du monde, assez élémentaire pour qu'elle pût être comprise par des jeunes gens qui possédaient seulement les premières notions de l'Arithmétique et de la Géométrie.

En 1810 et 1811, M. Biot publia, en trois volumes, une seconde édition de cet Ouvrage. Mais il arrivait mieux préparé. Dans les années 1807 et 1808 il avait eu l'occasion de pratiquer les opérations les plus délicates de l'Astronomie, ayant été chargé, conjointement avec Arago, de terminer, en Espagne, l'entreprise de la prolongation de la méridienne commencée par Méchain, et interrompue par la mort de ce savant. M. Biot, à son retour, put mieux sentir ce qui manquait à la première édition de son Ouvrage, principalement à l'égard des observations, dont il n'avait pas assez fait usage, et dont surtout il n'avait pas suffisamment détaillé les procédés. Aussi cette seconde édition, plus étendue et plus complète que la précédente, a-t-elle eu la bonne fortune d'initier à la science astronomique, tant en France qu'à l'étranger, les Astronomes les plus illustres de nos jours.

L'Ouvrage manquait dans le commerce de la librairie depuis plusieurs années, lorsqu'en 1838 M. Bachelier parvint à déterminer M. Biot à entreprendre une troisième édition. C'est celle que nous annonçons aujourd'hui. Elle se compose de cinq volumes : le premier a été publié en 1841, et le cinquième en 1857 seulement. La durée de la publication dénote assez les difficultés que le travail présentait à la conscience sévère de l'Auteur, et la persévérance de ses efforts pour les résoudre. C'est aux savants de déclarer s'il a réussi. Pour nous, en lisant dans le cinquième volume ces belles études sur les lois de Képler, tracées par une main plus qu'octogénaire, nous n'avons pu que reconnaître cette fermeté d'intelligence, ce désir profond de procurer aux jeunes gens une instruction solide et vraie, cette élégante clarté, qui animaient le professeur dans sa chaire, et qui n'ont jamais abandonné l'Auteur dans ses écrits.

L'analyse complète d'un ouvrage de cette nature ne peut être donnée sous la forme que nous employons aujourd'hui pour le porter à la connaissance des savants et de la jeunesse studieuse. Nous nous bornerons donc à un sommaire très-succinct, et à une citation textuelle d'un paragraphe de l'Avertissement du cinquième volume, qui nous paraissent devoir suffire pour permettre d'apprécier le plan de l'Ouvrage et la méthode de l'Auteur.

Le *livre premier* s'applique aux *Phénomènes généraux* et aux *Moyens d'observation* : il forme la matière des trois premiers volumes. On y trouve la description des instruments mis en usage par les Anciens, une étude très-approfondie des instruments de l'optique moderne, et le détail des procédés employés pour la détermination exacte de la figure de la Terre.

La *Théorie du Soleil* compose le *second livre* et le quatrième volume. L'Auteur y présente, dans son ensemble et dans ses détails, la théorie de la précession, qui est indispensable à l'Astronome pour discerner et séparer, dans les coordonnées angulaires des astres qu'il observe, les changements qui résultent de leurs mouvements véritables, et ceux qui proviennent du déplacement des plans ou des origines auxquels on les rapporte. Il n'emploie comme élément déterminatif des constantes qu'un petit nombre d'étoiles convenablement choisies; mais elle sont assez diverses pour que les erreurs occasionnelles des observations, et les accidents des mouvements propres, s'éteignent suffisamment dans leur ensemble. C'est pour la première fois que, dans un ouvrage élémentaire, l'importante théorie de la précession se trouve ainsi exposée d'après les observations mêmes, et en vue du perfectionnement définitif des catalogues d'étoiles.

Le *livre troisième* est consacré à la *Théorie des Planètes et de leurs Satellites*, et forme le cinquième volume.

« Ce volume contient les lois des mouvements planétaires, déduites
» des observations qui ont servi à les établir. Sans doute, si l'on vou-
» lait prendre l'Astronomie dans l'état de perfection où elle est au-
» jourd'hui parvenue, avec la disposition des instruments précis
» qu'elle possède, des formules mathématiques dont elle est pourvue;
» avec les connaissances maintenant acquises sur la forme réelle des
» orbites que les planètes décrivent, sur la variabilité des vitesses
» qu'elles y acquièrent, et sur la nature de l'action physique par
» laquelle tous leurs mouvements sont régis, on pourrait tirer im-
» médiatement les lois de ces mouvements des observations modernes,
» sans aucun détour, les obtenir ainsi du premier coup définitives,
» et en déduire un code général d'Astronomie planétaire, dont les

« praticiens n'auraient plus qu'à suivre et appliquer les préceptes.
» Mais des ouvrages de ce genre ne peuvent s'adresser qu'à des lec-
» teurs déjà nourris de fortes études, qui voudraient embrasser les
» connaissances astronomiques dans toute leur étendue et toute leur
» sublimité. Bornant ici mon ambition et mes efforts à composer un
» livre élémentaire, je me suis prescrit une autre marche, plus immé-
» diatement dirigée au but d'instruction préparatoire que je me pro-
» posais d'atteindre. J'ai voulu résumer avec une précision fidèle les
» travaux des inventeurs, et montrer clairement la marche des idées,
» la succession d'efforts, par lesquels on est progressivement arrivé,
» de l'appréciation empirique des mouvements planétaires, à leur
» intelligence théorique, telle que nous l'avons aujourd'hui. Ces étu-
» des rétrospectives, peu suivies depuis qu'elles ont cessé d'être pra-
» tiquement nécessaires, n'ont pas seulement pour utilité de faire
» connaître à la jeunesse studieuse ce que la science moderne doit
» aux grands observateurs qui l'ont préparée. En les montrant ainsi
» à ses yeux dans l'exercice de leur génie, luttant avec une infati-
» gable patience contre l'imperfection des instruments et des métho-
» des de calcul, on lui apprend comment une sagacité habile et per-
» sévérante peut distinguer, saisir les lois abstraites des phénomènes,
» à travers le chaos de données imparfaites; et en même temps qu'on
» lui communique la connaissance de ces lois, on l'instruit dans l'art
» de les découvrir. »

6352   Paris. — Imprimerie de GAUTHIER-VILLARS, quai des Augustins, 55

CALLON (Ch.). — Cours de construction de machines, professé à l'École Centrale des Arts et Manufactures. Album cartonné, contenant 30 planches de dessins avec cotes et légendes (Matériel agricole, Hydraulique, Ventilateurs dits à force centrifuge). Nouvelle édition, complètement revue et augmentée par M. Figreux, Professeur à l'École. 1882 . . . 45 fr.

DENFER, Chef des travaux graphiques à l'École Centrale. — Album de serrurerie, conforme au Cours de Constructions civiles professé à l'École Centrale par E. Muller, et contenant l'emploi du fer dans la maçonnerie d'étage, la charpente en bois, la charpente en fer, les ferrements des menuiseries en bois, la menuiserie en fer, les grosses fontes et autres dites de quincaillerie. Grand in-4, contenant 100 belles planches lithographiées. 1872 . . . . 15 fr.

ÉCOLE CENTRALE. — Portefeuille des travaux de vacances des élèves, publié par la Direction de l'École. Année 1881. Un volume de texte in-8, et un Atlas de 30 planches in-folio. 1882 . . . . 25 fr.
Les 6 années antérieures (1875-1880), dont il ne reste que quelques exemplaires, se vendent séparément . . . . 25 fr.
La collection complète des 7 années 1875-1881 . . . . 140 fr.

Cette collection sur la Mécanique, la Construction, la Métallurgie et la Chimie industrielle a été réunie par la Direction de l'École Centrale dans le but de fournir à ses ingénieurs des renseignements et des modèles pour l'établissement de leurs projets. Elle donne, par ses plans cotés et ses textes explicatifs, une grande quantité de documents puisés aux sources mêmes, dans les grands chantiers et dans les usines les plus importantes. Aussi, cette collection, qui n'avait pas été mise jusqu'à ce jour à la disposition du public, est-elle appelée à rendre de sérieux services aux ingénieurs, aux Constructeurs et aux Directeurs d'usines. Le Tableau des planches est envoyé franco sur demande.

FERNIQUE (A.), Chef des travaux graphiques, Répétiteur du Cours de construction de machines à l'École centrale des Arts et Manufactures. — Album d'éléments et organes de Machines, composé et dessiné d'après le Cours professé par M. F. Ermel, et suivi de planches relatives aux machines soufflantes, d'après les documents fournis par M. Jordan. 2e édition revue et corrigée. Portefeuille oblong, contenant 10 planches de texte explicatif ou tableaux et 102 planches de dessins cotés. 1882 . . . 50 fr.

LÉAUTÉ (H.), Docteur ès Sciences, Ingénieur des Manufactures de l'État. — Théorie générale des transmissions par câbles métalliques. — Règles appliquées in-4, avec figures dans le texte. 1882 . . . . 10 fr.

RESAL (H.), Ingénieur des Mines, Docteur ès Sciences. — Traité de Cinématique pure. In-8, avec 77 figures dans le texte. 1862 . . . 8 fr.

UNWIN (W. Cawthorne), Professeur de Mécanique au College Royal Indien des Ingénieurs civils. — Éléments de construction des machines, ou Introduction aux principes qui régissent les dispositions et les proportions des organes des machines, contenant une collection de formules pour les constructeurs de machines. Traduit de l'Anglais avec l'approbation de l'Auteur, sur la deuxième édition, par M. Boccon, ancien Élève de l'École Centrale, Chef des travaux à l'École municipale d'apprentis de la Villette (Paris), et augmenté d'un Appendice sur les Transmissions par câbles métalliques, sur le tracé des engrenages et sur les équilibres, par M. Léauté, Docteur ès Sciences, Répétiteur du cours de Mécanique à l'École Polytechnique. In-18 jésus, illustré de 320 figures dans le texte. 1882. Broché . . . . 8 fr.
Cartonné à l'anglaise . . . . 9 fr.

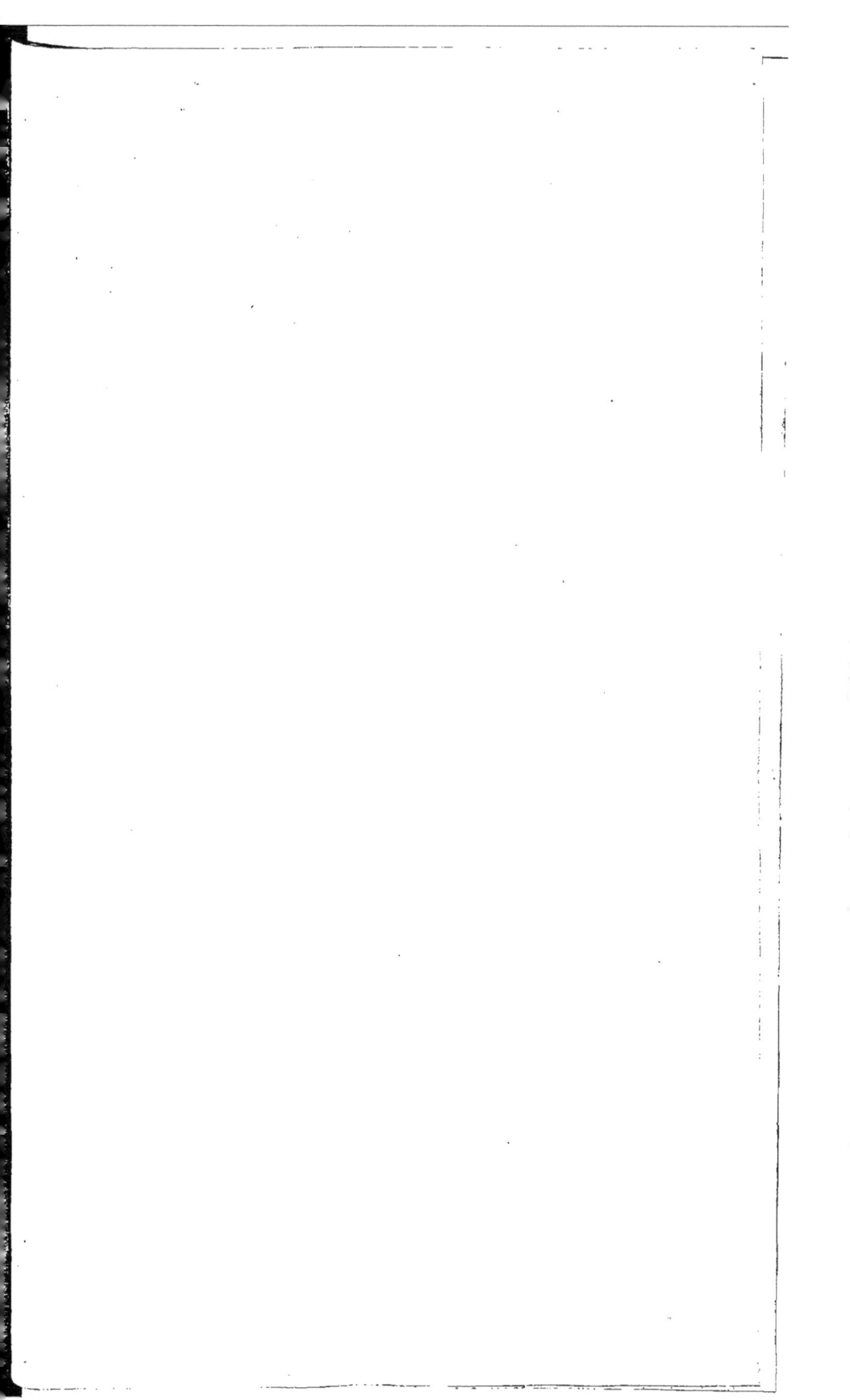

www.ingramcontent.com/pod-product-compliance
Lightning Source LLC
Chambersburg PA
CBHW070306200326
41518CB00010B/1910